21 世纪高等学校电子信息类规划教材

# 微波电路基础

董宏发　雷振亚　编著

西安电子科技大学出版社

## 内容简介

本书系统地介绍了微波电路的基本知识，主要包括微波传输线理论、常用的微波传输线、微波网络与元件、微波谐振器、微波混频器、上变频器与倍频器、微波晶体管放大器、微波负阻振荡器以及PIN管与微波控制电路等。

本书可作为电子工程、通信工程、信息工程、微波技术等专业的教材，也可作为从事上述专业的工程技术人员的参考用书。

★ 本书配有电子教案，需要者可登录出版社网站，免费下载。


**图书在版编目(CIP)数据**

微波电路基础/董宏发，雷振亚编著. 一西安：西安电子科技大学出版社，2010.4
21世纪高等学校电子信息类规划教材
ISBN 978-7-5606-2372-6

Ⅰ. 微… Ⅱ. ①董… ②雷… Ⅲ. 微波电路一高等学校一教材 Ⅳ. TN710

**中国版本图书馆CIP数据核字(2009)第236218号**

策　　划　戚文艳
责任编辑　许青青　戚文艳
出版发行　西安电子科技大学出版社(西安市太白南路2号)
电　　话　(029)88242885　88201467　　邮　　编　710071
网　　址　www.xduph.com　　电子邮箱　xdupfxb001@163.com
经　　销　新华书店
印刷单位　西安文化彩印厂
版　　次　2010年4月第1版　　2010年4月第1次印刷
开　　本　787毫米×1092毫米　1/16　印张 12.5
字　　数　287千字
印　　数　1～3000册
定　　价　18.00元
ISBN 978-7-5606-2372-6/TN·0547

**XDUP 2664001-1**

# 前　言

目前，社会已进入到电子信息时代，现代通信工程、信息工程和电子工程都与微波有着密不可分的关系，关于微波电路的基本知识已成为从事这方面工作的工程技术人员的必备知识。本书旨在给出关于微波电路基础知识的系统概念和大体框架，使读者在此基础上借助有关工具和资料可独立进行与微波电路有关的设计工作。

本书内容可分为两大部分：除了第1章绪论外，第2章到第6章为无源电路部分，主要包括微波传输线理论、常用的微波传输线(如波导、同轴线、带状线、微带线等)、微波网络与元件、微波谐振器等；第7章到第11章为有源电路部分，主要包括微波混频器、上变频器与倍频器、微波晶体管放大器、微波负阻振荡器及PIN管与微波控制电路，主要介绍每一种电路所用的半导体器件的工作原理、技术指标及具体电路的组成等相关知识。

本书作为教材使用时，系统讲授需60学时左右，第1章和第11章各两学时，个别章节如微波滤波器和微波网络的相互联接可以作为参考资料供学生阅读。

本书是根据编者的授课教案编写而成的。由于编者水平有限，难免存在疏漏之处，诚恳欢迎各方同行批评、指正，并多提宝贵意见。

编　者

2010年1月

# 目　录

# 第1章 绪 论

随着社会的进步和科学技术的发展，电子技术、信息科学、通信技术的地位日趋重要，现代电子、信息、通信等无不与微波有密切的关系，微波技术在科学技术中的地位也在不断提高。对于每一个从事电子、信息和通信工程相关专业的科技工作者，微波电路知识是其必备的基本功。

## 1.1 微波的概念、特点与应用

### 1.1.1 微波的概念

电磁波谱按频率由低到高(波长由长到短)的次序排列如表1-1-1所示。

**表1-1-1 电磁波谱的划分**

| 波段 | 工频 | 音频 | 长波 | 中波 | 短波 | 超短波 | 微波 | 光波 | 粒子波 |
|---|---|---|---|---|---|---|---|---|---|
| 频率/Hz | 几十～几百 | 几百～几万 | 30～300 k | 300 k～3 M | 3～30 M | 30～300 M | 300 M～3000 G | | |
| 波长/m | | | 1000～10 000 | 100～1000 | 10～100 | 1～10 | $10^{-4}$～1 | | |

从长波到微波统称为无线电波。微波处在无线电波高端，其上端与光波的远红外线衔接。光波包括红外线、可见光和紫外线。粒子波包括X射线和γ射线。

微波的频率范围为300 MHz～3000 GHz，波长为0.1 mm～1 m。微波频带内又可进一步细分，如表1-1-2所示。

**表1-1-2 微波频带的细分**

| 波段名称 | 分米波 | 厘米波 | 毫米波 | 亚毫米波 |
|---|---|---|---|---|
| 频率/Hz | 300 M～3 G | 3～30 G | 30～300 G | 300～3000 G |
| 波长/m | 1～0.1 | 0.1～0.01 | 0.01～$10^{-3}$ | $10^{-3}$～$10^{-4}$ |

广播覆盖长、中、短、超短波频段，电视1～12频道覆盖米波(波长为1～10 m)频段，13频道以上已延伸到微波频段。移动通信、卫星通信、微波通信使用的频率都处在微波频段。

在军事领域，惯用特定字母代表指定的微波频段，如表1-1-3所示。

**表 1-1-3　军事领域的频段划分**

| 代表字母 | L | S | C | X | Ku | K | Ka | U | V | W |
|---|---|---|---|---|---|---|---|---|---|---|
| 频率范围/GHz | 1～2 | 2～4 | 4～8 | 8～12 | 12～18 | 18～27 | 27～40 | 40～60 | 60～80 | 80～100 |
| 波长范围/cm | 30～15 | 15～7.5 | 7.5～3.75 | 3.75～2.5 | 2.5～1.67 | 1.67～1.11 | 1.11～0.75 | 0.75～0.5 | 0.5～0.375 | 0.375～0.3 |

### 1.1.2　微波的特点

微波具有如下特点：

(1) 微波具有独特的大气传播特性，在大气中的衰减比光波小，在雨、雪、尘、烟、雾环境中衰减也较小。此外，还有几个衰减很小的窗孔频段和高衰减频段适于不同用途。

(2) 比起长、中、短波，微波容易定向集中地把大功率能量传到远方或容易探测到远方的微弱信号。

(3) 微波能够很容易地穿透大气中的电离层，即使在原子弹爆炸产生大量等离子体和不均匀气团的环境下，某些微波频率照样能够正常传播。

(4) 微波是无线电波中频率最高的波段。作为通信载波，微波的信息容量大，虽然光波可承载更大容量的信息，但在空间无线传播中无法取代微波。

(5) 微波的波长和地球上大部分物体为同一数量级，散射作用强烈，是定位、探测中最广泛应用的频段。

(6) 微波能和物质在分子量级上强烈作用，而不改变物质的物理特性，在加热、保鲜、干燥、治疗、杀菌等方面具有独特优势。

(7) 在自然界中几乎没有微波大功率源，全靠采用现代高技术手段制造的特殊设备产生微波。

### 1.1.3　微波的应用

由于具有以上特点，微波在国民经济特别是通信和军事领域应用广泛且发展迅速。

(1) 雷达是微波应用的传统领域。今天的雷达已不单单用于探测飞机，在机场、港口、飞机、轮船，甚至汽车、医疗等方面都有各种雷达在执行特定的任务。

(2) 宇宙通信、微波通信、移动通信、卫星通信等凡是与无线电通信有联系的所有通信手段无不与微波相联系。

(3) 测量遥远星空的射电天文望远镜、天气预报的大气动向监测、遥感地面作物长势及森林火情、水下暗礁及冰山的测量、人体内部病灶的探测与治疗等都是微波所涉足的领域。

(4) 军事上除雷达、通信外，干扰与反干扰的电子战、飞行导弹的精确导引和引爆以及精确定位跟踪等都离不开微波。

(5) 微波加热、微波保鲜、微波干燥、微波杀菌等越来越多的新领域为微波的更广泛应用提供了新的发展机遇与美好的未来。

## 1.2 微波技术与微波电路

微波技术是开发和利用微波为人类服务的科学理论和技术的总称，包括微波的产生、传输变换(包括幅度、频率、频谱)、测量、辐射、传播及利用等的一切理论和方法。除了辐射由天线实现，空间传播属电波理论的研究范畴外，其他技术均与微波电路有关。

导引微波信号(能量)沿一定方向在规定范围内传输的设备称为微波传输线。微波传输线是微波频率下的电路导线。由于微波的特点，其传输线的种类很多。其中，双导线只适用于米波波段；同轴线是分米波波段的最佳传输线；厘米波波段最实用的传输线是波导；小功率无源电路以带状线为最佳；小功率、小体积有源电路则是微带线的应用领域；应用于毫米波频率以上的传输线还有介质波导、镜像线、波束传输线等；有源和无源电路中还用到悬带线、鳍线、共面线、槽线等；光纤属于介质传输线。因此，微波传输线的第一个特点是种类繁多，结构差异大且互相不可替代。其次，微波传输线虽然绝对长度一般不大，但由于微波频率高，波长短，其长度和波长可比拟，即等于、小于、大于波长，其电长度 $l/x$ 很大，故微波传输线都是“长线”。第三，微波传输线在导引信号沿线传输时，周围空间同时存在电磁波。所以，电磁波存在的空间及媒质也是传输线的组成部分，不给周围空间媒质留出电磁波的传输空间的微波传输线是不存在的。空间媒质中的电磁波和线上的电荷变化服从麦克斯韦方程组的旋度关系及边界条件，因此与电场相关的分布电容和与磁场相关的分布电感对传输线的特性起决定性作用。第四，微波频率的信号或能量沿传输线在传播方向上是波动式行进的，即线上的电荷变化和与它联系的电磁场以波动方式传播，每一个截面上的电场、磁场、电压、电流都不相同且随时间变化。综上所述可知，发生在微波传输线上的物理现象远比传统导线复杂得多，所以，传输线理论是微波技术的理论基础。

微波电路是各种微波设备的核心，它是由各种微波网络用传输线联系而组成的。微波网络是完成特定信号变换作用的电路功能块，如滤波器、混频器、放大器、功分器、阻抗匹配器、定向耦合器等。微波网络的最基本单元是各种微波元件，如匹配负载、波导膜片、销钉与窗孔以及各种谐振器、环行器、微波分支电桥等。微波元件和微波网络都是以对外联接端口数来分类的，如一端口、二端口、三端口、四端口等。描述网络特性的方法是定义网络参数。微波网络的参数除了确定电压和电流关系的阻抗、导纳和转换参数外，还有确定端口入射波和反射波关系的散射参数和传输参数。

最复杂的微波电路是微波系统。微波系统的组成框图如图 1-2-1 所示。从该图中可以清楚地看出微波电路在设备系统中的核心作用以及微波电路本身的内容。除电真空器件部分外，微波电路的所有其他部分都是本书所涉及的内容。双导线虽然是传输线理论的分析模型，但实际主要应用在米波频段，所以在微波传输线中未将其列入。其他微波传输线如介质传输线、波导鳍线、共面线、悬带线、槽线等，本书没有仔细研究，也没有列入。但它们的参数与常用传输线有共同之处。只要熟练掌握了传输理论，结合其他参考资料，实用设计知识也不难掌握和运用。

微波电路按其是否需要电源又分为有源电路和无源电路两大类。微波振荡器、放大器、混频器、变频器、控制电路(开关、衰减、移相、调制等)都属于有源电路，也叫微波电子线路。有源电路的共同特点是必须有需要供电的核心电真空或半导体元件，也称微波电

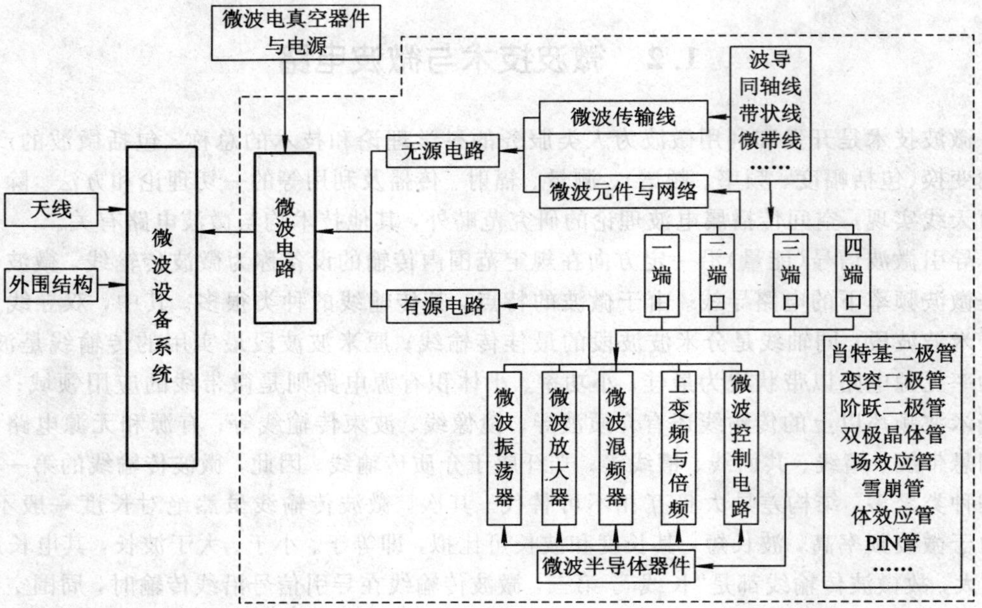


图 1-2-1　微波系统的组成框图(虚线框内为本书介绍的微波电路部分)

子器件，如肖特基势垒二极管、变容管、阶跃管、雪崩管、体效应管、PIN 管、双极晶体管、场效应管、高电子迁移率晶体管(HEMT 器件)等。微波无源元件简称为微波元件，如匹配负载、短路活塞、各种波导电抗元件(膜片、窗孔、销钉、螺钉)、衰减器、移相器、阻抗匹配器、各种转换器、滤波器、谐振器、功率分配器、环行器、隔离器、各种定向耦合器等。它们起低频电路中电阻、电感、电容、电位器、继电器等基本无源元件的作用，但其功能及发生在元件内的物理过程远比低频元件复杂得多。微波元件的最主要特点是分布参数，虽然有些微波元件在一定条件下可用集中参数元件等效，但其基本理论体系是建立在微波传输线理论基础上的另一套全新体系。微波电路的最大魅力在于：同一网络功能的电路与元件可以用不同种类的传输线和各种不同的元器件组合实现，因而其成本、性能、结构差异非常大。在市场经济中，如何在特定应用的设备中用最低成本实现最佳性能存在激烈的技术竞争，因而设计人员的能力与水平非常重要。

微波电真空器件在大功率、高频率方面至今仍占独特优势，如磁控管、回旋管、行波管、速调管、奥罗管等。它们集元件、电路、供电系统于一身，自成独立的复杂系统。

## 思考练习题

1. 什么是微波？微波有什么特点？

2. 常用微波传输线有哪些类型？它们有什么共同特点？

3. 微波电路如何构成？有源电路和无源电路如何区分？列举几种有源半导体器件和无源元件的名称。

# 第 2 章　微波传输线理论

微波传输线理论是以双导线为模型，以电压、电流为基本物理量而建立的一套用于描述微波传输线上波动现象及阻抗变化规律的理论体系。它所引入的概念、参数、公式、圆图是微波技术的理论基础，也是理解分布参数影响、波动式传播、反射现象等微波电路特有现象的重要途径。

## 2.1　传输线方程与电压、电流的波动性

本节研究由分布参数和等效电路建立的波动方程，并求解和分析解的含义。

### 2.1.1　微波传输线的概念

微波传输线是把微波信号或能量从一处导引到另一处的装置。由于微波频率高，频段覆盖范围宽，功率电平差异大，在不同频率范围，不同电平都有最适合于其具体情况的特殊结构传输线，因而微波传输线的种类繁多，结构各异且互相不可替代。但它们都具有如下几个特点：

(1) 它们都是微波频率电磁波的导引机构，沿线电荷变化和空间媒质中的电磁场都以波动形式传播，在不同媒质交界面满足时变场边界条件。

(2) 传输特性由媒质(包括导体、介质和空气)的分布参数决定。

(3) 微波传输线为电尺寸(几何长度与波长之比)长线。

正是由于这几点共性，由双导线模型建立的传输线理论可以推广到一切微波传输线而成为广义传输线理论。

### 2.1.2　双导线的原始参数与分布电气参数

双导线结构如图 2-1-1 所示。图中，两根直径为 $d$ 的导线平行放置，间距为 $D$，且满足条件 $\lambda \gg D \gg d$。媒质一般为空气，参数为 $\mu_0$、$\varepsilon_0$。导线表面电导率为 $\sigma$。$D$、$d$、$\mu_0$、$\varepsilon_0$、$\sigma$ 为双导线的原始参数。以下四个参数为分布电气参数。

(1) 分布电感 $L$。在微波频率下，线上电流极快速交变，空间磁场也极快速交变，虽然单位长度分布电感 $L$ 不大，但感应反电势 $\varepsilon = L\dfrac{\mathrm{d}i}{\mathrm{d}t} = \omega L i$ 可以很大，对电压的影响很大。经计算，双导线的单位长度分布电感为

$$L = \frac{\mu}{\pi}\ln\frac{2D}{d}\quad (\mathrm{H/m})\qquad (2-1-1)$$

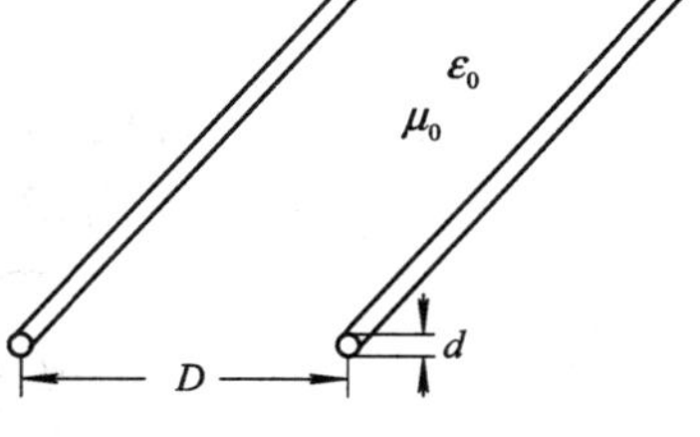

图 2-1-1　双导线的结构

(2) 分布电容 $C$。线上电荷和线间电场同样以微波频率快速交变，位移电流对线上电流的分流作用为 $C\dfrac{\mathrm{d}u}{\mathrm{d}t}=\omega Cu$，其影响作用即使在 $C$ 很小的情况下也不可忽略。经计算，双导线单位长度的分布电容为

$$C=\frac{\pi\varepsilon_0}{\ln\dfrac{2D}{d}}\quad(\mathrm{F/m})\tag{2-1-2}$$

(3) 分布电阻 $R$。微波频率极高，集肤厚度 $\delta=\sqrt{\dfrac{2}{\omega\mu\sigma}}$ 很小，电流只在导体表面流动，而表面金属晶体结构又不如内部均匀，机加工又导致表面微观结构粗糙化。微波频率的导线电阻比直流和低频大得多，双导线的单位长度分布电阻为

$$R\geqslant\frac{2}{\pi d}\sqrt{\frac{\omega\mu}{2\sigma}}\quad(\Omega/\mathrm{m})\tag{2-1-3}$$

(4) 分布电导 $G$。传输线周围介质存在漏电导时，存在相关的漏电流，双导线对应的单位长度分布电导为

$$G=\frac{\pi\sigma_{\mathrm{d}}}{\ln\dfrac{2D}{d}}\quad(\mathrm{S/m})\tag{2-1-4}$$

式中，$\sigma_{\mathrm{d}}$ 为介质漏电导。

这四个分布参数本身在低频下照样存在，但 $L$ 和 $C$ 在低频下几乎没有影响。在微波频率下，$L$ 和 $C$ 对传输线的影响是最主要的，电压和电流的波动性就是因为它们的影响而显现出来的。

### 2.1.3　传输线方程

对于截面形状尺寸和媒质参数沿长度方向无变化的均匀传输线，只要研究其一小段上的电压、电流变化规律，便可导出相应的微分方程。均匀双导线上的电压、电流及其一小段 $\Delta z$ 上的等效电路如图 2-1-2 和图 2-1-3 所示。

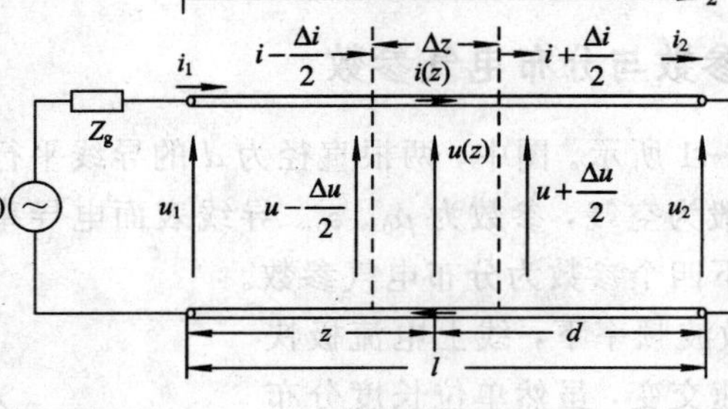


图 2-1-2　双导线上的坐标及电压、电流

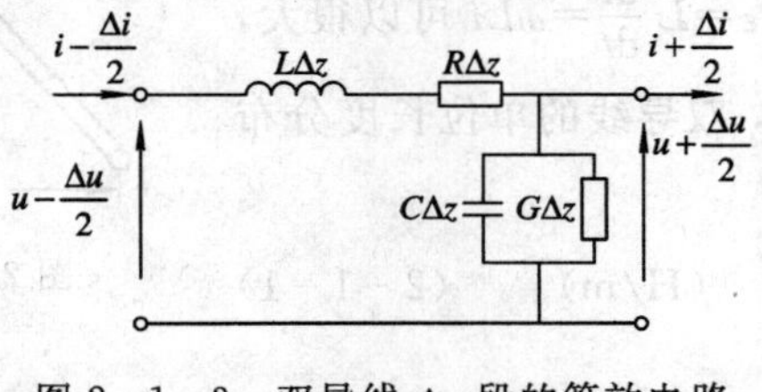


图 2-1-3　双导线 $\Delta z$ 段的等效电路

把传输线靠近信号源的地方取为直线坐标 $z$ 轴的起点，任一截面位置由 $z$ 唯一确定。任一点的电压和电流均为位置和时间的函数，记为 $u(z, t)$ 和 $i(z, t)$。以 $z$ 为中心取一小段 $\Delta z$。由于分布参数的存在，该 $\Delta z$ 段的等效电路如图 2－1－3 所示。电压和电流在 $\Delta z$ 段的变化量为 $\Delta u$ 和 $\Delta i$，则有

$$\left(u-\frac{\Delta u}{2}\right)-\left(u+\frac{\Delta u}{2}\right)=R\Delta zi+L\Delta z\frac{\partial i}{\partial t} \tag{2-1-5(a)}$$

$$\left(i-\frac{\Delta i}{2}\right)-\left(i+\frac{\Delta i}{2}\right)=G\Delta zu+C\Delta z\frac{\partial u}{\partial t} \tag{2-1-5(b)}$$

用 $\Delta z$ 除两边，并令 $\Delta z\rightarrow 0$，有

$$-\frac{\partial u}{\partial z}=Ri+L\frac{\partial i}{\partial t} \tag{2-1-6(a)}$$

$$-\frac{\partial i}{\partial z}=Gu+C\frac{\partial u}{\partial t} \tag{2-1-6(b)}$$

该式即为电压和电流的瞬时值在均匀传输线上的微分方程，称为传输方程或电报方程。

对于以正余弦规律变化的电压和电流，有

$$u(z, t)=U_{\mathrm{m}}(z)\cos[\omega t+\varphi_u(z)] \tag{2-1-7(a)}$$

$$i(z, t)=I_{\mathrm{m}}(z)\cos[\omega t+\varphi_i(z)] \tag{2-1-7(b)}$$

其复数形式为

$$\dot{U}(z, t)=U_{\mathrm{m}}(z)\mathrm{e}^{\mathrm{j}[\omega t+\varphi_u(z)]}=U_{\mathrm{m}}(z)\mathrm{e}^{\mathrm{j}\varphi_u(z)}\mathrm{e}^{\mathrm{j}\omega t} \tag{2-1-8(a)}$$

$$\dot{I}(z, t)=I_{\mathrm{m}}(z)\mathrm{e}^{\mathrm{j}[\omega t+\varphi_i(z)]}=I_{\mathrm{m}}(z)\mathrm{e}^{\mathrm{j}\varphi_i(z)}\mathrm{e}^{\mathrm{j}\omega t} \tag{2-1-8(b)}$$

定义电压和电流的复振幅为

$$\dot{U}(z)=U_{\mathrm{m}}(z)\mathrm{e}^{\mathrm{j}\varphi_u(z)} \tag{2-1-9(a)}$$

$$\dot{I}(z)=I_{\mathrm{m}}(z)\mathrm{e}^{\mathrm{j}\varphi_i(z)} \tag{2-1-9(b)}$$

时间变化规律由 $\mathrm{e}^{\mathrm{j}\omega t}$ 表示，称为时谐因子。复振幅只与位置有关，它包括了瞬时值的振幅和相位信息。求导 $\frac{\partial}{\partial t}=\mathrm{j}\omega$，对复振幅乘以 $\mathrm{e}^{\mathrm{j}\omega t}$ 后再取实部便是瞬时值。今后我们只关注复振幅的变化规律即可。为了方便，将复振幅上面一点去掉，只写 $U(z)$ 和 $I(z)$ 也不会造成误解。传输线上电压、电流的复振幅方程为

$$-\frac{\mathrm{d}U(z)}{\mathrm{d}z}=(R+\mathrm{j}\omega L)I(z)=ZI(z) \tag{2-1-10(a)}$$

$$-\frac{\mathrm{d}I(z)}{\mathrm{d}z}=(G+\mathrm{j}\omega C)U(z)=YU(z) \tag{2-1-10(b)}$$

$Z$ 和 $Y$ 分别为传输线单位长度的分布阻抗和分布导纳。

### 2.1.4 电压、电流的波动性——传输线方程的解

**1. 通解**

将式(2－1－10)两边对 $z$ 求导并代入另一式的关系得

$$\frac{\mathrm{d}^2U}{\mathrm{d}z^2}-\gamma^2U=0 \tag{2-1-11(a)}$$

$$\frac{d^2 I}{dz^2} - \gamma^2 I = 0 \tag{2-1-11(b)}$$

式中：

$$\gamma^2 = ZY = (R + j\omega L)(G + j\omega C) \tag{2-1-12}$$

式(2-1-11)二阶微分方程的解为

$$U(z) = A_1 e^{-\gamma z} + A_2 e^{\gamma z}$$

$$I(z) = B_1 e^{-\gamma z} + B_2 e^{\gamma z}$$

考虑到式(2-1-10)中 $U$ 和 $I$ 的关系有 $B_1 = \frac{A_1}{Z_0}$，$B_2 = -\frac{A_2}{Z_0}$，则

$$Z_0 = \sqrt{\frac{Z}{Y}} = \sqrt{\frac{R + j\omega L}{G + j\omega C}} \tag{2-1-13}$$

所以，电压和电流复振幅的通解为

$$U(z) = A_1 e^{-\gamma z} + A_2 e^{\gamma z} \tag{2-1-14(a)}$$

$$I(z) = \frac{A_1}{Z_0} e^{-\gamma z} - \frac{A_2}{Z_0} e^{\gamma z} \tag{2-1-14(b)}$$

$\gamma$ 是一个复数，设 $\gamma = \alpha + j\beta$，相应的瞬时值为

$$u(z, t) = \mathrm{Re}[U(z)e^{j\omega t}] = |A_1| e^{-\alpha z}\cos(\omega t - \beta z + \varphi_1) + |A_2| e^{\alpha z}\cos(\omega t + \beta z + \varphi_2) \tag{2-1-15(a)}$$

$$i(z, t) = \mathrm{Re}[I(z)e^{j\omega t}] = \left|\frac{A_1}{Z_0}\right| e^{-\alpha z}\cos(\omega t - \beta z + \varphi_3) - \left|\frac{A_2}{Z_0}\right| e^{\alpha z}\cos(\omega t + \beta z + \varphi_4) \tag{2-1-15(b)}$$

式(2-1-15)表示：在一般情况下，传输线上存在一个向 $+z$ 方向传播的入射电压波和电流波与一个向 $-z$ 方向传播的反射电压波和电流波。若 $\alpha \neq 0$，则这两个波在各自的传输方向是衰减的。任一点的总电压和总电流的瞬时值是这两个波叠加的结果，而且电流反射波和电压反射波在同一点总是反相的(相位差为 $\pi$)。在电压相同时，沿相反方向传输的电流在同一截面上的流动方向相反。式(2-1-15)中的 $\varphi_1$、$\varphi_2$、$\varphi_3$、$\varphi_4$ 分别表示复数 $A_1$、$A_2$、$\frac{A_1}{Z_0}$、$\frac{A_2}{Z_0}$ 的辐角。

**2. 特解**

由边界条件把常数 $A_1$ 和 $A_2$ 确定后，通解转化为特解。

1) 终端边界条件

已知 $U|_{z=l} = U_2$，$I|_{z=l} = I_2$，可得

$$\begin{cases} U_2 = A_1 e^{-\gamma l} + A_2 e^{\gamma l} \\ I_2 = \frac{A_1}{Z_0} e^{-\gamma l} - \frac{A_2}{Z_0} e^{\gamma l} \end{cases}$$

解出：

$$A_1 = \frac{U_2 + I_2 Z_0}{2} e^{\gamma(l-z)} \tag{2-1-16(a)}$$

$$A_2 = \frac{U_2 - I_2 Z_0}{2} e^{-\gamma(l-z)} \tag{2-1-16(b)}$$

令 $d=l-z$ 为线上 $z$ 点到终端的距离，则有

$$U(d)=\frac{U_2+I_2Z_0}{2}e^{\gamma d}+\frac{U_2-I_2Z_0}{2}e^{-\gamma d}=U_2\mathrm{ch}(\gamma d)+I_2Z_0\mathrm{sh}(\gamma d)$$

$$I(d)=\frac{U_2+I_2Z_0}{2Z_0}e^{\gamma d}-\frac{U_2-I_2Z_0}{2Z_0}e^{-\gamma d}=\frac{U_2}{Z_0}\mathrm{sh}(\gamma d)+I_2\mathrm{ch}(\gamma d)$$

写成矩阵形式为

$$\begin{bmatrix}U(d)\\I(d)\end{bmatrix}=\begin{bmatrix}\mathrm{ch}(\gamma d) & Z_0\mathrm{sh}(\gamma d)\\ \frac{1}{Z_0}\mathrm{sh}(\gamma d) & \mathrm{ch}(\gamma d)\end{bmatrix}\begin{bmatrix}U_2\\I_2\end{bmatrix}\qquad(2-1-17)$$

2）始端边界条件

已知 $U|_{z=0}=U_1$，$U|_{z=0}=I_1$，有

$$U_1=A_1+A_2$$

$$I_1=\frac{A_1}{Z_0}-\frac{A_2}{Z_0}$$

得

$$A_1=\frac{U_1+I_1Z_0}{2}\qquad(2-1-18(a))$$

$$A_2=\frac{U_1-I_1Z_0}{2}\qquad(2-1-18(b))$$

对于线上任一处的 $z$，有：

$$U(z)=\frac{U_1+I_1Z_0}{2}e^{-\gamma z}+\frac{U_1-I_1Z_0}{2}e^{\gamma z}=U_1\mathrm{ch}\gamma z-I_1Z_0\mathrm{sh}\gamma z$$

$$I(z)=\frac{U_1+I_1Z_0}{2Z_0}e^{-\gamma z}-\frac{U_1-I_1Z_0}{2Z_0}e^{\gamma z}=-\frac{U_1}{Z_0}\mathrm{sh}\gamma z+I_1\mathrm{ch}\gamma z$$

写成矩阵形式为

$$\begin{bmatrix}U(z)\\I(z)\end{bmatrix}=\begin{bmatrix}\mathrm{ch}(\gamma z) & -Z_0\mathrm{sh}(\gamma z)\\ -\frac{1}{Z_0}\mathrm{sh}(\gamma z) & \mathrm{ch}(\gamma z)\end{bmatrix}\begin{bmatrix}U_1\\I_1\end{bmatrix}\qquad(2-1-19)$$

式(2－1－17)为线上终端电压、电流变换为任一点电压、电流的表示式，式(2－1－19)则为始端电压、电流变换为线上任一点电压、电流的表示式。若已知任一截面的电压 $U(z)$ 和电流 $I(z)$，对靠近负载一侧的一切点，该点可看成始端，用式(2－1－19)可求出其电压、电流；对靠近电源一侧的一切点，该点可看成终端，可用式(2－1－17)求出其电压、电流。所以传输线任一截面电压、电流确定后，其他一切位置的电压和电流都可以用二阶矩阵变换完全确定。

对于 $R=0$，$G=0$ 的无损耗线，$\alpha=0$，$\beta=\omega\sqrt{LC}$，式(2－1－17)和式(2－1－19)的变换式分别为

$$\begin{bmatrix}U(d)\\I(d)\end{bmatrix}=\begin{bmatrix}\cos(\beta d) & jZ_0\sin(\beta d)\\ \frac{j}{Z_0}\sin(\beta d) & \cos(\beta d)\end{bmatrix}\begin{bmatrix}U_2\\I_2\end{bmatrix}\qquad(2-1-20)$$

$$\begin{bmatrix} U(z) \\ I(z) \end{bmatrix} = \begin{bmatrix} \cos(\beta z) & -jZ_0\sin(\beta z) \\ -\dfrac{j}{Z_0}\sin(\beta z) & \cos(\beta z) \end{bmatrix} \begin{bmatrix} U_1 \\ I_1 \end{bmatrix} \tag{2-1-21}$$

式(2-1-20)和式(2-1-21)虽然对 $R=G=0$ 的理想无耗线适用，但实际的微波传输线均满足：

$$\omega L \gg R, \quad \omega C \gg G \tag{2-1-22}$$

的低损耗条件。在线长 $l$ 不太长的情况下，$\alpha \approx 0$，实际传输线更接近于无耗线，所以式(2-1-20)和式(2-1-21)比式(2-1-17)和式(2-1-19)更常用。

## 思考练习题

1. 双导线分布参数有哪些？这些参数在低频是否存在？为什么 $L$、$C$ 在微波频率下对传输特性的影响凸显？

2. 有一无耗双导线，$L=0.005$ mH/m，$C=100$ pF，传输信号 $f=500$ MHz，已知 $z=5$ m 处 $u(z, t)=100\cos(\omega t+60°)$ V，线上只存在入射波，求该处的电流瞬时值及 $z=5.125$ m 和 $z=4.375$ m 处的电压和电流的复振幅。

3. 什么是理想无耗线、实用低耗线和有耗线？体会其参数的异同。

## 2.2 传输线的特性参数与工作参数

本节在 2.1 节的基础上引进了几个与传输线特性和电压、电流波动性相联系的参数。通过它们可以更深入地理解发生在微波传输线上的物理现象并建立传输理论的一些重要概念。

### 2.2.1 微波传输线的特性参数

特性参数是传输线本身固有特性的集中反映，与传输线是否工作、接什么源和负载均无关系。特性参数包括特性阻抗和传播常数。

**1. 特性阻抗 $Z_0$**

特性阻抗的定义是

$$Z_0 = \frac{\text{行波电压}}{\text{行波电流}}$$

行波指行进在一个方向上的波。显然，入射波是行进在 $+z$ 方向上的波，反射波是行进在 $-z$ 方向上的波，它们都是行波，分用“+”、“−”号表示入射和反射，则有

$$U(d) = U^+(d) + U^-(d)$$

$$I(d) = I^+(d) - I^-(d)$$

或

$$U(z) = U^+(z) + U^-(z) \tag{2-2-1(a)}$$

$$I(z) = I^+(z) - I^-(z) \tag{2-2-1(b)}$$

所以特性阻抗可表示为

$$Z_0 = \frac{U^+}{I^+} = \frac{U^-}{I^-} \tag{2-2-2}$$

由 2.1 节可知，有耗线：

$$Z_0 = \sqrt{\frac{R + \mathrm{j}\omega L}{G + \mathrm{j}\omega C}} \tag{2-2-3(a)}$$

无耗线：

$$Z_0 = \sqrt{\frac{L}{C}} \tag{2-2-3(b)}$$

实际低耗线：

$$Z_0 \approx \sqrt{\frac{L}{C}} \tag{2-2-3(c)}$$

特性阻抗的物理意义是：当传输线上的电压、电流波在一个方向行进时，电压复振幅和电流复振幅存在一个固定的比例关系。双导线的特性阻抗为

$$Z_0 = \sqrt{\frac{L}{C}} = \frac{120}{\sqrt{\varepsilon_r}} \ln \frac{2D}{d} \quad (\Omega) \tag{2-2-4}$$

特性阻抗只与传输线的结构尺寸和媒质参数有关，与其他因素无关。

**2. 传播常数 $\gamma$**

传播常数表示微波传输线上的电压波和电流波每行进单位长度的幅度和相位的变化量。$\gamma = \sqrt{(R+\mathrm{j}\omega L)(G+\mathrm{j}\omega C)} = \alpha + \mathrm{j}\beta$ 中，实部 $\alpha$ 表示单位长度的幅度衰减，其虚部 $\beta$ 则表示单位长度的相位变化。对于无耗线，$\alpha = 0$，$\beta = \omega\sqrt{LC}$。对于常用的低耗线（$\omega L \gg R$，$\omega C \gg G$），有

$$\begin{aligned}\gamma &= \mathrm{j}\omega\sqrt{LC}\left(1 + \frac{R}{\mathrm{j}\omega L}\right)^{\frac{1}{2}}\left(1 + \frac{G}{\mathrm{j}\omega C}\right)^{\frac{1}{2}} \\ &\approx \mathrm{j}\omega\sqrt{LC}\left(1 + \frac{1}{2}\frac{R}{\mathrm{j}\omega L}\right)\left(1 + \frac{1}{2}\frac{G}{\mathrm{j}\omega C}\right) \\ &= \mathrm{j}\omega\sqrt{LC} + \frac{R}{2Z_0} + \frac{GZ_0}{2}\end{aligned}$$

所以

$$\alpha = \frac{R}{2Z_0} + \frac{GZ_0}{2} = \alpha_c + \alpha_d \tag{2-2-5(a)}$$

$$\beta = \omega\sqrt{LC} \tag{2-2-5(b)}$$

衰减常数 $\alpha$ 由 $\alpha_c$ 和 $\alpha_d$ 两部分构成，$\alpha_c$ 与导体损耗相联系，$\alpha_d$ 与介质损耗相联系。

$\alpha$ 的单位为奈培/米(Np/m)或分贝/米(dB/m)。换算关系为

$$-1(\mathrm{Np/m}) = \ln e^{-1}(\mathrm{Np/m}) = 8.686\ (\mathrm{dB/m})$$

电压、电流波的传播速度与 $\beta$ 有关。等相位面的行进速度称为相速 $v_p$。等相位面由 $\omega t \pm \beta z =$ 常数决定。设某一时刻 $t_1$，某等相位面位于 $z_1$ 处，到 $t_2$ 时刻，传播到 $z_2$ 处，$\omega t_1 \pm \beta z_1 = \omega t_2 \pm \beta z_2$，则

$$v_p = \frac{z_2 - z_1}{t_2 - t_1} = \frac{\omega}{\beta} \tag{2-2-6}$$

代入 $\beta=\omega\sqrt{LC}$，可知双导线的 $v_p=\dfrac{1}{\sqrt{LC}}=\dfrac{1}{\sqrt{\mu_0\varepsilon_0}}=3\times10^8$ m/s。

波在传播方向上相位差为 $2\pi$ 的两点之间的距离为一个波长 $\lambda$，所以

$$\lambda=\frac{2\pi}{\beta}\ (\text{m})\quad 或\quad \beta=\frac{2\pi}{\lambda}\ (\text{rad/s}) \tag{2-2-7}$$

$\alpha$ 和 $\beta$ 也只与传输线的结构尺寸及媒质参数有关，它们也是传输线的固有特性参数。

## 2.2.2 微波传输线的工作参数

在微波传输线的始端接上电源，终端接上负载后，传输线就处于工作状态(见图 2-2-1)。这时线上就存在入射的电压、电流波和反射的电压、电流波。每一处的总电压和总电流都是入射波和反射波叠加的结果。

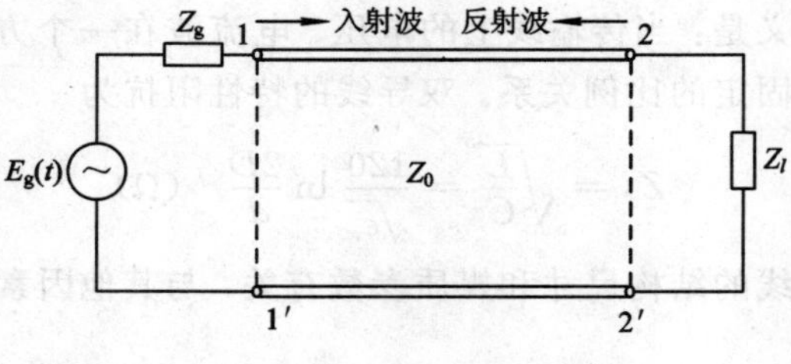


图 2-2-1　工作状态的传输线

微波传输线上的入射波是指在稳定状态下由电源向负载方向传播的波。在 $Z_g\neq Z_0$，$Z_l\neq Z_0$ 的一般情况下，代入边界条件 $\begin{cases}U(0)=E_g-Z_gI_1(0)\\U(l)=Z_lI(l)\end{cases}$，可由通解表示式求出：

$$A_1=U_1^+=\frac{E_gZ_0}{E_g+Z_0}\frac{1}{1-\Gamma_g\Gamma_l\mathrm{e}^{-2\gamma l}},\quad I_1^+=\frac{U_1^+}{Z_0} \tag{2-2-8}$$

其中：

$$\begin{cases}\Gamma_g=\dfrac{Z_g-Z_0}{Z_g+Z_0}\\[2mm]\Gamma_l=\dfrac{Z_l-Z_0}{Z_l+Z_0}\end{cases} \tag{2-2-9}$$

当 $Z_g=Z_0$ 时，一次入射波就是稳定的入射波，它是微波源 $E_g$ 在传输线特性阻抗和源内阻分压后，在始端形成的由电源向负载方向传输的波，这时：

$$U_1^+=\frac{E_gZ_0}{Z_g+Z_0} \tag{2-2-10(a)}$$

$$I_1^+=\frac{U_1^+}{Z_0} \tag{2-2-10(b)}$$

而线上其他位置的入射波都是由这个始端入射波传过去的，故有：

$$U^+(z)=U_1^+\mathrm{e}^{-\gamma z}=U_1^+\mathrm{e}^{-\gamma(l-d)}=U_2^+\mathrm{e}^{\gamma d},\ U_2^+=U_1^+\mathrm{e}^{-\gamma l} \tag{2-2-11(a)}$$

$$I^+(z)=\frac{U_1^+(z)}{Z_0}=\frac{U_1^+}{Z_0}\mathrm{e}^{-\gamma z}=\frac{U_1^+}{Z_0}\mathrm{e}^{-\gamma(l-d)}=\frac{U_2^+}{Z_0}\mathrm{e}^{\gamma d} \tag{2-2-11(b)}$$

反射波是由终端产生并向电源方向传播的波。由式(2-1-16)和式(2-1-18)得

$$\begin{cases} U_2^- = \dfrac{U_2 - I_2 Z_0}{2} \\ I_2^- = \dfrac{U_2^-}{Z_0} = \dfrac{U_2 - I_2 Z_0}{2Z_0} \end{cases} \tag{2-2-12}$$

$$U^-(d) = U_2 e^{-\gamma d} = U_2^- e^{-\gamma(l-z)} = U_1^- e^{\gamma z}, U_1^- = U_2^- e^{-\gamma l} \tag{2-2-13(a)}$$

$$I^-(d) = \frac{U_2^-(z)}{Z_0} = \frac{U_2^-}{Z_0} e^{-\gamma d} = \frac{U_2^-}{Z_0} e^{-\gamma(l-z)} = \frac{U_1^-}{Z_0} e^{+\gamma z} \tag{2-2-13(b)}$$

反射波和入射波共同决定传输线的工作状态。因而描述工作状态的参数不仅与传输线有关，还与端接情况有关。这些参数是阻抗、反射系数和驻波比。

**1. 阻抗 $Z(d)$**

定义传输线上某点的阻抗为从该点处的截面向负载方向看去的输入阻抗，即

$$Z(d) = \frac{U(d)}{I(d)} = \frac{U_2 \mathrm{ch}(\gamma d) + Z_0 I_2 \mathrm{sh}(\gamma d)}{\dfrac{U_2}{Z_0}\mathrm{sh}(\gamma d) + I_2 \mathrm{ch}(\gamma d)} = Z_0 \frac{Z_l + Z_0 \mathrm{th}(\gamma d)}{Z_0 + Z_l \mathrm{th}(\gamma d)} \ (\Omega) \tag{2-2-14}$$

式中，$Z_l = \dfrac{U_2}{I_2}$为负载阻抗。对于无耗线，$\gamma = \mathrm{j}\beta$，阻抗为

$$Z(d) = Z_0 \frac{Z_l + \mathrm{j} Z_0 \tan(\beta d)}{Z_0 + \mathrm{j} Z_l \tan(\beta d)} \tag{2-2-15}$$

式(2－2－15)表明：无耗传输线上的阻抗是周期变化的，重复周期由 $\beta\Delta d = \pi$ $\left(即\ \Delta d = \dfrac{\lambda}{2}\right)$决定，此特性称为阻抗的二分之一波长重复性。若 $\Delta d = \dfrac{\lambda}{4}$，则 $\beta\Delta d = \dfrac{\pi}{2}$，$\tan(\beta d) \to \cot(\beta d)$，虚部变号，感性⇌容性，最大⇌最小，此特性称为阻抗的四分之一波长变换性，即

$$Z\left(d \pm n\frac{\lambda}{2}\right) = Z(d) \tag{2-2-16}$$

$$Z\left(d \pm \frac{2n-1}{4}\lambda\right) \cdot Z(d) = Z_0^2 \tag{2-2-17}$$

阻抗 $Z(d)$和特性阻抗 $Z_0$ 是两个完全不同的概念。特性阻抗 $Z_0$ 是传输线的固有参数，与工作状态无关，一个传输线只有一个 $Z_0$；阻抗 $Z(d)$与工作状态有关，只有工作时才有意义且是逐点变化的，$Z(d=l) = Z_{in}$，$Z(d=0) = Z_l$。

**2. 反射系数 $\Gamma(d)$**

反射系数的定义为

$$\Gamma(d) = \frac{反射波电压复振幅}{入射波电压复振幅} = \frac{U^-(d)}{U^+(d)} \tag{2-2-18}$$

其中：

$$U^-(d) = \frac{U_2 - I_2 Z_0}{2} e^{-\gamma d}$$

$$U^+(d) = \frac{U_2 + I_2 Z_0}{2} e^{\gamma d}$$

所以

$$\Gamma(d)=\frac{Z_l-Z_0}{Z_l+Z_0}\mathrm{e}^{-2\gamma d}=\Gamma_2\mathrm{e}^{-2\gamma d}=|\Gamma_2|\mathrm{e}^{-2\alpha d}\mathrm{e}^{\mathrm{j}(\varphi_2-2\beta d)} \tag{2-2-19}$$

式中：

$$\Gamma_2=\frac{Z_l-Z_0}{Z_l+Z_0}=|\Gamma_2|\mathrm{e}^{\mathrm{j}\varphi_2} \tag{2-2-20}$$

为负载反射系数或终端反射系数。

在有耗线上，反射系数的大小和相位都是逐点变化的，$d$ 增大，$|\Gamma|$ 减小，则 $\varphi$ 减小。对于无耗线，$\alpha=0$，反射系数

$$\Gamma(d)=|\Gamma_2|\mathrm{e}^{\mathrm{j}(\varphi_2-2\beta d)} \tag{2-2-21}$$

无耗线的反射系数大小不变，等于终端负载反射系数的模，只有相位随位置变化，且变化周期为 $\Delta d=\dfrac{\lambda}{2}$。

由反射系数的定义可知：

$$U(d)=U^+(d)+U^-(d)=U^+(d)[1+\Gamma(d)] \tag{2-2-22(a)}$$

$$I(d)=I^+(d)-I^-(d)=U^+(d)[1-\Gamma(d)] \tag{2-2-22(b)}$$

可得：

$$Z(d)=\frac{U(d)}{I(d)}=Z_0\frac{1+\Gamma(d)}{1-\Gamma(d)} \tag{2-2-23(a)}$$

相反表示式为

$$\Gamma(d)=\frac{Z(d)-Z_0}{Z(d)+Z_0} \tag{2-2-23(b)}$$

式(2-2-22)和式(2-2-23)是传输线上任一位置的阻抗和反射系数的相互表示式。$d=l$ 对应输入端，$d=0$ 对应终端，$0<d<l$ 则对应线上任意位置。

### 3. 驻波比和行波系数

由于传输线上的入射波和反射波沿相反方向传播且相位连续变化，因此在不同位置叠加结果不同。在某些点，反射波和入射波同相相加形成最大点，称为波腹点。在另一些点，反射波和入射波反相相减形成最小点，称为波节点。电流反射波和电压反射波前面相差一个负号，所以电压波腹点和电流波节点重合，电压波节点和电流波腹点重合。在电压波腹点：

$$U(d)=U_{\max}=U^+(1+|\Gamma|) \tag{2-2-24(a)}$$

$$I(d)=I_{\min}=I^+(1-|\Gamma|) \tag{2-2-24(b)}$$

$$Z(d)=Z_{\max}=\frac{U_{\max}}{I_{\min}}=Z_0\frac{1+|\Gamma|}{1-|\Gamma|} \tag{2-2-24(c)}$$

在电压波节点：

$$U(d)=U_{\min}=U^+(1-|\Gamma|) \tag{2-2-25(a)}$$

$$I(d)=I_{\max}=I^+(1+|\Gamma|) \tag{2-2-25(b)}$$

$$Z(d)=Z_{\min}=\frac{U_{\min}}{I_{\max}}=Z_0\frac{1-|\Gamma|}{1+|\Gamma|} \tag{2-2-25(c)}$$

电压波腹点和波节点到终端的距离记为 $d_{\max}$ 和 $d_{\min}$，则有

$$\begin{cases}\varphi_2 - 2\beta d_{\max} = -2n\pi \\ d_{\max} = \dfrac{\lambda}{4\pi}\varphi_2 + n\dfrac{\lambda}{2}\end{cases} \tag{2-2-26(a)}$$

$$\begin{cases}\varphi_2 - 2\beta d_{\min} = -(2n+1)\pi \\ d_{\min} = \dfrac{\lambda}{4\pi}\varphi_2 + n\dfrac{\lambda}{2} \pm \dfrac{\lambda}{4} = d_{\max} \pm \dfrac{\lambda}{4}\end{cases} \tag{2-2-26(b)}$$

驻波比定义为

$$\rho = \frac{U_{\max}}{U_{\min}} = \frac{I_{\max}}{I_{\min}} = \frac{\text{电压(流)最大值}}{\text{电压(流)最小值}} \tag{2-2-27}$$

由式(2-2-24)和式(2-2-25)可得：

$$\rho = \frac{1+|\Gamma|}{1-|\Gamma|} \qquad \text{或} \qquad |\Gamma| = \frac{\rho-1}{\rho+1} \tag{2-2-28}$$

行波系数定义为

$$K = \frac{U_{\min}}{U_{\max}} = \frac{1}{\rho} = \frac{1-|\Gamma|}{1+|\Gamma|} \tag{2-2-29}$$

$|\Gamma|$、$\rho$、$K$ 的取值范围为 $0\leqslant|\Gamma|\leqslant1$，$1\leqslant\rho\leqslant\infty$，$0\leqslant K\leqslant1$。只有在波节点和波腹点，阻抗才是纯电阻，且

$$\begin{cases}Z_{\max} = \rho Z_0 > Z_0 \\ Z_{\min} = KZ_0 = \dfrac{1}{\rho}Z_0 < Z_0\end{cases} \tag{2-2-30}$$

$$Z_{\max} \cdot Z_{\min} = Z_0^2 \tag{2-2-31}$$

无耗线上的 $\rho$ 和 $K$ 为定值，有耗线上则是变化的。

## 思 考 练 习 题

1. 微波传输线的固有参数是什么？其物理意义如何？有耗线、无耗线、低耗线的固有参数有什么不同？

2. 微波传输线的阻抗是如何定义的？无耗线的阻抗变化的规律如何？

3. 反射系数如何定义？其实部和虚部的物理意义是什么？无耗线的反射系数的大小由什么决定？

4. 波腹点和波节点的位置如何确定？腹节点阻抗有什么特点？

5. 驻波比、行波系数和反射系数有什么关系？它们各自的取值范围是什么？

6. 列举微波传输线的所有四级参数，即原始参数、分布电气参数、固有特性参数、工作特性参数及它们的计算公式。

## 2.3　传输线的工作状态分析

微波传输线处在工作状态时，线上的电压、电流及阻抗的变化规律与反射波的大小有关。反射波是由终端反射系数(即负载)决定的，不同的负载使传输线处在不同的工作状

态。本节讨论几种典型负载情况下传输线上的电压、电流分布特点及阻抗沿线变化规律。理解这些规律对掌握传输线理论至关重要。本节重点讨论无耗线，因为实际情况接近无耗线，而且有耗线的状况在无耗线的基础上稍加修正即可。

### 2.3.1 无耗线的几种典型工作状态

无耗线就是指 $R=G=0$，导体理想导电，介质无耗。分布参数只有 $L$ 和 $C$，特性参数中，$Z_0=\sqrt{\dfrac{L}{C}}$，$\gamma=\mathrm{j}\beta=\mathrm{j}\omega\sqrt{LC}(\alpha=0)$；工作参数中，$Z(d)$沿线周期变化，以$\dfrac{\lambda}{2}$周期重复，$\Gamma(d)=|\Gamma_2|\mathrm{e}^{\mathrm{j}(\varphi_2-2\beta d)}$，只有相位变化，$\rho=\dfrac{1+|\Gamma_2|}{1-|\Gamma_2|}$，$K=\dfrac{1}{\rho}$，均为固定常数。

**1. 行波状态(无反射状态)**

这种状态要求 $U_2^-=\dfrac{U_2-I_2Z_0}{2}=0$。只有 $Z_l=Z_0$ 时才能处于这种状态，这时 $\Gamma_2=\dfrac{Z_l-Z_0}{Z_l+Z_0}=0$。传输线上不存在反射波，只有由电源向负载方向传播的入射波。行波状态下有：

$$U(d)=U_2^+\mathrm{e}^{\mathrm{j}\beta d} \tag{2-3-1(a)}$$

$$I(d)=I_2^+\mathrm{e}^{\mathrm{j}\beta d}=\frac{U_2^+}{Z_0}\mathrm{e}^{\mathrm{j}\beta d} \tag{2-3-1(b)}$$

$$Z(d)=\frac{U(d)}{I(d)}=Z_0 \tag{2-3-2}$$

电压和电流处处同相位同规律变化，振幅沿线无变化，任一处的阻抗都等于特性阻抗，功率被负载全部吸收。电压和电流的瞬时值为

$$u(d,\,t)=\mathrm{Re}[U(d)\mathrm{e}^{\mathrm{j}\omega t}]=U_2^+\cos(\omega t+\beta d)=U_1^+\cos(\omega t-\beta z) \tag{2-3-3(a)}$$

$$i(d,\,t)=\mathrm{Re}[I(d)\mathrm{e}^{\mathrm{j}\omega t}]=\frac{U_2^+}{Z_0}\cos(\omega t+\beta d)=\frac{U_1^+}{Z_0}\cos(\omega t-\beta z) \tag{2-3-3(b)}$$

电压、电流波的传播速度为 $v_\mathrm{p}=\dfrac{\omega}{\beta}=\dfrac{1}{\sqrt{LC}}$，穿过任一截面向负载传输的功率为

$$P(d)=\frac{1}{2}\mathrm{Re}[U(d)I^*(d)]=\frac{1}{2}U^+I^+=\frac{U^{+2}}{2Z_0}=\frac{1}{2}Z_0I^{+2} \tag{2-3-4}$$

这种工作状态是最理想的工作状态，称为负载与传输线阻抗匹配。

**2. 驻波状态(全反射状态)**

这种工作状态下，负载不吸收功率，全部反射回去，故有$|\Gamma_2|=1$。负载有如下三种情况：

(1) 终端短路：

$$Z_l=0,\ \Gamma_2=\frac{Z_l-Z_0}{Z_l+Z_0}=\frac{0-Z_0}{0+Z_0}=-1=\mathrm{e}^{\mathrm{j}\pi} \tag{2-3-5}$$

(2) 终端开路：

$$Z_l=\infty,\ \Gamma_2=\frac{\infty-Z_0}{\infty+Z_0}=1 \tag{2-3-6}$$

(3) 终端为纯电抗负载：

$$Z_l = \mathrm{j}X_l,\ \Gamma_2 = \frac{\mathrm{j}X_l - Z_0}{\mathrm{j}X_l + Z_0} = \mathrm{e}^{\mathrm{j}\left(\pi - 2\arctan\frac{X_l}{Z_0}\right)} \tag{2-3-7}$$

这三种情况下都有 $|\Gamma_2|=1$，$|U^-|=|U^+|$，$P^-=P^+$，$P_l=P^+-P^-=0$。在波腹点 $U_{\max}=2U^+$，$I_{\min}=0$，在波节点 $U_{\min}=0$，$I_{\max}=2I^+$，它们的差别仅在于波腹(节)点距终端位置不同。对应的 $U$、$I$、$Z$ 表示式为

$$U(d) = \mathrm{j}2U_2^+ \sin\beta(d+\Delta d) \tag{2-3-8(a)}$$

$$I(d) = 2\frac{U_2^+}{Z_0}\cos\beta(d+\Delta d) \tag{2-3-8(b)}$$

$$Z(d) = \mathrm{j}Z_0 \tan\beta(d+\Delta d) \tag{2-3-9}$$

$\Delta d$ 是一个调节变量，在短路情况下 $\Delta d=0$，在开路情况下 $\Delta d=\frac{\lambda}{4}$，在纯电抗负载下 $\Delta d=\frac{\lambda}{2\pi}\arctan\frac{X_l}{Z_0}$。如果 $X_l>0$，则 $0<\Delta d_l<\frac{\lambda}{4}$；如果 $X_l<0$，则 $\frac{\lambda}{4}<\Delta d_l<\frac{\lambda}{2}$。这三种情况下的电压、电流振幅分布及阻抗变化规律如图 2-3-1 所示。

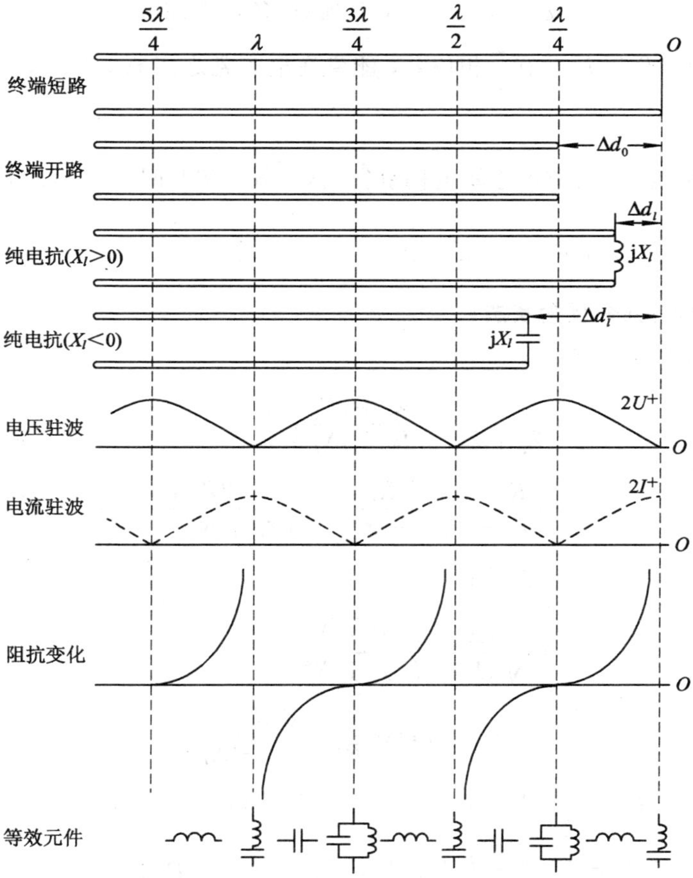


图 2-3-1　几种全反射情况及电压、电流分布阻抗变化与等效元件

由图 2-3-1 可见，三种情况下都有 $U_{max}=2U_2^+$，$U_{min}=0$，$I_{max}=2I_2^+$，$I_{min}=0$，且每一点的 $U$ 和 $I$ 都有 $\frac{\pi}{2}$ 的相位差。这意味着

$$P(d)=\frac{1}{2}\mathrm{Re}[U(d)I^*(d)]=\frac{1}{2}U(d)I(d)\cos\frac{\pi}{2}=0$$

沿线每一点都无功率传输，能量在电和磁之间原地相互转化。这三种情况的差别仅在于波的腹、节点位置到终端距离不同，即 $d_{max}=\frac{\lambda}{4\pi}\varphi_2+n\frac{\lambda}{2}$，$d_{min}=d_{max}\pm\frac{\lambda}{4}$。开路时 $\varphi_2=0$，短路时 $\varphi_2=\pi$，纯电抗负载时 $\varphi_2=\pi-2\arctan\frac{X_l}{Z_0}$。用 $0<\Delta d<\frac{\lambda}{4}$ 的短路线可替代任何 $x_l>0$ 的纯电抗负载，用 $\Delta d=\frac{\lambda}{4}$ 的短、开路线可以相互替代，用 $\frac{\lambda}{4}<\Delta d<\frac{\lambda}{2}$ 的短路线和 $0<\Delta d<\frac{\lambda}{4}$ 的开路可以替代 $X_l<0$ 的纯电抗负载。

纯驻波状态的特点概括如下：

(1) $|\Gamma|=1$，$P_l=P(d)=P^+-P^-=0$。

(2) 线上形成纯驻波，$U_{max}=2U^+$，$I_{min}=0$，$U_{min}=0$，$I_{max}=2I_2^+$。

(3) 波腹点 $Z_{max}=\infty$，波节点 $Z_{min}=0$，其他点 $Z(d)$ 为纯电抗。

(4) 每点的 $U(d)$ 和 $I(d)$ 有 $\frac{\pi}{2}$ 相位差，能量在电和磁之间原地相互转换，经一个节点，$U$、$I$ 相位变化 $\pi$。

(5) 波腹点相距 $\frac{\lambda}{2}$，波节点之间也相距 $\frac{\lambda}{2}$，腹、节点相互间隔 $\frac{\lambda}{4}$。波腹点到终端的距离由 $d_{max}=\frac{\lambda}{4\pi}\varphi_2+n\frac{\lambda}{2}$ 决定，$d_{min}=d_{max}\pm\frac{\lambda}{4}$。

**3. 行驻波状态(部分反射状态)**

当 $Z_l=R_l+\mathrm{j}X_l$ 时，有

$$\begin{aligned}\Gamma_2&=\frac{Z_l-Z_0}{Z_l+Z_0}=\frac{R_l+\mathrm{j}X_l-Z_0}{R_l+\mathrm{j}X_l+Z_0}\\&=\frac{R_l^2-Z_0^2+X_l^2}{(Z_0+R_l)^2+X_l^2}+\mathrm{j}\frac{2Z_0X_l}{(Z_0+R_l)^2+X_l^2}\\&=|\Gamma_2|\,\mathrm{e}^{\mathrm{j}X_l}\end{aligned}$$

$$|\Gamma_2|=\sqrt{\frac{(R_l-Z_0)^2+X_l^2}{(R_l+Z_0)^2+X_l^2}}\qquad 0<|\Gamma_2|<1 \tag{2-3-10(a)}$$

$$\varphi_2=\arctan\frac{2Z_0X_l}{R_l^2-Z_0^2+X_l^2} \tag{2-3-10(b)}$$

$$U(d)=U_2^+\mathrm{e}^{\mathrm{j}\beta d}+\Gamma_2U_2^+\mathrm{e}^{-\mathrm{j}\beta d}=U_2^+\mathrm{e}^{\mathrm{j}\beta d}(1+|\Gamma_2|\,\mathrm{e}^{\mathrm{j}(\varphi_2-2\beta d)}) \tag{2-3-11(a)}$$

$$I(d)=I_2^+\mathrm{e}^{\mathrm{j}\beta d}-\Gamma_2I_2^+\mathrm{e}^{-\mathrm{j}\beta d}=\frac{U_2^+}{Z_0}\mathrm{e}^{\mathrm{j}\beta d}(1-|\Gamma_2|\,\mathrm{e}^{\mathrm{j}(\varphi_2-2\beta d)}) \tag{2-3-11(b)}$$

终端负载吸收一部分功率，反射一部分功率。这时，波腹点：

$$\begin{cases} U_{\max} = U_2^+ (1 + |\ \Gamma_2\ |) \\ I_{\min} = \dfrac{U_2^+}{Z_0}(1 - |\ \Gamma_2\ |) \end{cases} \tag{2-3-12(a)}$$

波节点：

$$\begin{cases} U_{\min} = U_2^+ (1 - |\ \Gamma_2\ |) \\ I_{\max} = \dfrac{U_2^+}{Z_0}(1 + |\ \Gamma_2\ |) \end{cases} \tag{2-3-12(b)}$$

$$\begin{cases} Z_{\max} = Z_0 \dfrac{1 + |\ \Gamma\ |}{1 - |\ \Gamma\ |} = \rho Z_0 \\ Z_{\min} = Z_0 \dfrac{1 - |\ \Gamma\ |}{1 + |\ \Gamma\ |} = \dfrac{Z_0}{\rho} \end{cases} \tag{2-3-13}$$

线上向负载方向传输的功率为

$$P(d) = \frac{1}{2}\mathrm{Re}[U(d)I^*(d)] = \frac{U_2^{+2}}{2Z_0}(1 - |\ \Gamma_2\ |^2) = P^+ - P^- \tag{2-3-14}$$

$$\begin{cases} P^+ = \dfrac{U_2^{+2}}{2Z_0} \\ P^- = \dfrac{1}{2}\ |\ \Gamma_2\ |^2\ \dfrac{U_2^{+2}}{Z_0} \end{cases} \tag{2-3-15}$$

这种状态是最一般的工作状态。当 $\Gamma_2=0$ 时就是行波状态，$|\Gamma_2|=1$ 时就是纯驻波状态。在行驻波状态下，只有波腹点和波节点的阻抗为纯电阻，且 $Z_{\max}=\rho Z_0>Z_0$，$Z_{\min}=\dfrac{1}{\rho}Z_0<Z_0$，其他点的阻抗均为复数。行驻波的四种典型状态如图 2-3-2 所示。

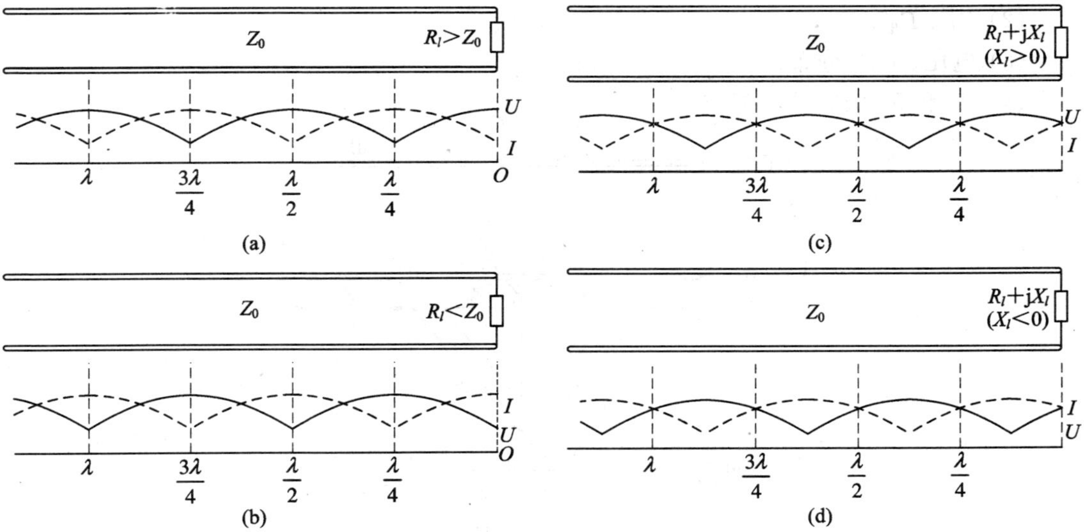


图 2-3-2　四种典型的行驻波状态

## 2.3.2　有耗线的工作状态、传输功率与效率

理论上讲，有耗线的特性阻抗是复数，行波电压和行波电流不同相，且相速变慢与频

率有关，但由于实际的低耗线损耗小且长度有限，因此以上两点效应可以忽略。但 $\alpha\neq 0$ 造成的行波衰减效应在损耗较大的长线传输系统中不可忽略。入射波和反射波在各自的传播方向上边行进边衰减，即使终端全反射，损耗造成的衰减也使传输线处于行驻波状态。线上的反射系数和驻波比沿线变化，靠近源端即 $d\uparrow$，$|\Gamma(d)|\downarrow$，$\rho\downarrow$，则有

$$U(d)=U_2^+\mathrm{e}^{\alpha d}\mathrm{e}^{\mathrm{j}\beta d}+|\Gamma_2|U_2^+\mathrm{e}^{-\alpha d}\mathrm{e}^{\mathrm{j}(\varphi_2-\beta d)} \tag{2-3-16}$$

$$I(d)=I_2^+\mathrm{e}^{\alpha d}\mathrm{e}^{\mathrm{j}\beta d}-|\Gamma_2|I_2^+\mathrm{e}^{-\alpha d}\mathrm{e}^{\mathrm{j}(\varphi_2-\beta d)} \tag{2-3-17}$$

$$Z(d)=Z_0\frac{1+|\Gamma_2|\mathrm{e}^{-2\alpha d}\mathrm{e}^{-\mathrm{j}(\varphi_2-2\beta d)}}{1-|\Gamma_2|\mathrm{e}^{-2\alpha d}\mathrm{e}^{-\mathrm{j}(\varphi_2-2\beta d)}} \tag{2-3-18}$$

$$P(d)=\frac{1}{2}\mathrm{Re}[U(d)I^*(d)]=\frac{1}{2}\frac{U_2^{+2}}{Z_0^2}(\mathrm{e}^{2\alpha d}-|\Gamma_2|\mathrm{e}^{-2\alpha d}) \tag{2-3-19}$$

穿过截面向负载方向的传输功率是不相等的，$d\uparrow$，即越靠近电源，传输功率越大，因为除了负载吸收外，线上的损耗随 $d$ 的增加而加大。负载吸收的只是传输功率的一部分。把负载吸收功率与电源供给输入端的总功率之比定义为传输效率，有

$$\eta=\frac{P_l}{P_{\mathrm{in}}}=\frac{1-|\Gamma_2|^2}{\mathrm{e}^{2\alpha l}-|\Gamma_2|\mathrm{e}^{-2\alpha l}}\approx\left[1-\left(K+\frac{1}{K}\right)\alpha l\right] \tag{2-3-20}$$

由式(2-3-20)可知，提高传输效率的途径为：减小 $\alpha$，使线长 $l$ 尽量短，减少终端反射。在 $\alpha$ 和 $l$ 一定的条件下，保持 $K\geqslant 0.5$(即 $\rho<2$)可显著改善效率。

**【例 1】** 图 2-3-3(a)中，$Z_g=Z_0=100\ \Omega$，$E_g=300\cos\omega t$ V，$\omega=6\pi\times10^7$ rad/s，$R_1=2Z_0$，$R_2=\frac{1}{2}Z_0$。试求：

(1) 波长 $\lambda$；

(2) $\Gamma_{\mathrm{I}}$、$\Gamma_{\mathrm{II}}$、$\Gamma_{\mathrm{III}}$；

(3) 电压、电流分布；

(4) $R_1$ 和 $R_2$ 吸收的功率。

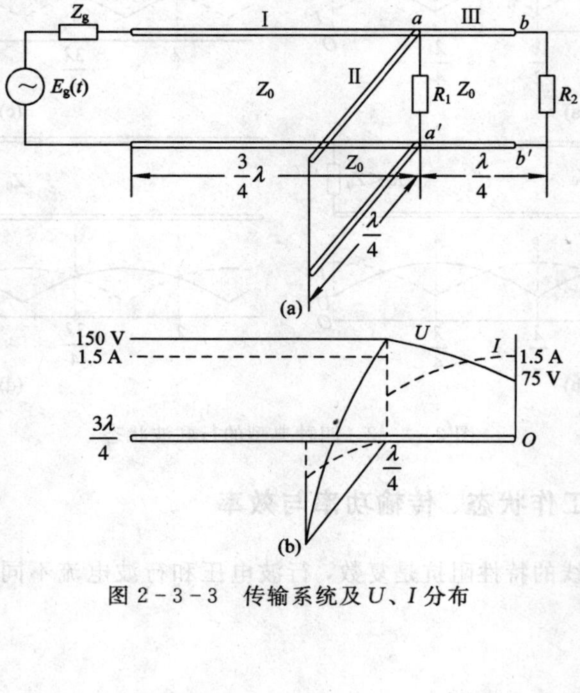


图 2-3-3 传输系统及 $U$、$I$ 分布

**解**　(1) $\lambda=\dfrac{v_p}{f}=\dfrac{3\times10^8\times2\pi}{\omega}=10\ \text{m}$

(2) $\Gamma_{\text{Ⅲ}}=\dfrac{R_2-Z_0}{R_2+Z_0}=\dfrac{\frac{1}{2}Z_0-Z_0}{\frac{1}{2}Z_0+Z_0}=-\dfrac{1}{3}=\dfrac{1}{3}e^{j\pi}$

$$\rho_{\text{Ⅲ}}=\frac{1+|\Gamma_{\text{Ⅲ}}|}{1-|\Gamma_{\text{Ⅲ}}|}=2$$

$$\Gamma_{\text{Ⅱ}}=\frac{0-Z_0}{0+Z_0}=-1=e^{j\pi}$$

$$Z_{\text{Ⅰ}l}=R_1 /\!/ Z_{\text{Ⅲin}}=\frac{2Z_0\cdot\rho_{\text{Ⅲ}}Z_0}{2Z_0+\rho_{\text{Ⅲ}}Z_0}=Z_0$$

所以

$$\Gamma_{\text{Ⅰ}}=\frac{Z_{\text{Ⅰ}l}-Z_0}{Z_{\text{Ⅰ}l}+Z_0}=0$$

(3) $U_{\text{Ⅰ}}^{+}=\dfrac{E_g Z_0}{Z_g+Z_0}=\dfrac{300\times100}{100+100}=150\ \text{V}=U_1(d)=U_a$

$$I_1^{+}=\frac{U_1^{+}}{Z_0}=1.5\ \text{A}=I(d)=I_a$$

$$U_{\text{Ⅲmax}}=U_{\text{Ⅱmax}}=U_a=150\ \text{V}$$

$$I_{R_1}=I_{\text{Ⅲmin}}=\frac{1.5}{2}=0.75\ \text{A}$$

$$U_{\text{Ⅲmin}}=U_b=\frac{U_{\text{Ⅲmax}}}{\rho}=75\ \text{V}$$

$$I_{R_2}=I_{\text{Ⅲmax}}=\frac{75}{R_2}=1.5\ \text{A}$$

$$U_{\text{Ⅱmin}}=0$$

$$I_{\text{Ⅱmax}}=\frac{U_{\text{Ⅱmax}}}{Z_0}=\frac{150}{Z_0}=1.5\ \text{A}$$

第Ⅰ段是行波状态，$U_1(d)=U_1^{+}=150$ V，$I_1(d)=I_1^{+}=1.5$ A，第Ⅱ段为纯驻波，第Ⅲ段为行驻波状态，终端为波节点。

电压、电流振幅分布如图 2-3-3(b)所示。

(4)　$P_{\text{Ⅰ}}=\dfrac{U_1^2}{2Z_0}=\dfrac{150^2}{2\times100}=112.5\ \text{W}$

$$P_{R_1}=\frac{1}{2}\,\frac{U_1^2}{R_1}=\frac{1}{2}\times\frac{150^2}{2\times100}=56.25\ \text{W}$$

$$P_{R_2}=\frac{1}{2}\,\frac{U_{\text{Ⅲmin}}^2}{R_2}=\frac{1}{2}\times\frac{75^2}{50}=56.25\ \text{W}$$

$$P_{\text{Ⅰ}}=P_{R_1}+P_{R_2}$$

## 思考练习题

1. 无耗线有几种典型工作状态？各种状态的负载有什么特点？

2. 用 $Z_0=100\ \Omega$ 的短路和开路双导线等效 500 MHz 频率下 $L=0.6\ \mu H$、$C=2\ \mu F$ 的电抗，计算两种情况下的短路线和开路线长度。

3. 一无耗双导线，$Z_0=150\ \Omega$，$Z_g=150\ \Omega$，$E_g(t)=450\cos(\omega t)$ V，$\omega=2\pi\times10^8$ rad/s，线长 $l=5$ m，负载 $Z_l=50+j150(\Omega)$。

(1) 计算 $\Gamma_l$、$\rho$、$d_{max}$ 与 $d_{min}$；

(2) 画出电压、电流分布并标出 $U_{max}$、$U_{min}$、$I_{max}$、$I_{min}$ 及 $Z_{max}$ 和 $Z_{min}$。

(3) 计算输入阻抗 $Z_{in}$、$P_{in}$、$P(d)$ 和 $P_l$。

4. 设有耗线的 $\alpha=0.01$ dB/m，线长 $l=10$ m，$Z_0\approx100\ \Omega$。试计算 $Z_{l_1}=60\ \Omega$、$Z_{l_2}=10\ \Omega$ 情况下的效率。

## 2.4　史密斯圆图及其应用

传输线理论涉及的众多物理量几乎全是复数，公式也比较多，计算起来很麻烦。史密斯圆图就是以反射系数为媒介，将阻抗变换、驻波比、腹节点位置等复杂运算变成了在等反射系数圆上的转动。圆图不仅是一个能满足工程精度要求的方便计算工具，也是进一步理解和掌握传输线理论的直观模型。本节简单介绍圆图的构成原理及其应用。

### 2.4.1　反射系数的图形表示

反射系数是一个复数，既可以用实部、虚部表示，也可以用模和相角表示。反射系数为表达式为

$$\Gamma(d)=|\Gamma_2|e^{j(\varphi_2-2\beta d)}=|\Gamma_2|\cos(\varphi_2-2\beta d)+j|\Gamma_2|\sin(\varphi_2-2\beta d)\quad(2-4-1)$$

其实部、虚部分别为

$$\Gamma_r=|\Gamma_2|\cos(\varphi_2-2\beta d)\quad(2-4-2(a))$$

$$\Gamma_i=|\Gamma_2|\sin(\varphi_2-2\beta d)\quad(2-4-2(b))$$

以 $\Gamma_r$ 为实轴、$\Gamma_i$ 为虚轴构成的平面直角坐标系称为反射系数平面。在反射系数平面上以 1 为半径画一个圆，称为单位圆。由于 $|\Gamma|\leqslant1$，所以传输线上一切反射系数的可能值只能位于单位圆所圈的范围内。该范围内的任何一点都是一个可能的实际反射系数对应点（见图 2-4-1）。该点到原点的距离就是反射系数的模，该点与原点连线和实轴的夹角就是反射系数的相角。当负载 $Z_l$ 给定时，$|\Gamma_2|$ 为定值，确定一个传输线的工作状态。对应于反射系数平面上一个半径为 $|\Gamma_2|$ 的等 $|\Gamma|$ 圆，传输线上的观察点向电源方向移动，意味着 $d\uparrow$、$\varphi\downarrow$ 对应于等 $|\Gamma|$ 圆上的点沿顺时针方向转动；相反，观察点向负载方向移动，对应于等 $|\Gamma|$ 圆上的点向逆时针方向转动。传输线上观察点移动二分之一波长，反射系数平面上的对应点沿等 $|\Gamma|$ 圆转动 $2\pi$ 角度。

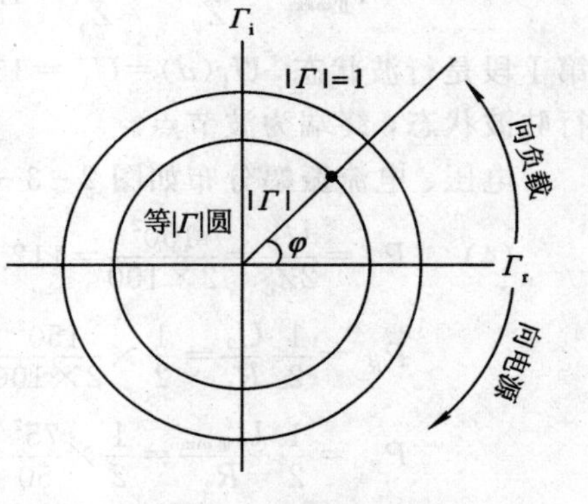


图 2-4-1　反射系数平面

### 2.4.2. 归一化阻抗与归一化导纳

阻抗和导纳都是复数，它们可以取任何值。为了把阻抗和导纳与反射系数一一对应起来，可以引入归一化阻抗与归一化导纳的概念。归一化阻抗和归一化导纳的定义为

$$z(d)=\frac{Z(d)}{Z_0}=\frac{1+\Gamma(d)}{1-\Gamma(d)} \tag{2-4-3(a)}$$

$$y(d)=\frac{Y(d)}{Y_0}=\frac{1}{z(d)}=\frac{1-\Gamma(d)}{1+\Gamma(d)} \tag{2-4-3(b)}$$

由式(2-4-3(a))和式(2-4-3(b))可知，归一化阻抗与反射系数一一对应，归一化导纳也与反射系数一一对应。归一化后的阻抗与导纳仍为倒数关系。

### 2.4.3 史密斯阻抗圆图

阻抗圆图由归一化阻抗与反射系数的关系导出，即

$$\begin{aligned}z(d)=r(d)+\mathrm{j}x(d)&=\frac{1+\Gamma(d)}{1-\Gamma(d)}\\&=\frac{1+\Gamma_r+\mathrm{j}\Gamma_i}{1-\Gamma_r-\mathrm{j}\Gamma_i}=\frac{1-\Gamma_r^2-\Gamma_i^2}{(1-\Gamma_r)^2+\Gamma_i^2}+\mathrm{j}\frac{2\Gamma_i}{(1-\Gamma_r)^2+\Gamma_i^2}\end{aligned}$$

实部和虚部分别对应相等，得：

$$\begin{cases}r=\dfrac{1-\Gamma_r^2-\Gamma_i^2}{(1-\Gamma_r)^2+\Gamma_i^2}\\ x=\dfrac{2\Gamma_i}{(1-\Gamma_r)^2+\Gamma_i^2}\end{cases} \tag{2-4-4}$$

对式(2-4-4)移项、配方、整理后得：

$$\left(\Gamma_r-\frac{r}{1+r}\right)^2+\Gamma_i^2=\left(\frac{1}{1+r}\right)^2 \tag{2-4-5(a)}$$

$$(\Gamma_r-1)^2+\left(\Gamma_i-\frac{1}{x}\right)^2=\left(\frac{1}{x}\right)^2 \tag{2-4-5(b)}$$

式(2-4-5(a))为反射系数平面上以 $r$ 为参数的一族圆，称为等电阻圆族。一个确定的 $r$ 对应一个等电阻圆，圆心坐标为$\left(\frac{r}{1+r},0\right)$，半径为$\left(\frac{1}{1+r}\right)$。式(2-4-5(b))为反射系数平面上以 $x$ 为参数的圆族，一个确定的 $x$ 对应一个等电抗圆，圆心坐标为$\left(1,\frac{1}{x}\right)$，半径为$\left(\frac{1}{x}\right)$。把这两族圆绘制在反射系数平面上，其单位圆内的部分就是阻抗圆图。阻抗圆图上每一点对应于反射系数$|\Gamma|$和 $\varphi$，对应于归一化阻抗 $z(d)$则为 $r$ 和 $x$。

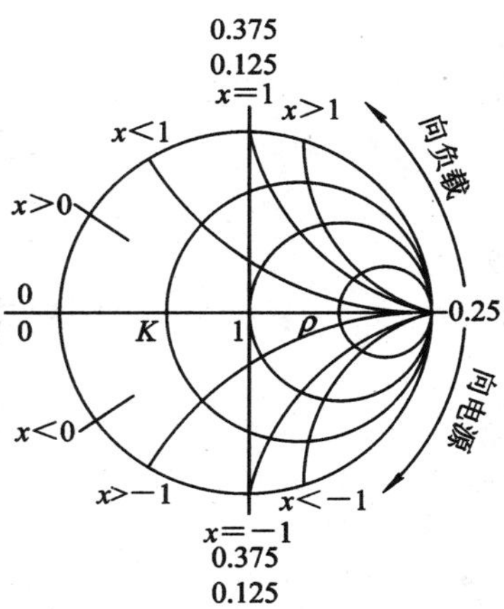

图 2-4-2　阻抗圆图

在阻抗圆图(见图 2-4-2)上：

(1) 实轴与传输线上的纯电阻点对应。原点 $r=1$，$x=0$，与传输线上阻抗匹配相对应，$\Gamma=0$，$z(d)=Z_0$。

凡是 $r<1$ 的阻抗，圆图与实轴的交点都位于$(-1, 0)$区间内，且对应的归一化电阻为 $r=K=\frac{1}{\rho}$，这些点都与传输线上的波节点对应。左端点 $r=0$，$x=0$，对应于传输线上的短路点。凡是 $r>1$ 的圆，与实轴的交点都位于$(0, 1)$区间，且对应的归一化电阻值为 $r=\rho$，所以这些点都与传输线上的波腹点对应。右端点 $r=\infty$，对应传输线上的阻抗为无穷大(开路点)。

(2) 上半圆内的点对应传输线上阻抗为复数且虚部大于零的点，上半单位圆周上的点对应于传输线上($r=0$，$x>0$)的纯电抗点。下半单位圆内的点与传输线上阻抗为复数且虚部小于零的点对应，下半单位圆周上的点($r=0$，$x<0$)对应于传输线上的纯容抗点。

(3) 反射系数的相角变化与传输线上观察点的移动对应。在阻抗圆最外面把相角用电刻度标注在单位圆周上。电刻度读数与 $l/\lambda$ 对应。以短路点为起点，360°对应 0.5，90°、180°、270°分别对应于 0.125、0.25、0.375 等。为了应用方便，沿顺时针和逆时针方向分别标出了相应的电刻度，并在圆图外面分别用箭头指向并标出向电源(顺时针)和向负载(逆时针)(见图 2-4-2)。

### 2.4.4 史密斯导纳圆图

将归一化导纳与反射系数的关系式作如下变换：

$$y(d)=\frac{1-\Gamma(d)}{1+\Gamma(d)}=\frac{1+\Gamma(d)e^{j\pi}}{1-\Gamma(d)e^{j\pi}}=\frac{1+\Gamma\left(d\pm\frac{\lambda}{4}\right)}{1-\Gamma\left(d\pm\frac{\lambda}{4}\right)}=z\left(d\pm\frac{\lambda}{4}\right) \quad (2-4-6)$$

式(2-4-6)表明，传输线上某点的归一化导纳和与该点相距$\frac{\lambda}{4}$处的阻抗是相等的。相距$\frac{\lambda}{4}$对应于圆图上转动 180°。所以把阻抗圆图转动 180°就是导纳圆图(见图 2-4-3)。在导纳圆图上 $y=g+jb$，等实部圆是电导圆，等虚部圆是电纳圆。上半部对应 $b<0$，下半部对应 $b>0$。

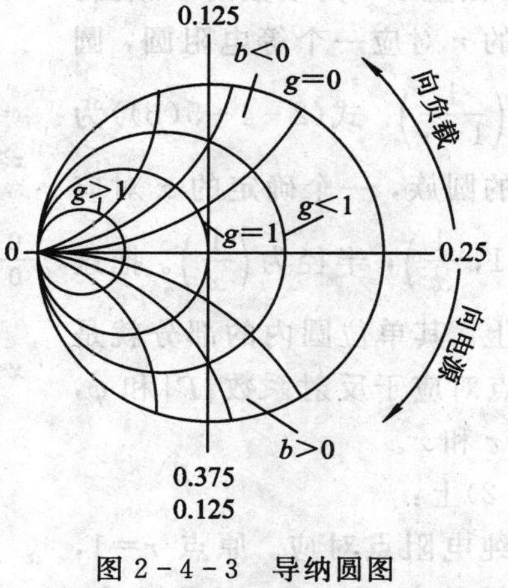


图 2-4-3　导纳圆图

实际中，一般不另外绘制导纳圆图，而是把阻抗圆图直接当成导纳圆图使用。应注意：

(1) 已知某点阻抗(导纳)，求与它对应的导纳(阻抗)值时，只需在圆图上求出它的 180°对称点的参数。

(2) 阻抗圆图不转动，直接当导纳圆图使用时，等 $r$ 圆上的刻度值是归一化电导 $g$，等 $x$ 圆上的刻度则是归一化电纳 $b$。反射系数与实际反射系数相差 $\pi$ 角度。

把阻抗圆图和导纳圆图合并绘制在同一反射系数平面上就是导抗圆图。在导抗圆图上，从同一点可读出 $|\Gamma|$、$\varphi$、$r$、$x$、$g$、$b$ 六个参数。

### 2.4.5　圆图的应用与计算步骤

利用圆图可方便地计算以下几类问题。

(1) 在圆图上可以把任一点的阻抗、导纳和反射系数三者之间直接进行相互换算。

(2) 已知负载阻抗 $Z_l$ 和特性阻抗 $Z_0$，此时可用圆图直接计算传输线上的 $\rho$、$K$、$d_{max}(d_{min})$ 及任一位置的 $\Gamma(d)$、$z(d)$。

(3) 根据已测得的 $\rho$ 和 $d_{max}(d_{min})$ 及 $\lambda$ 可计算终端的 $Z_l$、$\Gamma_2$ 及其他任意位置的 $z(d)$、$\Gamma(d)$。

(4) 对导纳进行与步骤(2)、(3)类似的运算。

(5) 进行阻抗(导纳)匹配的运算。

利用圆图计算问题时应遵循以下步骤：

(1) 将已知的阻抗(导纳)归一化。

(2) 在圆图上找出已知的归一化阻抗(导纳)或反射系数的对应点 $A$，由该点位置可确定一个等 $|\Gamma_A|$ 圆和一个相应的电刻度 $d_A$。

(3) 由 $A$ 点起按题意要求的方向把 $A$ 点转动到目的点 $B$。顺时针还是逆时针，以及转多少都由题意决定。

(4) 从 $B$ 点可读出 $\Gamma_B$、$z_B(y_B)$ 及 $d_B$ 等有用信息，由此可找出题意要求的答案。

(5) 如果要求的答案是阻抗(导纳)，则还必须进行反归一化处理。

### 2.4.6　圆图应用举例

**【例 2】**　已知无耗双导线的特性阻抗 $Z_0=100\ \Omega$，负载阻抗 $Z_l=50+\mathrm{j}150\ \Omega$，求 $\Gamma_l$ 和 $Y_l$。

**解**　(1) 将 $Z_l$ 归一化，$z_l=\dfrac{Z_l}{Z_0}=0.5+\mathrm{j}1.5$。

(2) 在阻抗圆图上标出 $z_l$ 的对应点 $A$(见图 2-4-4)，可知 $\Gamma_l=0.74\angle 64°$。

(3) 从 $A$ 点沿 $|\Gamma|=0.74$ 的等 $|\Gamma|$ 圆转 180°到 $B$ 点，该点的归一化阻抗值就是 $A$ 点的导纳值，即 $y_l=0.2-\mathrm{j}0.6$。

(4) 反归一化可得：

$$Y_l=Y_0 y_l=\frac{y_l}{Z_0}=0.002-\mathrm{j}0.006\ \mathrm{S}$$

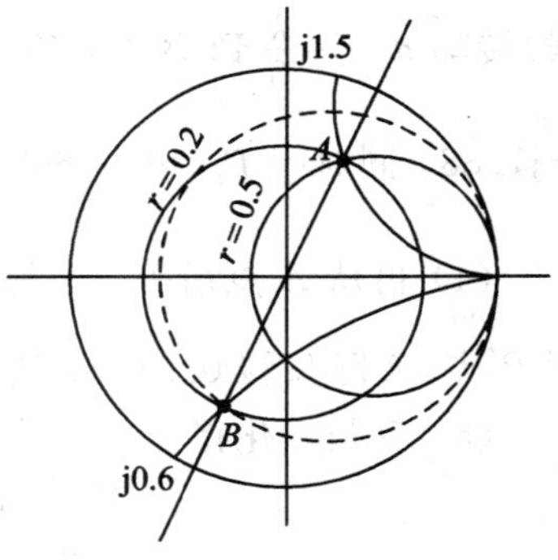


图 2-4-4　例 2 图

**【例 3】** 已知无耗双导线 $Z_0=250\ \Omega$，$Z_l=500-j150\ \Omega$，线长 $l=4.8\lambda$，求 $\Gamma_l$、$\rho$、$d_{\min}$、$Z_{in}$。

**解** (1) 归一化得：

$$z_l=\frac{Z_l}{Z_0}=\frac{500-j150}{250}=2-j0.6$$

(2) 在阻抗圆图上找出 $z_l$ 的对应点 $A$(见图 2-4-5)，量出 $\Gamma_l=0.38\angle-20.16°$，对应的电刻度 $d_A=0.278$。

(3) 从 $A$ 点沿 $|\Gamma|=0.38$ 的等 $|\Gamma|$ 圆顺时针(向电源)转到和负实轴交于 $B$，读出 $r_B=0.45=K$，$\rho=\dfrac{1}{K}=2.22$，$d_B=0.5$。

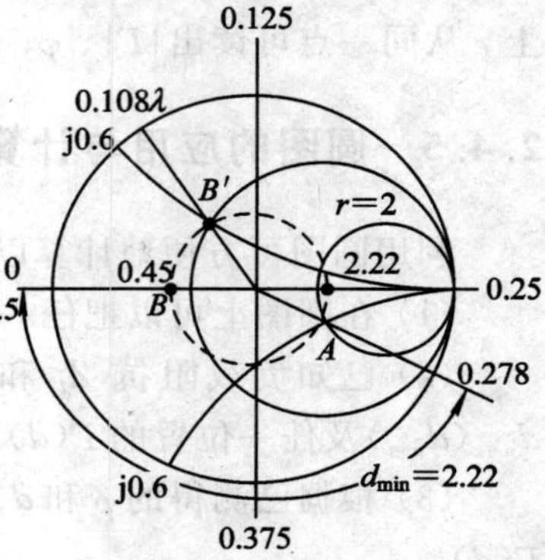

图 2-4-5 例 3 图

(4) 计算 $\rho=\dfrac{1}{K}=2.22$(该值也可由等 $|\Gamma|$ 圆与 $Z$ 实轴交点读出)，则

$$d_{\min}=d_B-d_A=0.5-0.278=0.222$$

(5) 线长 $l=4.8\lambda$，由 $\dfrac{\lambda}{2}$ 的重复性知，只要从 $A$ 点沿等 $|\Gamma|$ 圆转 $0.3\lambda$ 到 $B'$，则

$$z_B=z_{in}=0.78+j0.6$$

(6) 反归一化有：

$$Z_{in}=250\times(0.78+j0.6)=145+j100\ (\Omega)$$

**【例 4】** 在 $Z_0=500\ \Omega$ 的无耗线上测得 $\rho=5$，$d_{\min}=\dfrac{1}{3}\lambda$。求 $Z_l$、$\Gamma_l$ 及 $l=3.65\lambda$ 时的 $Z_{in}$。

**解** (1) $\rho$、$d_{\min}$ 均为归一化值，可直接在圆图上找出 $d_{\min}$ 对应的点为 $K=\dfrac{1}{\rho}=0.2$。

(2) 在负半轴找出 0.2 的对应点 $A$(见图 2-4-6)，得 $|\Gamma|=0.667$。

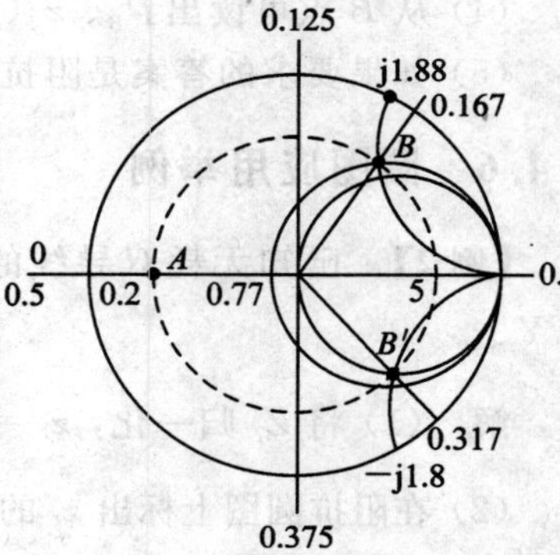

图 2-4-6 例 4 图

(3) 从 $A$ 点沿 $|\Gamma|=0.667$ 的等 $|\Gamma|$ 圆逆时针(向负载)转动 $d_{\min}=\dfrac{\lambda}{3}$ 到 $B$ 点，得 $d_B=0.167$，$z_B=z_l=0.77+j1.88$，同时得 $\Gamma_l=\dfrac{2}{3}\angle60°$。

(4) 再从 $A$ 点沿等 $|\Gamma|$ 圆顺时针转动 $l-\dfrac{d}{\lambda}=3.317$ 到 $B'$ 点(实际只转 0.317)，读出 $z_{B'}=z_{in}=1-j1.8$。

(5) 反归一化得：

$$Z_l=500\times(0.77+j1.88)=385+j940\ \Omega$$

$$Z_{in}=500\times(1-j1.8)=500-j900\ \Omega$$

## 思考练习题

1. 什么是归一化阻抗？为什么要归一化？

2. 反射系数平面上，传输线上的一切状态为什么都可在单位圆内找到对应点？

3. 进行圆图练习。用短路线实现下列阻抗：$j1Z_0$、$j0.6Z_0$、$j1.8Z_0$、$j10Z_0$、$-j2Z_0$、$-j0.4Z_0$，用圆图查出相应短路线的长度。

4. 已知 $Z_{l_1}=(0.2+j8)Z_0$，$Z_{l_2}=(5+j0.1)Z_0$，$Z_{l_3}=(2+j3)Z_0$，用圆图计算相对应的 $\Gamma_l$ 和 $Y_l$。

5. 已知 $Z_0=100\ \Omega$，$Z_l=80+j200$，用圆图求 $\Gamma_l$、$\rho$、$d_{max}$。

6. 已知 $\rho=3.5$，$d_{min}=0.3\lambda$，$l=3\lambda$，用圆图求 $Z_l$、$\Gamma_l$、$Z_{in}$。

## 2.5 传输线的阻抗匹配

当微波传输线工作于行波状态时，它损耗小，效率高，功率容量大，对微波源无影响（源的负载稳定），是系统的最佳传输状态。而实际上由于种种原因，很难做到负载无反射。阻抗匹配的任务就是在有反射的负载附近人为地利用引进附加的无耗电路消除原负载的反射波，使传输线尽可能地工作在行波状态。

### 2.5.1 源端阻抗匹配

微波源和传输线之间阻抗匹配的目的有三个：

(1) 使源能供给传输线最大功率。假设源内阻为 $Z_g$，只要满足共轭匹配条件使 $Z_{in}^*=Z_g$，$Z_g$ 为电阻时，使 $Z_{in}=R_g$，则微波源输出最大功率为

$$P_{inmax}=\frac{E_g^2}{8R_g} \tag{2-5-1}$$

(2) 为了防止终端反射回来的波造成微波源工作不稳定，使源的振荡频率和输出功率发生波动，最好在源和传输线之间连接一个只吸收反射波同时对入射波又不影响的装置。微波单向隔离器就是这样一个装置。

(3) 反射波到达源端后，如果 $Z_g\neq Z_0$，则会再次反射，使传输线两端多次反射，这当然是不希望发生的情况。

第一种和第三种情况实质上就是源内阻作为传输线的负载和传输线的特性阻抗不匹配，其解决方法与负载阻抗匹配完全相同。

### 2.5.2 负载与传输线的阻抗匹配

#### 1. $\frac{1}{4}\lambda$ 的串联阻抗匹配

当传输线的负载为纯电阻且 $R_l\neq Z_0$ 时，负载处也是波腹点($R_l>Z_0$)或波节点($R_l<Z_0$)。经 $\frac{1}{4}\lambda$ 变换后仍为纯电阻，且 $Z_{in}=\frac{Z_0^2}{R_l}$。若使 $Z_{in}=Z_0$，则 $\frac{1}{4}\lambda$ 变换段的特性阻抗

$Z_{01}$应为

$$Z_{01} = \sqrt{Z_0 R_l} \tag{2-5-2}$$

在变换段以前的传输线就可工作于匹配状态。从物理概念上讲，式(2-5-2)中的 $Z_{01}$ 可使变换段两端的反射相等，$\frac{1}{4}\lambda$ 线则使后面的反射波与前面的反射波的相位相差 $\pi$，从而将其抵消。

如果负载是复数阻抗，则不能在负载和传输线之间直接串联$\frac{1}{4}\lambda$ 变换线，而应在距离负载最近的波腹点或波节点处将传输线断开，再串联$\frac{1}{4}\lambda$ 变换线。若断开点是波腹点，则

$$Z_{01} = \sqrt{R_{\max} Z_0} = \sqrt{\rho} Z_0 \tag{2-5-3}$$

若断开点是波节点，则

$$Z_{01} = \sqrt{R_{\min} Z_0} = \frac{1}{\sqrt{\rho}} Z_0 \tag{2-5-4}$$

和负载相连接的一段特性阻抗为 $Z_0$ 的传输线称为移相段，$\Delta d = d_{\max}(d_{\min})$，见图 2-5-1。

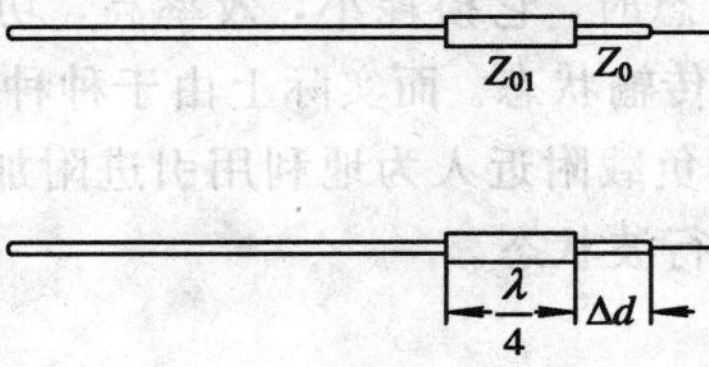


图 2-5-1　复数负载$\frac{\lambda}{4}$串联阻抗匹配

由于串联变换段的长度必须为$\frac{1}{4}\lambda$，因此这种匹配方式为窄带匹配。为了使频带展宽，可用多节$\frac{1}{4}\lambda$ 线逐渐过渡。两节$\frac{1}{4}\lambda$ 线的特性阻抗分别为 $Z_{01}$ 和 $Z_{02}$，设 $Z_{02}$ 靠近负载，有

$$\begin{cases} Z_{02} = \sqrt[4]{Z_0 R_l^3} \\ Z_{01} = \sqrt[4]{Z_0^3 R_l} \end{cases} \tag{2-5-5}$$

**2. 并联单枝节短截线匹配**

设传输线特性阻抗为 $Z_0$，负载为 $Z_l$，任一位置 $d$ 处的阻抗为

$$Z(d) = Z_0 \frac{Z_l + jZ_0 \tan(\beta d)}{Z_0 + jZ_l \tan(\beta d)} = R(d) + jX(d)$$

对应的导纳值为

$$Y(d) = \frac{1}{Z(d)} = G(d) + jB(d) \tag{2-5-6}$$

令 $G(d) = Y_0 = \frac{1}{Z_0}$，可解出唯一未知数 $d$，说明该位置导纳实部 $G(d) = Y_0$。将 $d$ 代入 $B(d)$ 可确定一个虚部电纳 $B(d)$。$d$ 处的导纳为 $Y(d) = Y_0 + jB(d)$，若用一段短(开)路线并联在此位置，且输入电纳为

$$Y(l) = -j\frac{1}{Z_0}\cot(\beta l) = -jB(d)$$

则并联短路线后的总电纳为$Y'(d)=Y_0$。从此位置起，传输线实现匹配。短路线长度$l$可由上面的关系唯一确定。由此可见，并联短枝节线匹配的任务就是确定并联点位置$d$和短枝节线长度$l$。根据导出的解析式编写简单程序很容易算出$d$和$l$。下面重点介绍用导纳圆图确定$d$和$l$的方法。

(1) 将负载归一化，求出归一化负载导纳值$y_l=\dfrac{1}{z_l}=\dfrac{Z_0}{Z_l}$。在圆图上$y_1$为$z_l$的对称点。

(2) 在圆图上找出$y_l$的对应点$A$，可确定一个等$|\Gamma_A|$圆和$A$点对应的电刻度$d_A$。

(3) 从$A$点沿等$|\Gamma|$圆顺时针(向电源)转动，和$g=1$的等电导圆交于$B$点，该点对应的电刻度为$d_B$，归一化导纳$y_B=1+\mathrm{j}b$。

(4) 计算并联枝节接入点位置：

$$d=d_B-d_A(\lambda)$$

(5) 如果并联的是短路枝节，从$y=\infty$的右端点顺时针沿单位圆周转动到$-\mathrm{j}b$点，其对应的电刻度为$d_B$，则$l=d_B-0.25(\lambda)$。

从$A$点沿等$|\Gamma_A|$圆顺时针转动，和$g=1$的圆的交点有两个，可求得满足匹配条件的$d$和$l$有两组解。一般只取离负载长度较短的一组。

**【例5】** 无耗线特性阻抗$Z_0=50\ \Omega$，负载$Z_l=25+\mathrm{j}75\ \Omega$，用并联短路枝节线与其匹配。

**解** (1) 负载归一化得：

$$y_l=\frac{1}{z_l}=\frac{50}{25+\mathrm{j}75}=0.2-\mathrm{j}0.6$$

找出圆图上$z_l=\dfrac{25+\mathrm{j}75}{50}=0.5+\mathrm{j}1.5$的对称点就是$y_l$。

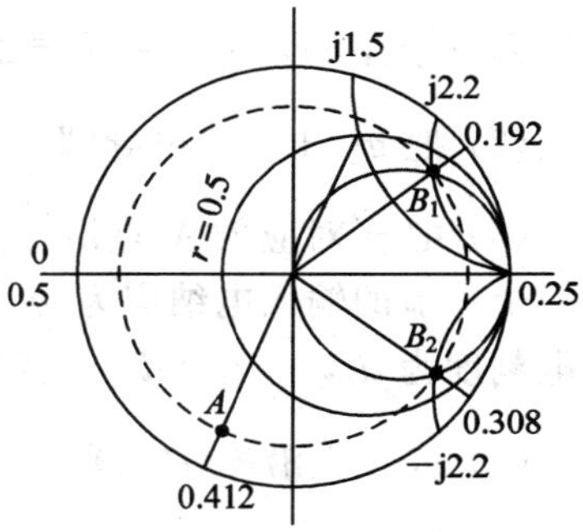

图 2-5-2　例5图

(2) 在圆图上标出$y_l$的对应点$A$(见图2-5-2)，可确定$|\Gamma_A|=0.74$，电刻度$d_A=0.412$。

(3) 从$A$点沿等$|\Gamma_A|$圆顺时针转动到和$g=1$的圆交于$B_1$点和$B_2$点，得$y_{B_1}=1+\mathrm{j}2.2$，$y_{B_2}=1-\mathrm{j}2.2$，$d_{B_1}=0.192$，$d_{B_2}=0.308$。

(4) 并联短路枝节接入位置：

$$d_1=(0.5-0.412)+0.192=0.28(\lambda)$$
$$d_2=(0.5-0.412)+0.308=0.396(\lambda)$$

(5) 从$y=\infty$点沿单位圆周顺时针转到$-\mathrm{j}2.2$和$+\mathrm{j}2.2$可确定：

$$l_1=0.308-0.25=0.058(\lambda)$$
$$l_2=(0.5-0.25)+0.192=0.442(\lambda)$$

很明显，$d_1=0.28\lambda$和$l_1=0.068\lambda$的一组解的长度更短一些。

单枝节匹配简单方便，但对于同轴线、波导这些最常用的微波传输线是极不现实的，因为$d$和$l$随着负载变化，而在这些传输线上$d$的改变是无法实现的。

### 3. 并联双枝节短截线匹配

双枝节短截线匹配的核心思想是调节两个固定位置的可变电抗以达到匹配的目的(见图2-5-3)。靠近负载的可变电抗通过调节$l_1$的长度使$l_2$接入点处的导纳为$y_2=1+\mathrm{j}b_2$，

再调节 $l_2$ 使其抵消 $\mathrm{j}b_2$。设第一个枝节接入点距负载为 $d_l$，两枝节相距为 $d_0$，$d_0$ 一般取 $\frac{\lambda}{8}$ 或其他定值，但不能取 $\frac{\lambda}{2}$。要求 $y_2=1+\mathrm{j}b_2$，则 $y_1$ 应该落在 $g=1$ 的圆向负载转动电刻度为 $\frac{d_0}{\lambda}$ 的辅助圆上。调节 $l_1$ 的长度就是把第一个并联枝节点向负载看去的导纳（$y_l'=g_l'+\mathrm{j}b_l'$）在等电导圆上移动到和辅助圆相交的地方。

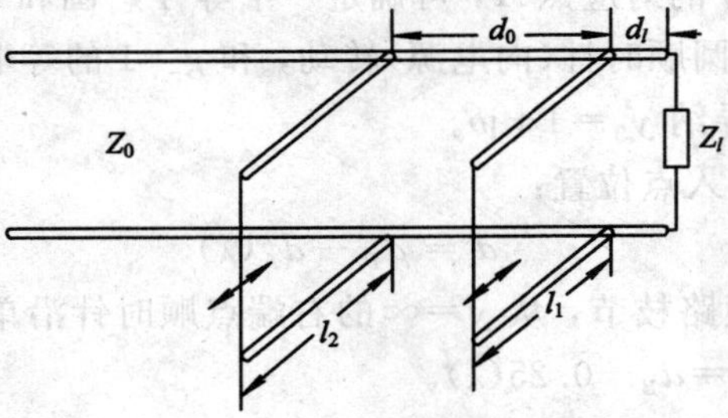


图 2-5-3　双枝节匹配

并联双枝节短截线匹配的步骤如下：

(1) 将负载归一化，求出归一化导纳 $y_l$，并把 $y_l$ 对应点 $A$ 沿等 $|\Gamma_A|$ 圆顺时针转动 $\frac{d_l}{\lambda}$ 电刻度到 $A'$ 点，对应的归一化导纳为 $y_l'=g_l'+\mathrm{j}b_l'$。

(2) 把 $g=1$ 的等电导圆向负载转动 $\frac{d_0}{\lambda}$ 电刻度可得辅助圆。

(3) 把 $y_l'$ 对应的 $A'$ 点沿等 $g_l'$ 圆移动到和辅助圆相交的 $B$ 点，可得到 $y_B=g_l'+\mathrm{j}b_B$，则第一个枝节的输入电纳应为 $\mathrm{j}b_1=\mathrm{j}(b_B-b_l')$。由 $y=\infty$ 的左端点沿单位圆转动到 $\mathrm{j}b_1$ 点对应的电刻度为 $d_l$，则 $l_1=d_l-0.25(\lambda)$。

(4) 将 $B$ 点沿等 $|\Gamma_B|$ 圆顺时针转动 $\frac{d_0}{\lambda}$ 电刻度可得 $C$ 点（必在 $g=1$ 的圆上），$y_C=1+\mathrm{j}b_2$。再从 $y=\infty$ 的点顺时针转到 $-\mathrm{j}b_2$ 点，其转动的电长度即为 $l_2$。

**【例 6】** 设同轴线 $Z_0=50\ \Omega$，负载 $Z_l=100+\mathrm{j}50\ \Omega$，用 $d_l=\frac{\lambda}{8}$，$d_0=\frac{\lambda}{8}$ 的两个固定枝节线匹配，求 $l_1$ 和 $l_2$。

**解**　(1) $y_l=\frac{50}{100+\mathrm{j}50}=0.4-\mathrm{j}0.2$，对应的电刻度为 0.463。沿等 $|\Gamma|$ 圆顺时针转 $\frac{\lambda}{8}$ 到 $A'$ 点（见图 2-5-4），得 $y_l'=0.5+\mathrm{j}0.5$。

(2) 将 $A'$ 点沿等 $g=0.5$ 圆移到和辅助圆交于 $B$ 点，得 $y_B=0.5+\mathrm{j}0.14$，则 $\mathrm{j}b_1=\mathrm{j}0.14-\mathrm{j}0.5=-\mathrm{j}0.36$。从 $y=\infty$ 顺时针转到 $-\mathrm{j}0.36$，可得出 $l_1=0.445-0.25=0.195(\lambda)$。

(3) 将 $B$ 点沿等 $|\Gamma_B|$ 圆转向电源 $\frac{\lambda}{8}$ 得 $y_2=1+\mathrm{j}0.72$。从 $y=\infty$ 沿单位圆顺时针转到 $-\mathrm{j}0.72$ 处的电刻度为 0.405，得 $l_2=0.405-0.25=0.155(\lambda)$。

并联双枝节短截线匹配解决了并联线的固定问题，只调节并联线的长度 $l_1$ 和 $l_2$，改变等效电纳，就可以实现匹配。但如果 $y_l'$ 落在图 2-5-4 所示的阴影区，则调节 $l_1$ 无法和参考圆相交，即无法匹配。通常称该阴影区为匹配死区。为了消除死区，可再增加一个和 $l_2$ 相距 $d_0$ 的第三个枝节。当 $l_1$ 和 $l_2$ 可以匹配时，第三个枝节调为 $\frac{\lambda}{4}$ 长度不起作用。当 $y_l'$ 落在死区，则把 $l_1$ 调成 $\frac{\lambda}{4}$ 长度，改用 $l_2$ 和 $l_3$ 可以实现匹配。所以三枝节实质上还是双枝节，只不过可以消除死区而已。不管是单枝节，还是双枝节，它们都是窄带匹配技术。

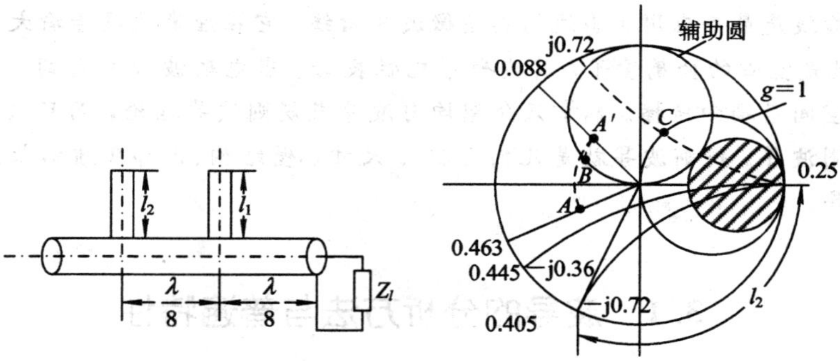


图 2-5-4　例 6 图

此外，还有一种渐变线阻抗匹配技术，该技术可使一段传输线的尺寸逐渐变化，输入端 $Z_{in}=Z_0$，末端 $Z_{out}=Z_l$，直接串在传输线和负载之间。当渐变段长度较长时，可以实现在很宽区域范围内的阻抗匹配性能。

## 思考练习题

1. 什么是阻抗匹配？为什么要进行负载阻抗匹配？

2. 已知传输线的特性阻抗 $Z_0=50\ \Omega$，当负载分别为 30 Ω、80 Ω、60＋j120 Ω、100－j50 Ω 时，用 $\frac{\lambda}{4}$ 串联阻抗匹配。

3. 已知无耗双导线 $Z_0=100\ \Omega$，负载 $Z_l=80+\text{j}500\ \Omega$，用单枝节并联短路匹配之。

4. 已知同轴线特性阻抗 $Z_0=50\ \Omega$，负载 $Z_l=200+\text{j}100\ \Omega$，用双枝节并联短载线匹配之。取 $d_l=d_0=\frac{\lambda}{8}$。

5. 为什么双枝节匹配会出现匹配死区？为什么三枝节就可以消除匹配死区？

# 第3章　波导传输线

波导传输线是最早应用于雷达的典型微波传输线，它在厘米波段传输大功率具有独特优势。波导就是空心的金属管子，其内壁导电性良好。当电磁波频率高到一定程度时，可在波导内部空间沿轴向传播。本章只介绍均匀波导或规则波导理论，而且只研究最常用的矩形波导和圆波导。规则波导就是几何形状、尺寸、壁结构、内部介质沿长度方向无变化的均匀直波导。

## 3.1　波导的分析方法与普遍特性

本节讨论波导中电磁场的求解方法与波导中电磁波传播的普遍特性。

### 3.1.1　波导的分析方法

波导理论的核心是研究波导内部空间的电磁场分布规律。其实质是求解波导内部空间区域的麦克斯韦方程组的波导内壁边界值问题。当波导中存在电磁波时，内部空间每一点的电场和磁场都是位置和时间的矢量函数。

首先要建立合理的坐标系以确定位置，同时使坐标系的坐标等值面与波导内壁重合。这样方程结合边界条件容易求解。波导坐标系的特点是 $z$ 轴与波导轴线的方向一致，与 $z$ 轴垂直的横坐标则与波导的截面形状有关，矩形波导与脊波导用直角坐标系，圆波导用圆柱坐标系，椭圆波导用椭圆坐标系等。这里只研究矩形波导和圆波导。将坐标系标记为 $(u, v, z)$。时间变化规律只限于讨论正、余弦变化规律，即时谐场，复数时谐因子为 $e^{j\omega t}$。电磁场的瞬时值为

$$\boldsymbol{e}(u, v, z, t) = \mathrm{Re}[\boldsymbol{E}(u, v, z)e^{j\omega t}] \tag{3-1-1(a)}$$

$$\boldsymbol{h}(u, v, z, t) = \mathrm{Re}[\boldsymbol{H}(u, v, z)e^{j\omega t}] \tag{3-1-1(b)}$$

复振幅 $\boldsymbol{E}$ 和 $\boldsymbol{H}$ 是矢量，各有三个坐标分量：

$$\boldsymbol{E}(u, v, z) = \boldsymbol{a}_u E_u(u, v, z) + \boldsymbol{a}_v E_v(u, v, z) + \boldsymbol{a}_z E_z(u, v, z) \tag{3-1-2(a)}$$

$$\boldsymbol{H}(u, v, z) = \boldsymbol{a}_u H_u(u, v, z) + \boldsymbol{a}_v H_v(u, v, z) + \boldsymbol{a}_z H_z(u, v, z) \tag{3-1-2(b)}$$

称 $\boldsymbol{E}_u + \boldsymbol{E}_v = \boldsymbol{E}_t$ 为横向电场分量，$\boldsymbol{E}_z$ 为纵向电场分量。磁场也是如此。

为了分析方便，我们首先假定：

(1) 波导内壁是理想导电的。边界条件为 $\boldsymbol{n}\times\boldsymbol{E}|_c = 0$。

(2) 波导内部介质各向同性、线性、无耗。$\mu$ 和 $\varepsilon$ 为常数。

(3) 暂不考虑激励与耦合问题，空间内无源，即 $\rho=J=0$。其中，$\rho$ 为电荷密度，$J$ 为电流密度。

考虑以上条件的麦克斯韦方程组为

$$\begin{cases}\nabla\times\boldsymbol{H}=\mathrm{j}\omega\varepsilon\boldsymbol{E}\\ \nabla\cdot\boldsymbol{H}=0\\ \nabla\times\boldsymbol{E}=-\mathrm{j}\omega\mu\boldsymbol{H}\\ \nabla\cdot\boldsymbol{E}=0\end{cases}\tag{3-1-3}$$

对两旋度表示式再进行取旋度运算，代入散度关系可导出波动方程为

$$\nabla^2\begin{pmatrix}\boldsymbol{E}\\ \boldsymbol{H}\end{pmatrix}+k^2\begin{pmatrix}\boldsymbol{E}\\ \boldsymbol{H}\end{pmatrix}=0,\ k=\omega\sqrt{\mu\varepsilon}\tag{3-1-4}$$

波导中的电磁波只能在 $z$ 方向上传播，所以电磁场 $z$ 坐标关系因子应为 $\mathrm{e}^{\pm\gamma z}$，故有

$$\nabla^2=\frac{\partial^2}{\partial u^2}+\frac{\partial^2}{\partial v^2}+\frac{\partial^2}{\partial z^2}=\frac{\partial^2}{\partial u^2}+\frac{\partial^2}{\partial v^2}+\gamma^2=\nabla_t^2+\gamma^2\tag{3-1-5}$$

所以波动方程在波导中转化成如下的亥姆霍茨方程：

$$\nabla_t^2\begin{pmatrix}\boldsymbol{E}\\ \boldsymbol{H}\end{pmatrix}+(k^2+\gamma^2)\begin{pmatrix}\boldsymbol{E}\\ \boldsymbol{H}\end{pmatrix}=\nabla_t^2\begin{pmatrix}\boldsymbol{E}\\ \boldsymbol{H}\end{pmatrix}+k_c^2\begin{pmatrix}\boldsymbol{E}\\ \boldsymbol{H}\end{pmatrix}=0\tag{3-1-6(a)}$$

$$k_c^2=k^2+\gamma^2\tag{3-1-6(b)}$$

这是一个矢量微分方程。数学上直接求解矢量微分方程有困难。但矢量的直线坐标分量的微分方程与矢量微分方程是相同的。在波导中，坐标 $z$ 为直线，故有

$$\begin{cases}\nabla_t^2\begin{pmatrix}E_z\\ H_z\end{pmatrix}+k_c^2\begin{pmatrix}E_z\\ H_z\end{pmatrix}=0\\ \boldsymbol{n}\times\boldsymbol{E}\,|_c=0\end{cases}\tag{3-1-7}$$

式(3-1-7)是波导电磁场的定解问题，可以完全确定 $E_z$ 和 $H_z$。为了求出其他电磁场分量，可利用旋度关系：

$$\nabla\times\boldsymbol{H}=\mathrm{j}\omega\varepsilon\boldsymbol{E}$$

即

$$\begin{vmatrix}\boldsymbol{a}_u & \boldsymbol{a}_v & \boldsymbol{a}_z\\ \dfrac{1}{h_1}\dfrac{\partial}{\partial u} & \dfrac{1}{h_2}\dfrac{\partial}{\partial v} & \dfrac{\partial}{\partial z}\\ H_u & H_v & H_z\end{vmatrix}=\mathrm{j}\omega\varepsilon\begin{vmatrix}\boldsymbol{E}_u\\ \boldsymbol{E}_v\\ \boldsymbol{E}_z\end{vmatrix}$$

和

$$\nabla\times\boldsymbol{E}=-\mathrm{j}\omega\mu\boldsymbol{H}$$

即

$$\begin{vmatrix}a_u & a_v & a_z\\ \dfrac{1}{h_1}\dfrac{\partial}{\partial u} & \dfrac{1}{h_2}\dfrac{\partial}{\partial v} & \dfrac{\partial}{\partial z}\\ E_u & E_v & E_z\end{vmatrix}=-\mathrm{j}\omega\mu\begin{vmatrix}H_u\\ H_v\\ H_z\end{vmatrix}$$

式中，$h_1$、$h_2$ 为拉梅系数。将 $E_z$、$H_z$ 代入上式可解出：

$$\begin{bmatrix} E_u \\ E_v \\ H_u \\ H_v \end{bmatrix} = \frac{1}{k_c^2}\begin{bmatrix} -\gamma & 0 & 0 & -j\omega\mu \\ 0 & -\gamma & j\omega\mu & 0 \\ 0 & j\omega\varepsilon & -\gamma & 0 \\ -j\omega\varepsilon & 0 & 0 & -\gamma \end{bmatrix}\begin{bmatrix} \frac{1}{h_1}\frac{\partial E_z}{\partial u} \\ \frac{1}{h_2}\frac{\partial E_z}{\partial v} \\ \frac{1}{h_1}\frac{\partial H_z}{\partial u} \\ \frac{1}{h_2}\frac{\partial H_z}{\partial v} \end{bmatrix} \tag{3-1-8}$$

由式(3-1-8)可知，$E_z$ 和 $H_z$ 只要有一个不为零，便可独立支持其余四个横向场，它们是两组相互独立的解。对 $E_z=0$、$H_z\neq0$ 决定的一组解，称为 TE 模；对 $H_z=0$、$E_z\neq0$ 决定的一组解，称为 TM 模。求出了波导中的所有电磁场分量后，波导传输特性的相关信息就都包含在其中了。

### 3.1.2　波导的普遍特性

由波导中电磁场的求解过程可得出以下几点普遍特性。

(1) 波导中只能传输 TE 波和 TM 波，不能传输 TEM 波。因为 TEM 波要求 $E_z=H_z=0$。这样一来，其他横向电磁场分量也无法存在，波导中就没有电磁波传播了。这是因为波导是个空心的金属管子，由麦氏方程组的旋度关系可知，横向场的存在必须靠纵向的旋转源来维持，空心管子中无纵向电流，纵向的交变电场(TM 波)或交变磁场(TE 波)是唯一可能的旋转源。

(2) 波导的传播条件。要求电磁波在 $z$ 方向传播，在理想导电和媒质无耗的假定前提下，必有 $\gamma=\pm j\beta$。由式(3-1-6(b))的关系有：

$$\begin{cases} k_c^2 = k^2-\beta^2 \\ \beta = \pm\sqrt{k^2-k_c^2} \end{cases} \tag{3-1-9}$$

式中，$k_c$ 是一个由边界条件决定的实常数，$\beta$ 为实数的条件是 $k>k_c$。临界关系为 $k=\omega\sqrt{\mu\varepsilon}=k_c$，所以传播条件为

$$f>f_c$$

即

$$\lambda<\lambda_c \tag{3-1-10}$$

其中：

$$f_c = \frac{k_c}{2\pi\sqrt{\mu\varepsilon}} \tag{3-1-11}$$

是可传播的频率下限，称为截止频率，对应的传输波长上限称为截止波长 $\lambda_c$：

$$\lambda_c = \frac{2\pi}{k_c} \tag{3-1-12}$$

不满足传输条件($f<f_c$ 或 $\lambda>\lambda_c$)时：

$$\gamma=\alpha=\sqrt{k_c^2-k^2} \tag{3-1-13}$$

电磁波在传播方向按 $e^{-\alpha z}$ 规律衰减，$\alpha$ 越大，衰减越快。波导中填充介质时，不改变 $\lambda_c$，只降低 $f_c$，因为 $\lambda=\dfrac{\lambda_0}{\sqrt{\varepsilon_r}}$，频率更低的波容易满足传输式(3-1-10)。

(3) 波的传播速度。定义等相位面的推进速度为相速 $v_p$：

$$v_p=\frac{\omega}{\beta}=\frac{\omega}{\sqrt{k^2-k_c^2}}=\frac{\omega}{k\sqrt{1-\left(\frac{\lambda}{\lambda_c}\right)^2}}=\frac{\frac{c}{\sqrt{\varepsilon_r}}}{\sqrt{1-\left(\frac{\lambda}{\lambda_c}\right)^2}} \tag{3-1-14}$$

式中，$c$ 为真空中的光速，$c=3\times10^8\ \mathrm{m/s}$。

对于传输波，$\lambda<\lambda_c$，$v_p>\frac{c}{\sqrt{\varepsilon_r}}$；对于不传输波，$v_p\to\infty$。

信号或能量中心沿轴线 $z$ 方向的推进速度为群速 $v_g$：

$$v_g=\frac{d\omega}{d\beta}=\frac{c}{\sqrt{\varepsilon_r}}\sqrt{1-\left(\frac{\lambda}{\lambda_c}\right)^2} \tag{3-1-15}$$

对于传输波，$v_g<\frac{c}{\sqrt{\varepsilon_r}}$；对于不传输波，$v_g=0$，且有

$$v_g\cdot v_p=\frac{c^2}{\varepsilon_r} \tag{3-1-16}$$

因电磁波在波导中的传播是以在内导体壁来回反射的方式行进的(见图 3-1-1)，故当电磁波以光速由 $A$ 走到 $B$ 时，对应的等相位面在 $z$ 方向由 $A'$走到 $B'$，$A'B'=\frac{AB}{\cos\theta}$，$v_p$ 大于光速，同时能量中心在 $z$ 方向只前进到 $B''$点处，$AB''=AB\cos\theta$ 且小于光速。相速和群速都随频率变化，所以波导波是色散波(见图 3-1-2)。

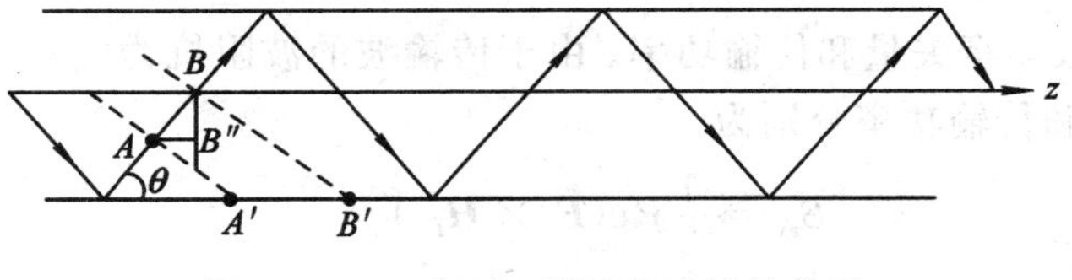


图 3-1-1　相速、群速与光速的关系

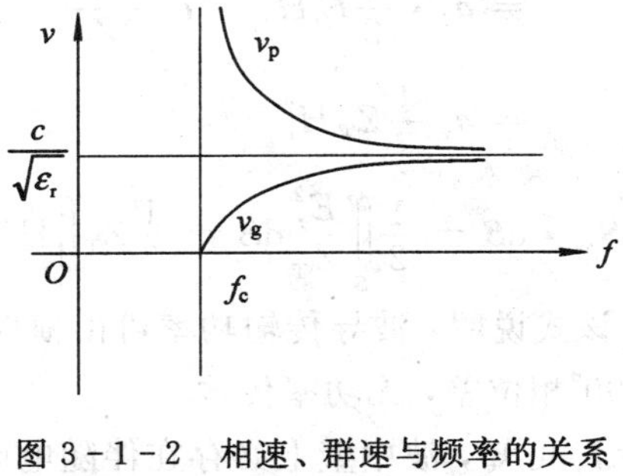


图 3-1-2　相速、群速与频率的关系

(4) 波导中的波长。在波的传播方向上，相位差为 $2\pi$ 的两点之间的距离为波长。波导波长满足 $\beta\lambda_g=2\pi$，即

$$\lambda_g=\frac{2\pi}{\beta}=\frac{2\pi}{k\sqrt{1-\left(\frac{\lambda}{\lambda_c}\right)^2}}=\frac{\lambda}{\sqrt{1-\left(\frac{\lambda}{\lambda_c}\right)^2}} \tag{3-1-17}$$

式中，$\lambda=\frac{2\pi}{k}$为波导媒质中的波长；$\lambda_c=\frac{2\pi}{k_c}$是截止波长；对于传输波，$\lambda_g>\lambda$，且靠近 $\lambda_c$ 时 $\lambda_g$

迅速增加。

(5) 波阻抗。波阻抗的定义为横向电场与横向磁场之比。在波导中：

$$Z_{\mathrm{T}}=\frac{|E_t|}{|H_t|}=\frac{\sqrt{E_u^2+E_v^2}}{\sqrt{H_u^2+H_v^2}}=\frac{E_u}{H_v}=-\frac{E_v}{H_u} \tag{3-1-18}$$

由式(3-1-18)的关系得，对传输波，$Z_{\mathrm{T}}$ 是个纯电阻：

$$Z_{\mathrm{TE}}=\frac{\omega\mu}{\beta}=\frac{\lambda_g}{\lambda}\sqrt{\frac{\mu}{\varepsilon}}=\frac{\sqrt{\frac{\mu}{\varepsilon}}}{\sqrt{1-\left(\frac{\lambda}{\lambda_c}\right)^2}} \tag{3-1-19(a)}$$

$$Z_{\mathrm{TM}}=\frac{B}{\omega\varepsilon}=\frac{\lambda}{\lambda_g}\sqrt{\frac{\mu}{\varepsilon}}=\sqrt{\frac{\mu}{\varepsilon}}\sqrt{1-\left(\frac{\lambda}{\lambda_c}\right)^2} \tag{3-1-19(b)}$$

其中，$\sqrt{\frac{\mu}{\varepsilon}}=\eta$ 是波导介质波阻抗，$\eta=\frac{120\pi}{\sqrt{\varepsilon_r}}$ (Ω)。

对于不能传输的截止波，$Z_{\mathrm{T}}$ 是一个纯电抗：

$$Z_{\mathrm{TE}}=\mathrm{j}\frac{\omega\mu}{\alpha}=\mathrm{j}\omega L_{\mathrm{TE}} \tag{3-1-20(a)}$$

$$Z_{\mathrm{TM}}=\frac{\alpha}{\mathrm{j}\omega\varepsilon}=-\frac{1}{\mathrm{j}\omega C_{\mathrm{TM}}} \tag{3-1-20(b)}$$

式中，$L_{\mathrm{TE}}=\frac{\mu}{\alpha}$，$C_{\mathrm{TM}}=\frac{\varepsilon}{\alpha}$是 TE 和 TM 波分别对应的等效电感和等效电容值。

(6) 波导中的坡印亭矢量和传输功率。由于传输波的波阻抗为实数，$E_t$ 和 $H_t$ 同相，因此平均坡印亭矢量和传输功率分别为

$$\begin{aligned}\boldsymbol{S}_{\mathrm{av}}&=\frac{1}{2}\mathrm{Re}(\boldsymbol{E}_t\times\boldsymbol{H}_t^*)\\&=\boldsymbol{a}_z\cdot\frac{1}{2}E_tH_t=\boldsymbol{a}_z\frac{E_t^2}{2Z_{\mathrm{T}}}\\&=\boldsymbol{a}_z\frac{1}{2}Z_{\mathrm{T}}H_t^2\end{aligned} \tag{3-1-21}$$

$$P=\iint_S\boldsymbol{S}_{\mathrm{av}}\cdot\mathrm{d}\boldsymbol{S}=\frac{1}{2}\iint_S\frac{E_t^2}{Z_{\mathrm{T}}}\mathrm{d}S=\frac{1}{2}Z_{\mathrm{T}}\iint_S H_t^2\cdot\mathrm{d}S \tag{3-1-22}$$

式中，积分限为波导横截面。该式说明，波导传输功率可由横向电场或磁场直接算出。

非传输波的 $E_t$ 和 $H_t$ 有 90°相位差，无功率传输。

(7) 由边界条件 $\boldsymbol{n}\times\boldsymbol{H}_s=\boldsymbol{J}_s$ 可知，波中壁上必存在伴随电磁波传播的电流波。

## 思考练习题

1. 总结波导问题分析方法的思路与步骤。
2. 为什么波导不能传输 TEM 波？
3. 波导传输电磁波的条件是什么？不满足传输条件时又如何？
4. 什么是相速？什么是群速？解释为什么相速大于光速，群速小于光速。

5. 波导波长表示式中 $\lambda_g$、$\lambda$、$\lambda_c$ 分别是什么意思？
6. 传输波和截止波的波阻抗有什么差别？

# 3.2 矩形波导

矩形波导的横截面为矩形，内壁理想导电，内壁尺寸为 $a\times b$ 且 $a>b$(见图 3-2-1)。矩形波导是适用于整个厘米波波段直至毫米波低频段传输大功率的最佳微波传输线，也是应用最广泛、最重要、最具代表性的典型微波传输线。熟悉矩形波导理论特别是掌握 $TE_{10}$ 模的有关知识是微波工作者的基本功。

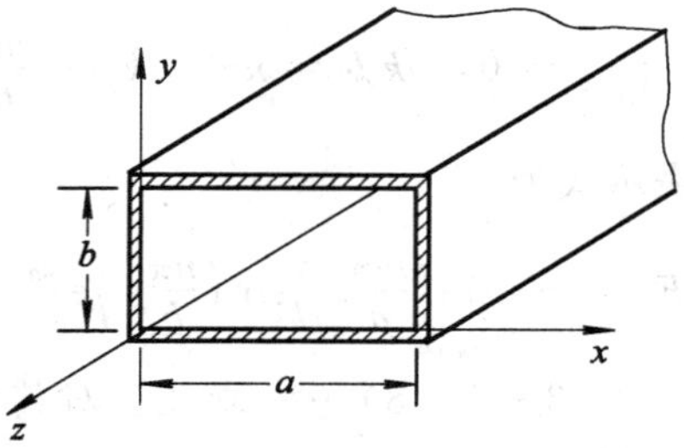


图 3-2-1 矩形波导

## 3.2.1 矩形波导中的电磁场

直角坐标系中，$E_z$ 和 $H_z$ 的亥姆霍茨方程及边界条件为

$$\begin{cases}\dfrac{\partial^2}{\partial x^2}\begin{pmatrix}E_z\\H_z\end{pmatrix}+\dfrac{\partial^2}{\partial y^2}\begin{pmatrix}E_z\\H_z\end{pmatrix}+k_c^2\begin{pmatrix}E_z\\H_z\end{pmatrix}=0\\ E_z\mid_{x=0,a,\ y=0,b}=0 \qquad \text{(TM 模)}\\ E_x\mid_{y=0,b}=0,\quad E_y\mid_{x=0,a}=0 \quad \text{(TE 模)}\end{cases} \tag{3-2-1}$$

由于 $E_z$ 和 $H_z$ 的方程形式相同，因此统一用 $u$ 表示。用分离变量法，设

$$u(x,\ y,\ z)=X(x)Y(y)e^{\pm j\beta z} \tag{3-2-2}$$

代入式(3-2-1)有

$$X''Y+XY''+k_c^2XY=0$$

用 $XY$ 除各项得：

$$\frac{X''}{X}(x)+\frac{Y''}{Y}(y)+k_c^2=0$$

$x$、$y$ 的取值范围为 $0\leqslant x\leqslant a$，$0\leqslant y\leqslant b$。要使上式恒成立，必有 $\dfrac{X''}{X}=-k_x^2$ 和 $\dfrac{Y''}{Y}=-k_y^2$ 且

$$k_x^2+k_y^2=k_c^2 \tag{3-2-3}$$

由此可得，两个分别只与 $x$、$y$ 有关的相同方程为

$$\begin{cases}X''(x)+k_x^2X(x)=0 & (3-2-4(a))\\ Y''(y)+k_y^2Y(y)=0 & (3-2-4(b))\end{cases}$$

该方程的解是三角函数，可以写为 $Ae^{jkx}+Be^{-jkx}$、$A\cos kx+B\sin kx$ 和 $A\cos(kx+\varphi_x)$ 等几种形式，我们取 $X=A\cos(k_xx+\varphi_x)$，$Y=B\cos(k_yy+\varphi_y)$。$E_z$ 和 $H_z$ 的通解为

$$\begin{pmatrix} E_z \\ H_z \end{pmatrix} = \begin{pmatrix} E_0 \\ H_0 \end{pmatrix} \cos(k_x x + \varphi_x) \cos(k_y y + \varphi_y) e^{\pm j\beta z} \tag{3-2-5}$$

对 TM 模，$E_z$ 对四个边界都是切向场：

$$E_z|_{x=0} = 0, \quad \cos\varphi_x = 0, \quad \varphi_x = \frac{\pi}{2}$$

$$E_z|_{x=a} = 0, \quad k_x a = m\pi, \quad k_x = \frac{m\pi}{a}$$

$$E_z|_{y=0} = 0, \quad \cos\varphi_y = 0, \quad \varphi_y = \frac{\pi}{2}$$

$$E_z|_{y=b} = 0, \quad k_y b = n\pi, \quad k_y = \frac{n\pi}{b}$$

$m$ 和 $n$ 均为整数。$E_z$ 的特解表示式为

$$E_z = E_0 \sin\left(\frac{m\pi}{a}x\right)\sin\left(\frac{n\pi}{b}y\right)e^{\pm j\beta z} \tag{3-2-6(a)}$$

TM 模的其他电磁场分量可由式(3-1-8)一一求出。对传输在 $+z$ 方向的波，$\gamma=j\beta$，$(u, v)=(x, y)$，$h_1=h_2=1$，可得：

$$\begin{cases} E_x = \dfrac{-j\beta}{k_c^2}\dfrac{\partial E_z}{\partial x} = \dfrac{-j\beta}{k_c^2}E_0\dfrac{m\pi}{a}\cos\left(\dfrac{m\pi}{a}x\right)\sin\left(\dfrac{n\pi}{b}y\right)e^{-j\beta z} \\ E_y = \dfrac{-j\beta}{k_c^2}\dfrac{\partial E_z}{\partial y} = \dfrac{-j\beta}{k_c^2}E_0\dfrac{n\pi}{b}\sin\left(\dfrac{m\pi}{a}x\right)\cos\left(\dfrac{n\pi}{b}y\right)e^{-j\beta z} \\ H_x = \dfrac{-j\omega\varepsilon}{k_c^2}\dfrac{\partial E_z}{\partial y} = \dfrac{j\omega\varepsilon}{k_c^2}E_0\dfrac{n\pi}{b}\sin\left(\dfrac{m\pi}{a}x\right)\cos\left(\dfrac{n\pi}{b}y\right)e^{-j\beta z} \\ H_y = \dfrac{-j\omega\varepsilon}{k_c^2}\dfrac{\partial E_z}{\partial x} = \dfrac{-j\omega\varepsilon}{k_c^2}E_0\dfrac{m\pi}{a}\cos\left(\dfrac{m\pi}{a}x\right)\sin\left(\dfrac{n\pi}{b}y\right)e^{-j\beta z} \end{cases} \tag{3-2-6(b)}$$

对 TE 模，应先用式(3-1-8)由 $H_z$ 分别求出 $E_x$、$E_y$ 为

$$E_x = \frac{-j\omega\mu}{k_c^2}\frac{\partial H_z}{\partial y} = \frac{j\omega\mu}{k_c^2}H_0 k_y \cos(k_x x + \varphi_x)\sin(k_y y + \varphi_y)e^{-j\beta z}$$

$$E_y = \frac{j\omega\mu}{k_c^2}\frac{\partial H_z}{\partial x} = \frac{-j\omega\mu}{k_c^2}H_0 k_x \sin(k_x x + \varphi_x)\cos(k_y y + \varphi_y)e^{-j\beta z}$$

边界条件为

$$E_x|_{y=0} = 0, \quad \varphi_y = 0$$

$$E_x|_{y=b} = 0, \quad k_y = \frac{n\pi}{b}$$

$$E_y|_{x=0} = 0, \quad \varphi_x = 0$$

$$E_y|_{x=a} = 0, \quad k_x = \frac{m\pi}{a}$$

TE 模的五个电磁场分量特解为

$$\begin{cases} E_x = \dfrac{-j\omega\mu}{k_c^2} H_0 \dfrac{n\pi}{b} \cos\left(\dfrac{m\pi}{a}x\right)\sin\left(\dfrac{n\pi}{b}y\right)e^{-j\beta z} \\ E_y = \dfrac{-j\omega\mu}{k_c^2} H_0 \dfrac{m\pi}{a} \sin\left(\dfrac{m\pi}{a}x\right)\cos\left(\dfrac{n\pi}{b}y\right)e^{-j\beta z} \\ H_x = \dfrac{j\beta}{k_c^2} H_0 \dfrac{m\pi}{a} \sin\left(\dfrac{m\pi}{a}x\right)\cos\left(\dfrac{n\pi}{b}y\right)e^{-j\beta z} \\ H_y = \dfrac{-j\beta}{k_c^2} H_0 \dfrac{n\pi}{b} \cos\left(\dfrac{m\pi}{a}x\right)\sin\left(\dfrac{n\pi}{b}y\right)e^{-j\beta z} \\ H_z = H_0 \cos\left(\dfrac{m\pi}{a}x\right)\cos\left(\dfrac{n\pi}{b}y\right)e^{-j\beta z} \end{cases} \tag{3-2-7}$$

TE 模和 TM 模的 $k_c$ 均为

$$k_c = \sqrt{\left(\frac{m\pi}{a}\right)^2 + \left(\frac{n\pi}{b}\right)^2} \tag{3-2-8}$$

TE 模和 TM 模是麦克斯韦方程组的两组相互独立的解，既可以单独存在，又可以组合存在，因为它们都满足波导内壁的边界条件。

由式(3-2-6)和式(3-2-7)，对矩形波导中的电磁波可以得出以下几点结论：

(1) 矩形波导中，电磁波在 $z$ 方向以因子 $e^{\pm j\beta z}$ 的规律传输，而在横截面内只有振幅大小变化，呈驻波分布，在 $x$ 方向和 $y$ 方向场分量振幅只按 $\sin\left(\frac{m\pi}{a}x\right)$、$\cos\left(\frac{m\pi}{a}x\right)$ 及 $\sin\left(\frac{n\pi}{b}y\right)$、$\cos\left(\frac{n\pi}{b}y\right)$ 的规律波动。

(2) 矩形波导中的常数 $k_c=\sqrt{\left(\frac{m\pi}{a}\right)^2+\left(\frac{n\pi}{b}\right)^2}$。只能取由边界条件决定的 $m$ 和 $n$ 为正整数的一系列分立实常数，且对于 TE 模和 TM 模表示式相同。

(3) 一个确定的 $m$、$n$ 组合决定一种特定的电场、磁场横截面分布规律。$m$ 表示场在 $x$ 方向 $0\sim a$ 范围内的驻波个数，$n$ 表示场在 $y$ 方向 $0\sim b$ 范围内的驻波个数，同时还决定与该场分布对应的 $k_c$ 值，也就是特定的截止波长和传播速度。通常称这种有特定的场分布、$\lambda_c$ 值和 $v_p(v_g)$ 特定值的电磁波为一个矩形波导模式。在矩形波导中可能有 $TE_{mn}$ 和 $TM_{mn}$ 任意多个模式，但无 $TE_{00}$、$TM_{m0}$、$TM_{0n}$ 和 $TM_{00}$ 这四种模式，因为在这四种情况下，波导中 $E_z=H_z=0$ 或常数，其他场分量都为零。

(4) $TE_{mn}$ 和 $TM_{mn}$ 模式的同一电磁场分量(如 $E_x$)在 $x$ 和 $y$ 方向的分布规律是相同的，因为它们必须满足相同的边界条件。

(5) 同一模式的相互垂直的横向电场和磁场分量(即 $E_x$ 和 $H_y$、$E_y$ 和 $H_x$)成对满足：

① 同相位、同分布规律；

② 幅度大小之比等于波阻抗，对 TE 模为 $\frac{\omega\mu}{\beta}$，对 TM 模为 $\frac{\beta}{\omega\mu}$；

③ 和 $z$ 方向成右手螺旋关系，即 $E_x$ 和 $H_y$ 同号，$E_y$ 和 $H_x$ 异号。

(6) 同一模式的横向场分量和纵向场分量，在同一位置、同一时刻总存在由 j 决定的 $\frac{\pi}{2}$ 的相位差。

(7) 同一模式的平均坡印亭矢量和传输功率分别为

$$\boldsymbol{S}_{av} = \frac{1}{2}\mathrm{Re}(\boldsymbol{E}_t \times \boldsymbol{H}_t^*) = \frac{1}{2}(E_x H_y + E_y H_x)\boldsymbol{a}_z$$

$$= \frac{1}{2z_T}E_t^2\boldsymbol{a}_z = \frac{1}{2}Z_T H_t^2\boldsymbol{a}_z \tag{3-2-9}$$

$$P = \iint_S \boldsymbol{S}_{av}\cdot d\boldsymbol{S} \tag{3-2-10}$$

由三角函数的正交性可知，对不同模式的横向分量，由式(3-2-10)计算的 $P=0$(即各模式)即使都满足传输条件也互不耦合，此特性为模式正交性。又因只有模式场满足边界条件，故存在于矩形波导中的其他可能电磁状态必能用模式组合来表示，此特性为完备性。

### 3.2.2 矩形波导中的电磁场结构

式(3-2-6)和式(3-2-7)两组电磁场的分布结构特点可归纳为四种类型，即 $TE_{m0}$、$TE_{0n}$、$TE_{mn}$ 和 $TM_{mn}$。其基本结构单元为 $TE_{10}$、$TE_{01}$、$TE_{11}$、$TM_{11}$。它们的横截面电磁力线分布如图 3-2-2 所示。图中，实线为电力线，虚线为磁力线。其他的场结构是这四种基本单元结构在 $x$ 方向(0～$a$)和 $y$ 方向(0～$b$)范围内的周期重复。

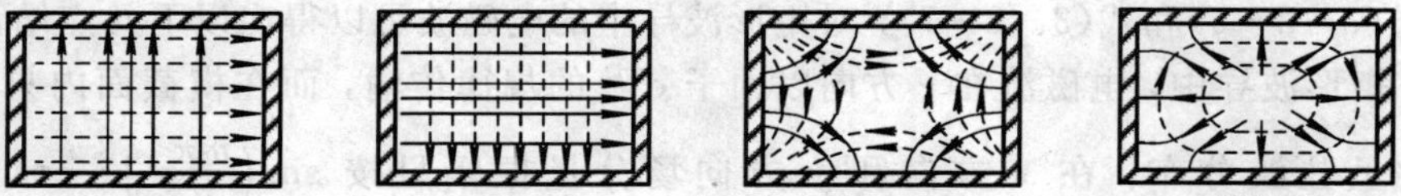

(a) $TE_{10}$　(b) $TE_{01}$　(c) $TE_{11}$　(d) $TM_{11}$

图 3-2-2　矩形波导的四种基本场型

### 3.2.3 矩形波导的传输特性

波导中可能传输的模式有无限多个。在特定频率下，哪些模式可以传输要看是否满足传输条件，还要看激励装置能否激励出其电磁场。当频率由低向高变化时，首先是截止频率最低(截止波长最长)的模式最先满足传输条件。在第二个模式满足传输条件以前，第一个模式在波导中单独存在，称为波导处于单模传输状态，通常把截止频率最低的模式称为波导的主模，把除主模外的其他模式称为高次模。波导一般工作于主模。在矩形波导中：

$$f_c = \frac{1}{2\pi\sqrt{\mu\varepsilon}}\sqrt{\left(\frac{m\pi}{a}\right)^2 + \left(\frac{n\pi}{b}\right)^2} \tag{3-2-11(a)}$$

$$\lambda_c = \frac{2\pi}{k_c} = \frac{2ab}{\sqrt{(mb)^2+(na)^2}} \tag{3-2-11(b)}$$

根据式(3-2-11)可将截止波长由大到小的前几个模式排列为表 3-2-1(设 $a>2b$)。

**表 3-2-1　截止波长由大到小的前几个模式排列**

| 模式 | $TE_{10}$ | $TE_{20}$ | $TE_{01}$ | $TE_{11}$<br>$TM_{11}$ | $TE_{30}$ | … |
|---|---|---|---|---|---|---|
| 截止波长 | $2a$ | $a$ | $2b$ | $\frac{2ab}{\sqrt{a^2+b^2}}$ | $\frac{2}{3}a$ | … |

$TE_{mn}$ 和 $TM_{mn}$ 中若 $m$ 和 $n$ 分别相等，则 $k_c$ 相同，截止波长也相同，称为模式简并。矩形波导的主模为 $TE_{10}$，是常用的工作模式，下面进行重点讨论。

### 3.2.4　矩形波导中的 $TE_{10}$ 模

$TE_{10}$ 模是主模，$\lambda_c=2a$，单模波长范围为

$$\left(\frac{2b}{a}\right)_{\max} < \lambda < 2a \tag{3-2-12}$$

其电磁场表示式为

$$\begin{cases} H_z = H_0 \cos\left(\dfrac{\pi}{a}x\right)e^{-j\beta z} \\ E_y = \dfrac{-j\omega\mu a}{\pi}H_0 \sin\left(\dfrac{\pi}{a}x\right)e^{-j\beta z} \\ H_x = \dfrac{j\beta a}{\pi}H_0 \sin\left(\dfrac{\pi}{a}x\right)e^{-j\beta z} \end{cases} \tag{3-2-13}$$

如令 $E_0=\dfrac{-j\omega\mu a}{\pi}H_0$ 为波导宽边中心 $x=\dfrac{a}{2}$ 处的最大电场强度，则式(3-2-13)可改写成下列最常用的形式：

$$\begin{cases} E_y = E_0 \sin\left(\dfrac{\pi}{a}x\right)e^{-j\beta z} \\ H_x = -\dfrac{\beta}{\omega\mu}E_0 \sin\left(\dfrac{\pi}{a}x\right)e^{-j\beta z} = -\dfrac{E_0}{Z_T}\sin\left(\dfrac{\pi}{a}x\right)e^{-j\beta z} \\ H_z = j\dfrac{\pi}{\omega\mu a}E_0 \cos\left(\dfrac{\pi}{a}x\right)e^{-j\beta z} = j\dfrac{E_0}{Z_T}\dfrac{\lambda_g}{2a}\cos\left(\dfrac{\pi}{a}x\right)e^{-j\beta z} \end{cases} \tag{3-2-14}$$

与式(3-2-14)对应的电磁场结构如图 3-2-3 所示。

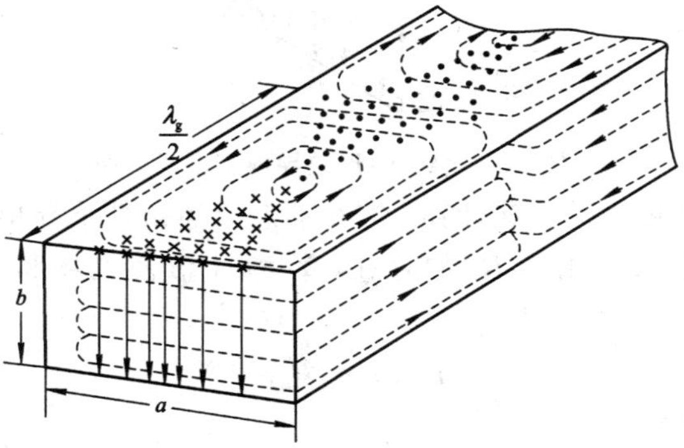


图 3-2-3　$TE_{10}$ 模的电磁场

$TE_{10}$ 模的传输功率为

$$P = \frac{1}{2Z_T}\int_0^b\int_0^a E_0^2 \sin^2\left(\frac{\pi}{a}x\right)dx\,dy = \frac{ab}{4\eta}E_0^2\sqrt{1-\left(\frac{\lambda}{2a}\right)^2} \tag{3-2-15(a)}$$

当介质为空气时，$\eta=120\pi$，则

$$P = \frac{ab}{480\pi}E_0^2\sqrt{1-\left(\frac{\lambda}{2a}\right)^2} \tag{3-2-15(b)}$$

行波状态的功率容量为

$$P_{br} = \frac{ab}{480\pi}E_{br}^2\sqrt{1-\left(\frac{\lambda}{2a}\right)^2} \tag{3-2-16}$$

式中，$E_{br}$为空气击穿电场的强度(30 kV/cm)。实际上通常取$P=\left(\frac{1}{3}-\frac{1}{5}\right)P_{br}$。有反射时，波腹点的最大电场强度应小于$E_{br}$，$P_{br}$下降。

矩形波导内壁的壁电流可由导体表面边界条件$\boldsymbol{J}_s=\boldsymbol{n}\times\boldsymbol{H}_{tm}$求出：

$$\begin{cases}\boldsymbol{J}\mid_{x=0}=\boldsymbol{a}_x\times\boldsymbol{H}_z\mid_{x=0}=-\boldsymbol{a}_y\mathrm{j}\dfrac{\pi}{\omega\mu a}E_0\mathrm{e}^{-\mathrm{j}\beta z}\\ \boldsymbol{J}\mid_{x=a}=-\boldsymbol{a}_x\times\boldsymbol{H}_z\mid_{x=a}=-\boldsymbol{a}_y\mathrm{j}\dfrac{\pi}{\omega\mu a}E_0\mathrm{e}^{-\mathrm{j}\beta z}\\ \boldsymbol{J}\mid_{y=0}=\boldsymbol{a}_y\times(\boldsymbol{H}_x+\boldsymbol{H}_z)=\left[\boldsymbol{a}_z\dfrac{\beta}{\omega\mu}E_0\sin\dfrac{\pi}{a}x+\boldsymbol{a}_x\mathrm{j}\dfrac{\pi E_0}{\omega\mu a}\cos\dfrac{\pi}{a}x\right]\mathrm{e}^{-\mathrm{j}\beta z}\\ \boldsymbol{J}\mid_{y=b}=-\boldsymbol{a}_y\times(\boldsymbol{H}_x+\boldsymbol{H}_z)=\left[-\boldsymbol{a}_z\dfrac{\beta}{\omega\mu}E_0\sin\dfrac{\pi}{a}x-\boldsymbol{a}_x\mathrm{j}\dfrac{\pi E_0}{\omega\mu a}\cos x\right]\mathrm{e}^{-\mathrm{j}\beta z}\end{cases}\tag{3-2-17}$$

图3-2-4为与式(3-2-17)相对应的壁电流示意图。波导壁的电流波与内部空间电磁波是不可分割的统一体。它们一起在长度方向上同步传播。它们之间满足电流安培定律。

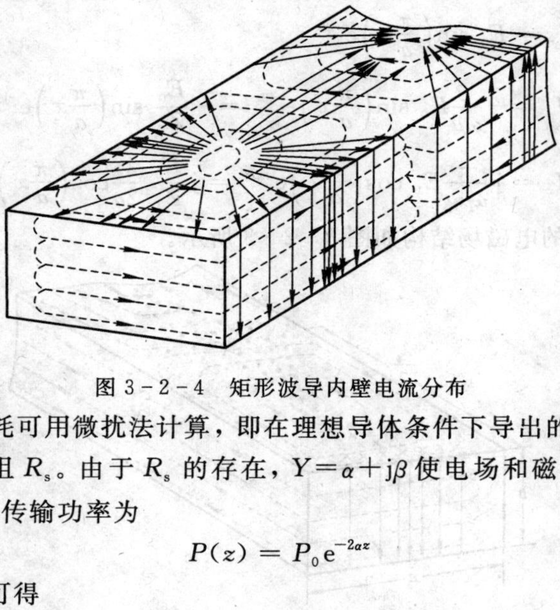

图3-2-4　矩形波导内壁电流分布

波导壁的导体损耗可用微扰法计算，即在理想导体条件下导出的磁场及壁电流，再考虑实际损耗的表面电阻$R_s$。由于$R_s$的存在，$Y=\alpha+\mathrm{j}\beta$使电场和磁场在传播的同时又以$\mathrm{e}^{-\alpha z}$的规律衰减，于是传输功率为

$$P(z)=P_0\mathrm{e}^{-2\alpha z}\tag{3-2-18}$$

对式(3-2-18)求导可得

$$\frac{\mathrm{d}P}{\mathrm{d}z}=-2\alpha P_0\mathrm{e}^{-2\alpha z}=-2\alpha P(z)$$

所以有

$$\alpha=\frac{-\dfrac{\mathrm{d}P}{\mathrm{d}z}}{2P}=\frac{\left|\dfrac{\mathrm{d}P}{\mathrm{d}z}\right|}{2P}\tag{3-2-19}$$

式中，$\left|\dfrac{\mathrm{d}P}{\mathrm{d}z}\right|$为单位长度的功率损耗。可由壁电流和$R_s$计算：

$$\left|\frac{\mathrm{d}P}{\mathrm{d}z}\right|=\frac{1}{2}R_s\oint J_s^2\,\mathrm{d}l$$

积分限为四壁上单位长度的面积。对于$TE_{10}$模，代入式(3-2-17)后可计算出

$$\alpha_c = \frac{R_s}{b\eta}\left[1 + \frac{2b}{a}\left(\frac{\lambda}{2a}\right)^2\right]\frac{1}{\sqrt{1-\left(\frac{\lambda}{2a}\right)^2}} \quad (\text{Np/m}) \tag{3-2-20}$$

如果波导内填充有耗介质，则介质的损耗为

$$\alpha_d = \frac{k^2}{2\beta}\tan\delta = \frac{\pi}{\lambda}\left(\frac{\lambda_g}{\lambda}\right)\tan\delta \quad (\text{Np/m}) \tag{3-2-21}$$

总损耗为

$$\alpha = \alpha_c + \alpha_d \tag{3-2-22}$$

### 3.2.5　矩形波导的尺寸

为了保证只传输 $TE_{10}$ 模，应满足 $\left(\frac{2b}{a}\right)_{max} < \lambda < 2a$ 的单模条件，还应有较大的功率容量和单模带宽。这一条件要求 $2b \approx a$，实际的标准化波导基本满足这一条件，选择波导尺寸时，应使 $\lambda_{max} \leqslant 0.9\lambda$，$\lambda_{min} \geqslant 1.2\left(\frac{2b}{a}\right)_{max}$。

## 思考练习题

1. 矩形波导的 $k_c$ 值如何确定？哪些模式之间相互简并？
2. 矩形波导截止波长是什么？前五个截止波长最长的模式的名称和截止波长各为多少？
3. 已知矩形波导尺寸为 72 mm×34 mm，计算主模的单模范围。如果 $f_0 = 3$ GHz，计算 $\lambda_g$、$v_p$、$v_g$ 和 $Z_T$、$P_{br}$，如果 $f = 6$ GHz，则可能传播哪些模式？

## 3.3　圆　波　导

圆波导就是圆柱形的空心金属管，其内壁导电良好，空心金属管内半径 $r = a$。

### 3.3.1　圆波导中的电磁场

分析圆波导可采用圆柱坐标系$(r, \varphi, z)$，如图 3-3-1 所示。

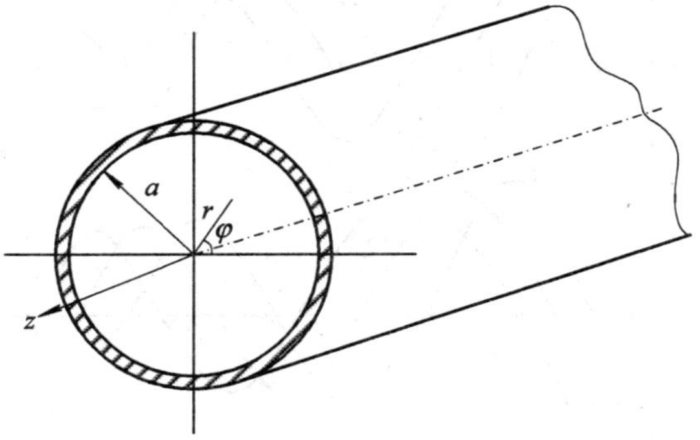


图 3-3-1　圆波导

$E_z$ 和 $H_z$ 的亥姆霍茨方程为

$$\begin{cases}\dfrac{\partial^2}{\partial r^2}\begin{pmatrix}E_z\\H_z\end{pmatrix}+\dfrac{1}{r}\dfrac{\partial}{\partial r}\begin{pmatrix}E_z\\H_z\end{pmatrix}+\dfrac{1}{r^2}\dfrac{\partial^2}{\partial \varphi^2}\begin{pmatrix}E_z\\H_z\end{pmatrix}+k^2\begin{pmatrix}E_z\\H_z\end{pmatrix}=0\\ E_z\,|_{r=a}=0 \qquad (\text{TM 模})\\ E_\varphi\,|_{r=a}=0 \qquad (\text{TE 模})\end{cases} \tag{3-3-1}$$

求通解时，用分离变量法，令

$$u=\begin{pmatrix}E_z\\H_z\end{pmatrix}=R(r)\Phi(\varphi)\mathrm{e}^{\pm \mathrm{j}\beta z}$$

代入式(3-3-1)得

$$R''\Phi+\frac{1}{r}R'\Phi+\frac{1}{r^2}R\Phi''+k_c^2R\Phi=0$$

各项同乘以$\dfrac{r^2}{R\Phi}$后变成：

$$r^2\frac{R''}{R}(r)+r\frac{R'}{R}(r)+\frac{\Phi''}{\Phi}(\varphi)+k_c^2r^2=0$$

令$\dfrac{\Phi''}{\Phi}=-m^2$，亥姆霍茨方程分离成

$$\begin{cases}r^2R''+rR''+(k_cr^2-m^2)R=0 & (3-3-2(\text{a}))\\ \Phi''+m^2\Phi=0 & (3-3-2(\text{b}))\end{cases}$$

式(3-3-2(b))的解为三角函数。考虑到坐标 $\varphi$ 起点的随意性，其解标记为$\begin{Bmatrix}\cos(m\varphi)\\ \sin(m\varphi)\end{Bmatrix}$。电磁场的稳定解必是单值唯一的，$\varphi$ 变化 $2\pi$ 角度应重复，所以 $m$ 必须是整数，即

$$m=0,\ 1,\ 2,\ 3,\ \cdots \tag{3-3-3}$$

式(3-3-2(a))是标准贝塞尔方程，它的解为贝塞尔函数，可表示为

$$R(r)=A\mathrm{J}_m(k_cr)+B\mathrm{N}_m(k_cr) \tag{3-3-4}$$

$\mathrm{J}_m(k_cr)$和$\mathrm{N}_m(k_cr)$分别为第一、第二类 $m$ 阶贝塞尔函数。$m$=0，1，2 的 $\mathrm{J}_m$ 和 $\mathrm{N}_m$ 示意图如图 3-3-2 所示。

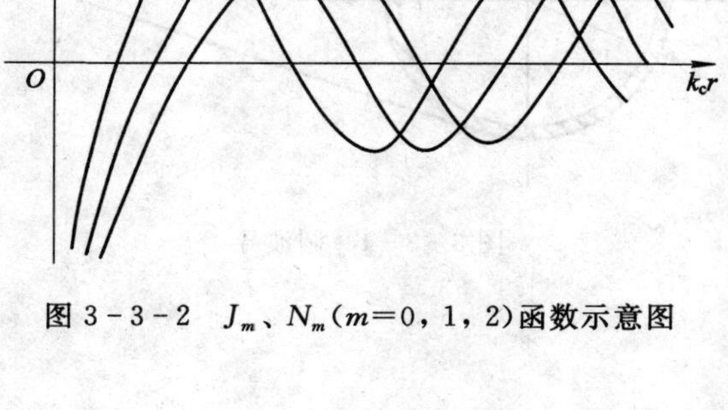

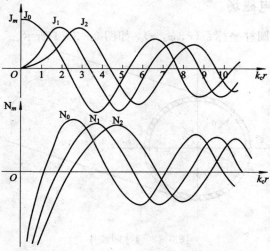


图 3-3-2　$J_m$、$N_m$($m$=0，1，2)函数示意图

函数 $N_m(k_c r)$在 $r\to 0$ 时都为无限大，作为电磁场是不可能的，所以应取 $B=0$。单值、有限这两个条件也称为圆波导电磁场的自然条件。圆波导中 $E_z$、$H_z$ 的通解可表示为

$$\begin{pmatrix} E_z \\ H_z \end{pmatrix} = \begin{pmatrix} E_0 \\ H_0 \end{pmatrix} J_m(k_c r) \begin{Bmatrix} \cos(m\varphi) \\ \sin(m\varphi) \end{Bmatrix} e^{-j\beta z} \tag{3-3-5}$$

$E_z$ 为 TM 模的边界($r=a$)处的切向电场，必有 $E_z|_{r=0}=0$。由图(3-3-2)可知，应有 $k_c a=u_{mn}$，故

$$k_c = \frac{u_{mn}}{a} \tag{3-3-6}$$

$u_{mn}$ 为贝塞尔函数与横坐标轴的交点，称为贝塞尔函数的根。$m$ 为贝塞尔函数的阶数，$n$ 表示根的序号(由小到大排列)。

TE 模的 $E_z=0$、$r=a$ 的边界上的切向电场为 $E_\varphi$：

$$E_\varphi = \frac{-j\omega\mu}{k_c^2}\frac{\partial H_z}{\partial r} = \frac{-j\omega\mu}{k_c} J_m'(k_c r) \begin{Bmatrix} \cos(m\varphi) \\ \sin(m\varphi) \end{Bmatrix} e^{-j\beta z} \tag{3-3-7}$$

由 $E_\varphi|_{r=a}=0$ 的边界条件有 $k_c a=u'_{mn}$，即

$$k_c = \frac{u'_{mn}}{a} \tag{3-3-8}$$

$u'_{mn}$为 $m$ 阶贝塞尔函数导数的第 $n$ 个根。

其他电磁场分量可由旋度关系导出的式(3-1-8)求出，这时 $u=r$，$v=\varphi$，$h_1=1$，$h_2=r$，$r=-j\beta$。TE 模的五个电磁场分量为

$$\begin{cases} H_z = H_0 J_m\left(\dfrac{u'_{mn}}{a}r\right)\begin{Bmatrix} \cos(m\varphi) \\ \sin(m\varphi) \end{Bmatrix} e^{-j\beta z} \\ E_r = \dfrac{-j\omega\mu}{k_c^2}\dfrac{\partial H_z}{r\partial\varphi} = \dfrac{\pm j\omega\mu a^2}{u'^2_{mn}} H_0 \dfrac{m}{r} J_m\left(\dfrac{u'_{mn}}{a}r\right)\begin{Bmatrix} \sin(m\varphi) \\ \cos(m\varphi) \end{Bmatrix} e^{-j\beta z} \\ E_\varphi = \dfrac{j\omega\mu}{k_c^2}\dfrac{\partial H_z}{\partial r} = \dfrac{j\omega\mu a}{u'_{mn}} H_0 J'_m\left(\dfrac{u'_{mn}}{a}r\right)\begin{Bmatrix} \cos(m\varphi) \\ \sin(m\varphi) \end{Bmatrix} e^{-j\beta z} \\ H_r = \dfrac{-j\beta}{k_c^2}\dfrac{\partial H_z}{\partial r} = \dfrac{-j\beta a}{u'_{mn}} H_0 J_m'\left(\dfrac{u'_{mn}}{a}r\right)\begin{Bmatrix} \cos(m\varphi) \\ \sin(m\varphi) \end{Bmatrix} e^{-j\beta z} \\ H_\varphi = \dfrac{-j\beta}{k_c^2}\dfrac{\partial H_z}{r\partial\varphi} = \dfrac{\pm j\beta a^2}{u'^2_{mn}} H_0 \dfrac{m}{r} J_m\left(\dfrac{u'_{mn}}{a}r\right)\begin{Bmatrix} \sin(m\varphi) \\ \cos(m\varphi) \end{Bmatrix} e^{-j\beta z} \end{cases} \tag{3-3-9}$$

TM 模式有：

$$\begin{cases} E_z = E_0 J_m\left(\dfrac{u_{mn}}{a}r\right)\begin{Bmatrix} \cos(m\varphi) \\ \sin(m\varphi) \end{Bmatrix} e^{-j\beta z} \\ E_r = \dfrac{-j\beta}{k_c^2}\dfrac{\partial E_z}{\partial r} = \dfrac{-j\beta a}{u_{mn}} E_0 J_m'\left(\dfrac{u_{mn}}{a}r\right)\begin{Bmatrix} \cos(m\varphi) \\ \sin(m\varphi) \end{Bmatrix} e^{-j\beta z} \\ E_\varphi = \dfrac{-j\beta}{k_c^2}\dfrac{\partial E_z}{r\partial\varphi} = \dfrac{\pm j\beta a^2}{u_{mn}^2} E_0 \dfrac{m}{r} J_m\left(\dfrac{u_{mn}}{a}r\right)\begin{Bmatrix} \sin(m\varphi) \\ \cos(m\varphi) \end{Bmatrix} e^{-j\beta z} \\ H_r = \dfrac{j\omega\varepsilon}{k_c^2}\dfrac{\partial E_z}{r\partial\varphi} = \dfrac{\mp j\omega\varepsilon a^2}{u_{mn}^2} E_0 \dfrac{m}{r} J_m\left(\dfrac{u_{mn}}{a}r\right)\begin{Bmatrix} \sin(m\varphi) \\ \cos(m\varphi) \end{Bmatrix} e^{-j\beta z} \\ H_\varphi = \dfrac{-j\omega\varepsilon}{k_c^2}\dfrac{\partial E_z}{\partial r} = \dfrac{-j\omega\varepsilon a}{u_{mn}} E_0 J_m'\left(\dfrac{u_{mn}}{a}r\right)\begin{Bmatrix} \cos(m\varphi) \\ \sin(m\varphi) \end{Bmatrix} e^{-j\beta z} \end{cases} \tag{3-3-10}$$

可以看出，由 $H_z$ 支持的 TE 模和由 $E_z$ 支持的 TM 模的解是相互独立的，它们之中每一个 $mn$ 组合所决定的特解既可独立存在，也可和其他解共同存在，因为它们都满足麦克斯韦方程组和边界条件。由上面两组表示式，对圆波导中的电磁波也可得出以下几点结论：

(1) 圆波导中电磁波在 $z$ 方向以因子 $e^{\pm j\beta z}$ 的规律传输，而在横截面内只有振幅大小变化，呈驻波分布，在半径 $r$ 方向以贝塞尔函数或其导数规律波动，在圆周 $\varphi$ 方向以三角函数 $\begin{Bmatrix}\cos(m\varphi)\\ \sin(m\varphi)\end{Bmatrix}$ 的规律周期波动。

(2) 常数 $k_c=\dfrac{u_{mn}}{a}$ 或 $\dfrac{u'_{mn}}{a}$ 只能取一系列由边界条件所决定的分立的实常数值，而由于一般 $u_{mn}\neq u'_{mn}$，所以 TE 模和 TM 模的 $k_c$ 不相等，只有 $TE_{0n}$ 和 $TM_{1n}$ 例外，因 $J'_{0n}=-J_{1n}$，故有 $u'_{01}=u_{11}$。

(3) 一个特定的 $mn$ 组合规定一种特殊电磁状态，定义一个圆波导模式。圆波导可能有 $TE_{mn}$ 和 $TM_{mn}$ 无限个模式。$m=0, 1, 2, \cdots$，是圆波导场分量在 $\varphi$ 方向 $2\pi$ 角度范围幅度变化的周期数，也是贝塞尔函数的阶数。$m=0$ 表示场圆对称分布。$n=1, 2, 3, \cdots$，是贝塞尔函数或其导数的根从小到大的排列编号，也表示场从圆心到边界在半径 $r$ 方向 $0\to a$ 范围经历的零点个数(中心零点不计)，其最小值为 1。圆波导中无 $TE_{m0}$ 和 $TM_{m0}$ 模。

(4) $TE_{mn}$ 和 $TM_{mn}$ 模中的同一电磁场分量横向分布规律相同，它们是由同一边界条件决定的。

(5) 相互垂直的同一模式中，横向电场和磁场分量(即 $E_r$ 和 $H_\varphi$，$H_r$ 和 $E_\varphi$)成对地满足：① 同相位、同分布；② 幅度之比等于波阻抗，即 $Z_{TE}=\dfrac{\omega\mu}{\beta}$，$Z_{TM}=\dfrac{\beta}{\omega\varepsilon}$；③ 传播方向 $z$ 满足右手螺旋关系，即对 $+z$ 方向，$E_r$ 和 $H_\varphi$ 同号，$E_\varphi$ 和 $H_r$ 异号。

(6) 同一模式的横向场分量和纵向场分量在同一位置、同一时刻总存在由 j 决定的 $\dfrac{\pi}{2}$ 的相位差。

(7) 圆波导中传输模的平均坡印亭矢量和传输功率分别为

$$\boldsymbol{S}_{av}=\frac{1}{2}\mathrm{Re}(\boldsymbol{E}_t\times\boldsymbol{H}_t^*)=\frac{1}{2}(E_rH_\varphi+E_\varphi H_r)\boldsymbol{a}_z$$

$$=\frac{1}{2z_t}E_t^2\boldsymbol{a}_z=\frac{1}{2}z_tH_t^2\boldsymbol{a}_z \tag{3-3-11}$$

$$P=\iint_S \boldsymbol{S}_{av}\cdot \mathrm{d}\boldsymbol{S} \tag{3-3-12}$$

由于贝塞尔方程和三角函数方程都属斯特姆-刘维尔类型方程，该类方程的解都具有正交性和完备性，所以圆波导的 $TE_{mn}$ 和 $TM_{mn}$ 模式都属本征模，具有完备性和正交性。

(8) 圆波导的壁电流可由边界条件 $\boldsymbol{J}_s=\boldsymbol{n}\times\boldsymbol{H}_t$ 决定，其中 $\boldsymbol{n}=-\boldsymbol{a}_r$，$H_t$ 为 $H_z|_a$ 和 $H_\varphi|_a$。

### 3.3.2 圆波导的传输特性

定义：

$$\mu_{mn}=\begin{cases}u_{mn}\ (\text{TM 模})\\ u'_{mn}\ (\text{TE 模})\end{cases} \tag{3-3-13}$$

圆波导模式如下：

$$k_c = \frac{\mu_{mn}}{a} \tag{3-3-14}$$

截止波长的表示式为

$$\lambda_c = \frac{2\pi}{k_c} = \frac{2\pi a}{\mu_{mn}} \tag{3-3-15}$$

由贝塞尔函数表可查得：

$$u'_{11} = 1.841, \ u'_{21} = 3.054, \ u'_{01} = 3.832, \ \cdots$$
$$u_{01} = 2.405, \ u_{11} = 3.832, \ \cdots$$

把相应模式与 $\mu_{mn}$ 的前几个值和截止波长排列为表 3-3-1。

**表 3-3-1 相应模式与 $\mu_{mn}$ 的前几个值和截止波长排列**

| 模式 | $TE_{11}$ | $TM_{01}$ | $TE_{21}$ | $TE_{01}$ $TM_{11}$ | … |
|---|---|---|---|---|---|
| $\mu_{mn}$ | 1.841 | 2.405 | 3.054 | 3.832 | … |
| $\lambda_c$ | $3.41a$ | $2.62a$ | $2.02a$ | $1.64a$ | … |

所以圆波导的主模为 $TE_{11}$。单模波长范围为 $2.62a<\lambda<3.41a$。圆波导中一般 $TE_{mn}$ 和 $TM_{mn}$ 不会简并。由于贝塞尔函数 $J'_0=-J_1$，因此只有 $TE_{0n}$ 和 $TM_{1n}$ 在 $n$ 相等时总是简并的。另外，圆波导中除了 $m=0$ 的圆对称模式外，其他所有模的电场矢量在横截面的取向可以随意。把取向不同但场分布、$\lambda_c$ 值和 $v_p$ 都相同的模式称为极化简并模。所以圆波导中普遍存在极化简并现象（$m=0$ 模除外）。

### 3.3.3 圆波导的三种常用模式

圆波导主要不是用来传输能量，而是应用在许多特殊的微波元件和谐振器中。最常用的模式有 $TE_{11}$、$TM_{01}$ 和 $TE_{01}$。

**1. $TE_{11}$ 模**

$TE_{11}$ 模是圆波导的主模式，截止波长为

$$\lambda_c = \frac{2\pi a}{1.841} \approx 3.41a \tag{3-3-16}$$

单模范围为

$$2.62a < \lambda < 3.41a \tag{3-3-17}$$

将 $m=1$，$n=1$ 代入式(3-3-9)可得出其电磁场为

$$\begin{cases} H_z = H_0 J_1\left(\dfrac{1.841}{a}r\right)\begin{Bmatrix}\cos\varphi \\ \sin\varphi\end{Bmatrix} e^{-j\beta z} \\ E_r = \dfrac{\pm j\omega\mu a^2}{1.841^2} H_0 \dfrac{m}{r} J_1\left(\dfrac{1.841}{a}r\right)\begin{Bmatrix}\sin\varphi \\ \cos\varphi\end{Bmatrix} e^{-j\beta z} \\ E_\varphi = \dfrac{j\omega\mu a}{1.841} H_0 J'_1\left(\dfrac{1.841}{a}r\right)\begin{Bmatrix}\cos\varphi \\ \sin\varphi\end{Bmatrix} e^{-j\beta z} \\ H_r = \dfrac{-j\beta a}{1.841} H_0 J'_1\left(\dfrac{1.841}{a}r\right)\begin{Bmatrix}\cos\varphi \\ \sin\varphi\end{Bmatrix} e^{-j\beta z} \\ H_\varphi = \dfrac{\pm j\beta a^2}{1.841^2} H_0 \dfrac{m}{r} J_1\left(\dfrac{1.841}{a}r\right)\begin{Bmatrix}\sin\varphi \\ \cos\varphi\end{Bmatrix} e^{-j\beta z} \end{cases} \tag{3-3-18}$$

对应的场结构如图 3-3-3 所示。这种场结构与矩形波导的 $TE_{10}$ 模类似，它是 $TE_{10}$ 模随着边界变化的自然变形。该模式在矩形-圆形波导转化时是圆形波导中的传输模式。该模式在各种与电场方向有关的极化元件中经常被采用。

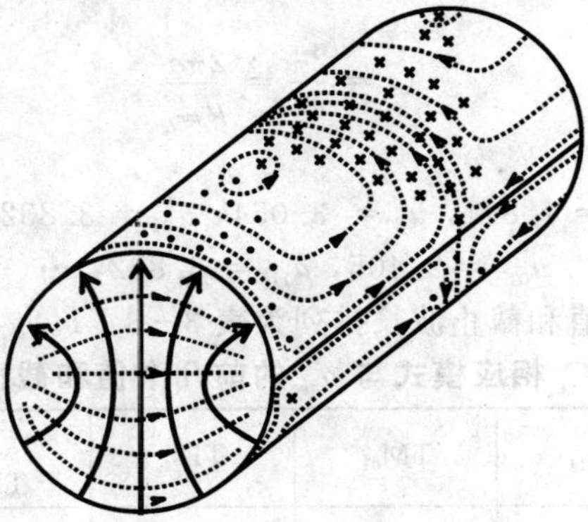

图 3-3-3　$TE_{11}$ 模的场结构

**2. $TM_{01}$ 模**

$TM_{01}$ 模是圆波导的次高阶模，$\lambda_c=2.62a$。由于 $m=0$，因此是圆对称模，它只有三个电磁场分量：

$$\begin{cases} E_z = E_{01}J_0\left(\dfrac{2.405}{a}r\right)e^{-j\beta z} \\ E_r = \dfrac{j\beta a}{2.405}E_{01}J_1\left(\dfrac{2.405}{a}r\right)e^{-j\beta z} \\ H_\varphi = \dfrac{j\omega\varepsilon a}{2.405}E_{01}J_1\left(\dfrac{2.405}{a}r\right)e^{-j\beta z} \end{cases} \tag{3-3-19}$$

与式(3-3-19)对应的纵截面的场分布如图 3-3-4 所示。

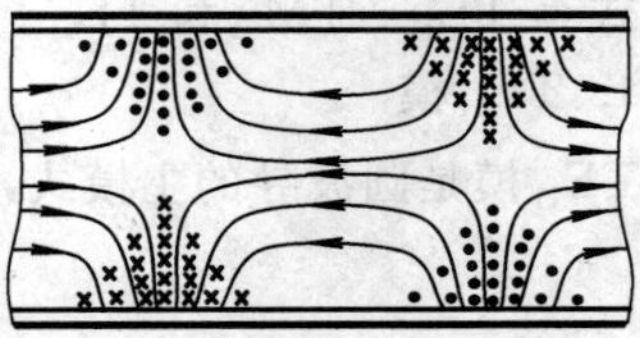

图 3-3-4　$TM_{01}$ 模的场结构

在连接转动天线和固定发射机的传输系统中，必须有一个保证电磁波连续传播的旋转铰链工作于圆波导 $TM_{01}$ 模。在用于测量介质 $\epsilon_r$ 和 $\tan\delta$ 的谐振腔中，多用 $TM_{01}$ 模。此外，还可在某些振荡器稳频腔中见到该模式。

**3. $TE_{01}$ 模**

$TE_{01}$ 模是一个和 $TM_{11}$ 简并的高次模，工作于该模式的圆波导的尺寸相对较大。其截止波长 $\lambda_c=1.64a$，$m=0$，也是圆对称模，三个电磁场分量为

$$\begin{cases} H_z = H_{01}J_0\left(\dfrac{3.832}{a}r\right)e^{-j\beta z} \\ E_\varphi = \dfrac{j\beta a}{3.832}H_{01}J_1\left(\dfrac{3.832}{a}r\right)e^{-j\beta z} \\ H_r = \dfrac{-j\omega\varepsilon a}{3.832}H_{01}J_1\left(\dfrac{3.832}{a}r\right)e^{-j\beta z} \end{cases} \tag{3-3-20}$$

壁电流为

$$\boldsymbol{J}_s = \boldsymbol{n} \times \boldsymbol{H}_{tm} = (-\boldsymbol{a}_r) \times \boldsymbol{a}_z H_z = \boldsymbol{a}_\varphi H_{01} \mathrm{J}_0\left(\frac{3.832}{a} r\right) \mathrm{e}^{-\mathrm{j}\beta z} \qquad (3-3-21)$$

相应的电磁场结构和壁电流如图 3－3－5 所示。

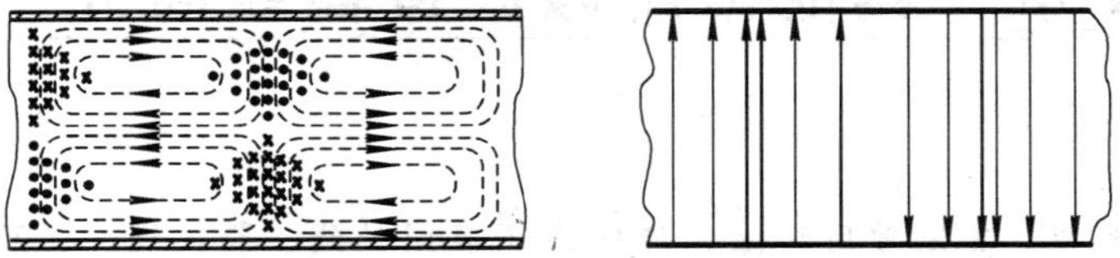

(a) 电磁场　　(b) 壁电流

图 3－3－5　$TE_{01}$模的电磁场与壁电流

该模式的主要特点是损耗小，且 $f$ 增大时，$\alpha_c$ 下降，壁电流只有 $a_\varphi$ 分量。该模式在远距离传输厘米波高频端和毫米波低频端功率时有独特优势。虽是高次模，但大尺寸波导对功率容量有利，其他不希望传输的干扰模也可利用阻断 $z$ 向壁电流方法得到有效抑制。另外，工作于该模式的谐振腔体积大，损耗小，$Q$ 值高，是高精度波长计和雷达回波厢等高 $Q$ 谐振腔的理想工作模式。

## 思考练习题

1. 圆波导中电磁场在 $r$ 和 $\varphi$ 方向以什么规律变化？$m$ 和 $n$ 表示什么含义？取什么值？
2. 圆波导中都存在哪些类型的模式简并？
3. 圆波导的截止波长等于什么？五个最低阶模都是哪些？它们的截止波长各是多少？
4. 圆波导的三种常用模式是什么？它们分别有几个电磁场分量？各有什么特点及应用？

# 第 4 章 其他常用微波传输线简介

除波导传输线外，其他常用的微波传输线还有同轴线、带状线、微带线。本章只对它们的形状尺寸、工作模式、特性阻抗及传播常数作简要介绍，限于篇幅，对其余的微波传输线不再讨论。耦合传输线在微波滤波器、定向耦合器中广泛应用，也是微波电路不可缺少的组成部分。本章还对最常用的对称耦合线与奇、偶模参量法以及在耦合带状线和耦合微带线中的应用作了简单介绍。

## 4.1 同轴线、带状线和微带线

本节对除双导线外的其他几种常用的 TEM 微波传输线作简单介绍，它们是同轴线、带状线和微带线。

### 4.1.1 同轴线

同轴线的结构如图 4-1-1 所示，其内导体半径为 $a$，外导体内半径为 $b$，外导体和内导体的中心轴线重合，中间介质参数为 $\varepsilon_r$、$\tan\delta$、$\mu_0$，导体的电导率为 $\sigma$。

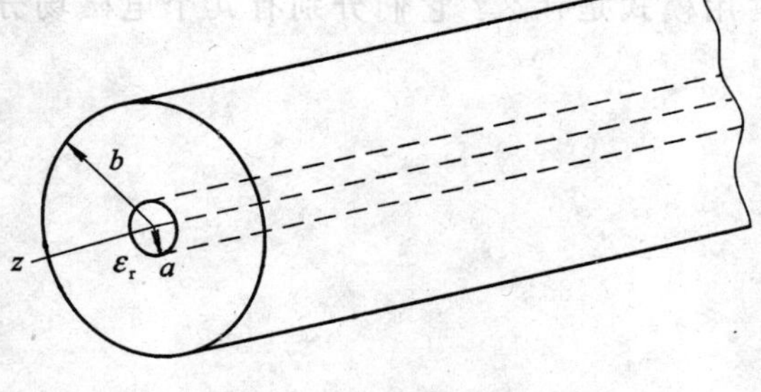


图 4-1-1 同轴线的结构

由电磁理论求出的同轴线单位长度分布电气参数为

$$\begin{cases} L = \dfrac{\mu_0}{2\pi}\ln\dfrac{b}{a} \quad (\text{H/m}) \\ C = \dfrac{2\pi\varepsilon}{\ln\dfrac{b}{a}} \quad (\text{F/m}) \\ R = \dfrac{R_s}{2\pi}\left(\dfrac{1}{a}+\dfrac{1}{b}\right) \quad (\Omega/\text{m}) \\ G = \dfrac{2\pi\sigma_a}{\ln\dfrac{b}{a}} \quad (\text{S/m}) \end{cases} \tag{4-1-1}$$

同轴线可能传输的模式有 TEM、$TE_{mn}$ 和 $TM_{mn}$。其工作模为 TEM 模，该模就是同轴线的主模。

**1. 同轴线的 TEM 模**

由于 $E_z = H_z = 0$，因此 TEM 模的电磁场由位函数 $\phi$ 的拉普拉斯方程 $\frac{\partial}{\partial r}\left(r\frac{\partial \phi}{\partial r}\right)=0$ 及 $\phi|_{r=a}=V_0$ 的边界条件可确定为

$$\boldsymbol{E} = \boldsymbol{E}_r = \boldsymbol{a}_r \frac{V_0}{r \ln \frac{b}{a}} \quad (\text{V/m}) \tag{4-1-2}$$

$r=a$ 时内导体表面的电场为 $E_0 = \frac{V_0}{a \ln \frac{b}{a}}$ (V/m)，空间电磁场可表示为

$$\boldsymbol{E}^+ = \boldsymbol{a}_r \frac{aE_0}{r}\mathrm{e}^{-\mathrm{j}\beta z} \quad (\text{V/m}) \tag{4-1-3(a)}$$

$$\boldsymbol{H}^+ = \boldsymbol{a}_\varphi \frac{aE_0}{r\eta}\mathrm{e}^{-\mathrm{j}\beta z} \quad (\text{A/m}) \tag{4-1-3(b)}$$

$\beta = k = \omega\sqrt{\mu_0\varepsilon}$ (rad/s)，$\eta = \frac{120\pi}{\sqrt{\varepsilon_r}}(\Omega)$，由 $\boldsymbol{E}$、$\boldsymbol{H}$ 可求出电压、电流为

$$U^+ = \int_a^b \boldsymbol{E}_r \cdot \mathrm{d}\boldsymbol{r} = aE_0 \ln \frac{b}{a}\mathrm{e}^{-\mathrm{j}\beta z} \quad (\text{V}) \tag{4-1-4(a)}$$

$$I^+ = \oint \boldsymbol{H} \cdot \mathrm{d}\boldsymbol{l} = \frac{2\pi a}{\eta}E_0 \mathrm{e}^{-\mathrm{j}\beta z} \quad (\text{A}) \tag{4-1-4(b)}$$

特性阻抗为

$$Z_0 = \frac{U^+}{I^+} = \frac{60}{\sqrt{\varepsilon_r}} \ln \frac{b}{a} \quad (\Omega) \tag{4-1-5}$$

传输功率为

$$P = \frac{1}{2}U^+ I^{+*} = \frac{1}{2}\iint_S E^+ H^{+*}\,\mathrm{d}S = \frac{\pi a^2 E_0^2}{\eta} \ln \frac{b}{a} \quad (\text{W}) \tag{4-1-6(a)}$$

功率容量为

$$P_{\mathrm{br}} = \frac{\pi a^2}{\eta}E_{\mathrm{br}}^2 \ln \frac{b}{a} \quad (\text{W}) \tag{4-1-6(b)}$$

$E_{\mathrm{br}}$是内导体表面处的击穿电场强度。空气的 $E_{\mathrm{br}}=30$ kV/cm。同轴线的损耗由内、外导体表面的电流损耗和介质损耗共同组成，所以

$$\alpha = \alpha_c + \alpha_d \tag{4-1-7(a)}$$

$$\alpha_c = \frac{R}{2Z_0} = \frac{R_s}{2\eta \ln \frac{b}{a}}\left(\frac{1}{a}+\frac{1}{b}\right) \quad (\text{Np/m}) \tag{4-1-7(b)}$$

$$\alpha_d = \frac{1}{2}Z_0 G = \frac{1}{2}Z_0 \omega_c \tan\delta = \frac{k}{2}\tan\delta = \frac{\pi}{\lambda}\tan\delta \quad (\text{Np/m}) \tag{4-1-7(c)}$$

**2. 同轴线的高次模**

对 TE 模和 TM 模，$E_z$ 和 $H_z$ 满足的亥姆霍兹方程与圆波导完全相同，仅边界条件应为 $\boldsymbol{n}\times\boldsymbol{E}|_{r=a,b}=0$，所以同轴线中的 TE 模和 TM 模有解。由于没有 $r=0$ 有限的自然条件限制，所以贝塞尔函数解应为 $AJ_m(k_c r)+BN_m(k_s r)$。经分析可求出同轴线的最低阶高次

模为 $TE_{11}$ 模，其截止波长为 $\lambda_{c11}=\pi(a+b)$。同轴线的尺寸只要满足 $TE_{11}$ 模的截止条件 $\lambda_{min}>\pi(a+b)$，就可保证一切高次模都不会传输。

**3. 同轴线的应用与尺寸设计**

同轴线是分米波波段传输大功率的理想微波传输线。在这个频段，同轴线尺寸较大，但不笨重，功率容量大。与双导线比不会辐射功率，与波导比尺寸小而轻便，能可靠工作于 TEM 模。另外，在微波各个频段，软同轴电缆能使短距离、小功率、任意方向的不同仪器仪表、装置方便地连通，从而被广泛使用。关于同轴线的尺寸选择，有以下几条原则：

(1) 必须只工作于 TEM 模，确保高次模不会出现。在工作频带内应有

$$a+b<\frac{\lambda_{min}}{\pi} \tag{4-1-8}$$

(2) 同轴线最大功率容量条件可由式(4-1-6(b)) $\frac{\partial P_{br}}{\partial a}=0$ 导出为

$$\frac{b}{a}=1.649 \tag{4-1-9}$$

传输大功率的同轴线尺寸应按式(4-1-9)给出的条件确定。

(3) 同轴线的最小衰减条件应由式(4-1-7(b))按 $\frac{d\alpha_c}{da}=0$ 导出为

$$\frac{b}{a}=3.591 \tag{4-1-10}$$

为获得最大 $Q$ 值，同轴谐振腔的尺寸应按式(4-1-10)设计。

常用的标准同轴线兼顾损耗和功率容量，如 $Z_0=50\ \Omega$ 的空气同轴线，$\frac{b}{a}=2.3$。实际上同轴线已制造成标准系列尺寸，应按实际要求根据上述几条原则选定。同轴线中加入介质可使结构牢固，尺寸减小，波长变短，也可提高 $E_{br}$。对于有介质的同轴线，式(4-1-8)中的 $\lambda_{min}=\frac{\lambda_{1min}}{\sqrt{\varepsilon_r}}$，$\lambda_{1min}{}'$为空气中的最小工作波长。

## 4.1.2　带状线

带状线的结构如图 4-1-2 所示，其原始参数为 $W$、$b$、$t$、$\sigma$、$\varepsilon_r$、$\tan\delta$、$\mu_0$。嵌入介质中间宽度为 $W$、厚度为 $t$ 的导体板作为导带。相距 $b$ 且由介质分开的两块导体导板称为地板。地板宽度 $a$ 应比导带宽 8 倍以上。

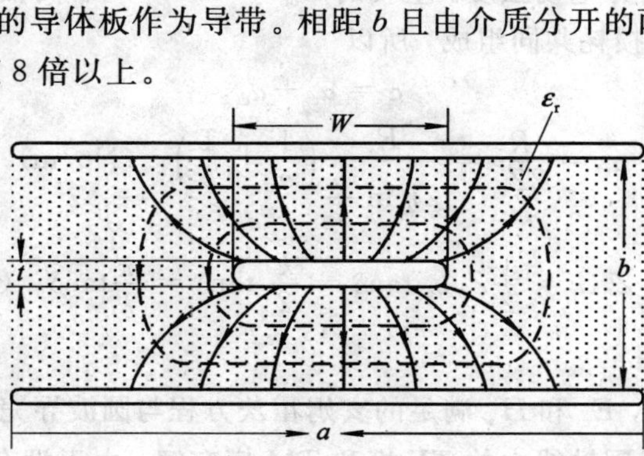


图 4-1-2　带状线和结构与 TEM 模

带状线的工作模式为 TEM 模，横截面电磁力线分布如图 4-1-2 所示。带状线也可以传输 TE 和 TM 波导模。为了使带状线只工作于 TEM 模，其尺寸应满足：

$$b < \frac{\lambda_{\min}}{2\sqrt{\varepsilon_r}} \quad 和 \quad W < \frac{\lambda_{\min}}{2\sqrt{\varepsilon_r}} \tag{4-1-11}$$

带状线的特性阻抗为

$$Z_0 = \sqrt{\frac{L}{C}} = \frac{\sqrt{LC}}{C} = \frac{1}{v_p c} \tag{4-1-12}$$

式中，$v_p$ 为 TEM 模相速，它等于介质中的光速。式(4-1-12)表示，只需计算单位长度的分布电容，便可确定特性阻抗。精确计算 $C$ 的方法是保角变换法。求出的 $Z_0$ 表达式中含有椭圆积分，应用不方便。实际应用中近似计算中心导体对接地板的两个平板电容和四个角的边缘电容为

$$\begin{cases} C_0 = 2\dfrac{\varepsilon W}{\dfrac{b-t}{2}} = 4\dfrac{\varepsilon \omega}{b-t} \\ 4C_f = \left(0.441\dfrac{b\varepsilon}{b}\right)\times 4 \end{cases} \tag{4-1-13}$$

代入式(4-1-12)可得：

$$Z_0 = \frac{30\pi}{\sqrt{\varepsilon_r}}\frac{b}{W_e + 0.441b} \tag{4-1-14(a)}$$

式中，$W_e$ 为有效导体宽度，即

$$W_e = W - \Delta W \tag{4-1-14(b)}$$

$$\frac{\Delta W}{b} = \begin{cases} 0 & \dfrac{W}{b} > 0.35 \\ \left(0.35 - \dfrac{W}{b}\right)^2 & \dfrac{W}{b} < 0.35 \end{cases} \tag{4-1-14(c)}$$

为了设计出满足特性阻抗要求的带状线尺寸，应取

$$\frac{W}{b} = \begin{cases} x & \sqrt{\varepsilon_r}Z_0 > 120\ \Omega \\ 0.85 - \sqrt{0.6} - x & \sqrt{\varepsilon_r}Z_0 \leqslant 120\ \Omega \end{cases} \tag{4-1-15(a)}$$

$$x = \frac{30\pi}{\sqrt{\varepsilon_r}Z_0} - 0.441 \tag{4-1-15(b)}$$

实际工作中，一般直接查设计表或已绘制好的 $Z_0$ 和$\dfrac{W}{b}$的关系曲线。一种常用的典型设计曲线如图 4-1-3 所示。

带状线的传播常数：

$$\begin{cases} \gamma = \alpha + \mathrm{j}\beta \\ \alpha = \alpha_c + \alpha_d \\ \alpha_d = \dfrac{\pi}{\lambda}\tan\delta\ (\mathrm{Np/m}) \end{cases} \tag{4-1-16}$$

$\alpha_c$ 由于电流分布不均匀难于简单计算，一般用增量电感法导出铜的 $\alpha_c$ 并绘成专用曲线。实际的导体若不是铜，则用该导体的密度和铜的密度的差别进行适当修正。相移常数 $\beta=\dfrac{2\pi}{\lambda}$，

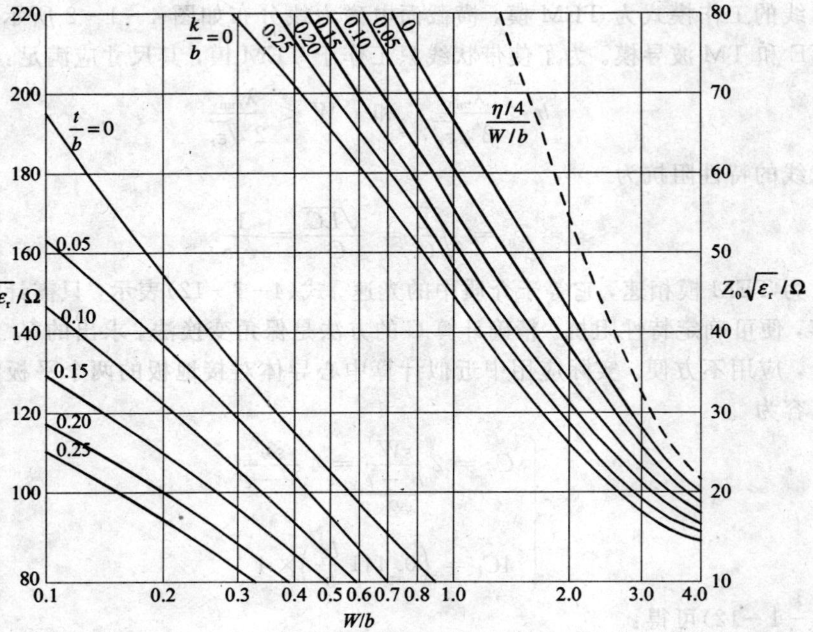


图 4-1-3　带状线特性阻抗与 $W$、$b$、$t$ 的关系曲线

$\lambda=\frac{\lambda_1}{\sqrt{\varepsilon_r}}$，其中 $\lambda_1$ 为空气中波长。

为了提高功率容量，实用中把中心导体四个尖角修成光滑圆弧形状。

带状线的主要优点是尺寸小，结构牢靠，抗冲击振动，用于制作性能优良的无源元件（如滤波器、定向耦合器等）时工作稳定，可靠性好，在导弹、卫星、飞船等快速飞行器中得到了广泛应用。由于内导体嵌在介质中间，不便于和其他元器件连接，因此限制了在有源电路中的应用。

## 4.1.3　微带线

微带线的结构如图 4-1-4 所示，其尺寸参数为导带宽度 $W$、导带厚度 $t$、介质厚度 $h$，介质参数有 $\varepsilon_r$、$\tan\delta$、$\mu_0$ 及空气的 $\varepsilon$。地板宽度 $a\gg W$。如果微带电路放在屏蔽盒中，则盒内高度 $H\gg h$。

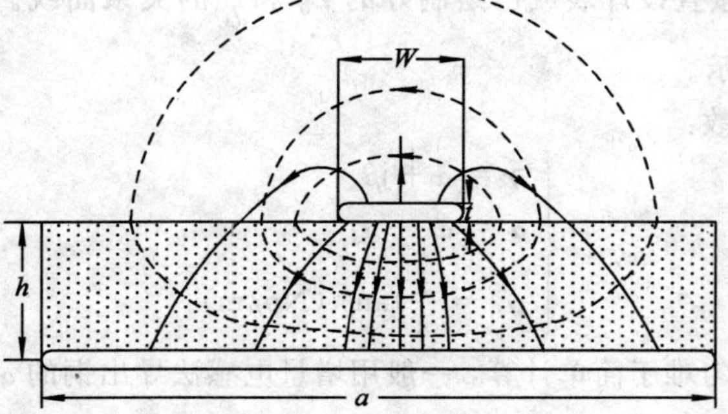


图 4-1-4　微带的结构与准 TEM 模

微带线的导体带上电流在介质和空气中都会产生电磁场。它是混合介质传输线。在空气和介质的交界面上的边界条件要求 $E_z \neq 0$，$H_z \neq 0$，所以微带线不会工作在理想的纯 TEM 模。实际微带线的 $h$ 很小，介质中集中了绝大部分电场，满足关系 $E_t \gg E_z$，$H_t \gg H_z$，微带线工作于一种接近 TEM 模的准 TEM 模，其截面电磁场力线分布如图 4－1－4 所示。

微带线也可以传输 TE 和 TM 模，还有介质和空气交界面支持的表面波模。为抑制这些干扰模式，微带线的尺寸应满足：

$$\begin{cases} h < \dfrac{\lambda_{\min}}{2\sqrt{\varepsilon_r}} \\ W + 0.4h < \dfrac{\lambda_{\min}}{2\sqrt{\varepsilon_r}} \\ h < \dfrac{\lambda_{\min}}{4\sqrt{\varepsilon_r - 1}} \end{cases} \tag{4-1-17}$$

准 TEM 模的特性阻抗为

$$Z_0 \approx \frac{1}{v_p C_1} = \frac{Z_{01}}{\sqrt{\varepsilon_e}} \tag{4-1-18}$$

式中，$Z_{01}$ 为空气微带线的特性阻抗，$\varepsilon_e$ 为有效介电常数。$\varepsilon_e$ 的意义是：用一种假想的均匀介质填满地板以上的全空间来代替空气和介质这两种实际介质，以保持工作模式的 $v_p$ 和 $\lambda$ 不变，该均匀介质的介电常数就是 $\varepsilon_e$，可以确定 $1 < \varepsilon_e < \varepsilon_r$。$\varepsilon_e$ 的计算公式为

$$\varepsilon_e = 1 + q_e(\varepsilon_r - 1) \tag{4-1-19}$$

填充系数 $q_e$ 的物理意义是：表示介质在影响传输特性中所占的比重，与尺寸有关：

$$q_e = \frac{\varepsilon_e - 1}{\varepsilon_r - 1} = \frac{1}{2}\left[1 + \left(1 + 10\frac{h}{W}\right)^{-\frac{1}{2}}\right] \tag{4-1-20}$$

分析和设计微带线的主要任务是找出 $W$、$h$、$t$、$\varepsilon_r$ 和特性阻抗 $Z_0$ 之间的精确关系式。一种可用的关系式为

$$Z_0 = \begin{cases} \dfrac{60}{\sqrt{\varepsilon_e}} \ln\left(\dfrac{\delta h}{W} + 0.25\dfrac{W}{h}\right) & (4-1-21(\text{a})) \\ \dfrac{120\pi}{\sqrt{\varepsilon_e}} \dfrac{1}{\left[\dfrac{W}{h} + 1.39 + 0.667\ln\left(\dfrac{W}{h} + 1.444\right)\right]} & (4-1-21(\text{b})) \end{cases}$$

式(4－1－21(a))中：

$$\varepsilon_e = \frac{\varepsilon_r + 1}{2} + \frac{\varepsilon_r - 1}{2}\left[\left(2 + \frac{12h}{W}\right) + 0.04\left(1 - \frac{W}{h}\right)^2\right] \qquad \frac{W}{h} \leqslant 1$$

式(4－1－21(b))中：

$$\varepsilon_e = \frac{\varepsilon_r + 1}{2} + \frac{\varepsilon_r - 1}{2}\left[\left(1 + \frac{12h}{W}\right)^{-\frac{1}{2}}\right] \qquad \frac{W}{h} > 1$$

由 $Z_0$ 求 $\dfrac{W}{h}$ 的公式为

$$\frac{W}{h} = \begin{cases} \dfrac{8e^A}{e^{2A} - 2} & (4-1-22(\text{a})) \\ \dfrac{2}{\pi}\left\{B - 1 - \ln(2B - 1) + \dfrac{\varepsilon_r + 1}{2\varepsilon_r}\left[\ln(B - 1) + 0.39 - \dfrac{0.61}{\varepsilon_r}\right]\right\} & (4-1-22(\text{b})) \end{cases}$$

式(4-1-22(a))中

$$A=\frac{Z_0}{60}\sqrt{\frac{\varepsilon_r+1}{2}}+\frac{\varepsilon_r-1}{\varepsilon_r+1}\left(0.23+\frac{0.11}{\varepsilon_r}\right) \quad \frac{W}{h}\leqslant 2$$

式(4-1-22(b))中

$$B=\frac{377\pi}{2Z_0\sqrt{\varepsilon_r}} \quad \frac{W}{h}>2$$

在实际工作中，对我国常用的聚四氟乙烯纤维板($\varepsilon_r=2.25$)和氧化铝陶瓷($\varepsilon_r=9.6$)都有更方便和更完整的数据表格使用，如表 4-1-1 所示。根据已知的 $Z_0$ 和 $\varepsilon_r$ 可直接查表得出$\frac{W}{h}$，也可由 $\varepsilon_r$ 和$\frac{W}{h}$直接查表得出 $\varepsilon_e$ 和 $Z_0$。知道了 $\varepsilon_e$，则相速和波长分别为

$$v_p=\frac{1}{\sqrt{\varepsilon_e}}\times 3\times 10^8\ \text{m/s} \tag{4-1-23}$$

$$\lambda=\frac{\lambda}{\sqrt{\varepsilon_e}} \tag{4-1-24}$$

**表 4-1-1 微带线的特性阻抗数据**

| $W/h$ | $\varepsilon_r=2.55$ | | | | | | $\varepsilon_r=9.6$ | | | | | |
|---|---|---|---|---|---|---|---|---|---|---|---|---|
| | $t/h=0$ | | $t/h=0.01$ | | $t/h=0.10$ | | $t/h=0$ | | $t/h=0.01$ | | $t/h=0.10$ | |
| | $Z_0(\Omega)$ | $\varepsilon_e$ | $Z_0(\Omega)$ | $\varepsilon_e$ | $Z_0(\Omega)$ | $\varepsilon_e$ | $Z_0(\Omega)$ | $\varepsilon_e$ | $Z_0(\Omega)$ | $\varepsilon_e$ | $Z_0(\Omega)$ | $\varepsilon_e$ |
| 0.100 | 192.25 | 1.87 | 190.51 | 1.87 | 158.16 | 1.90 | 108.90 | 5.83 | 107.89 | 5.84 | 89.12 | 5.97 |
| 0.200 | 160.88 | 1.89 | 156.57 | 1.90 | 138.73 | 1.92 | 90.69 | 5.96 | 88.19 | 5.98 | 77.88 | 6.08 |
| 0.300 | 142.62 | 1.91 | 139.72 | 1.91 | 126.83 | 1.93 | 80.12 | 6.06 | 78.45 | 6.07 | 71.00 | 6.15 |
| 0.400 | 129.75 | 1.93 | 127.58 | 1.93 | 117.50 | 1.94 | 72.69 | 6.13 | 71.44 | 6.15 | 65.63 | 6.22 |
| 0.500 | 119.84 | 1.94 | 118.10 | 1.94 | 109.86 | 1.95 | 66.98 | 6.20 | 65.98 | 6.22 | 61.24 | 6.28 |
| 0.600 | 111.80 | 1.95 | 110.36 | 1.95 | 103.41 | 1.96 | 62.36 | 6.27 | 61.53 | 6.28 | 57.53 | 6.34 |
| 0.700 | 105.06 | 1.96 | 103.84 | 1.96 | 97.84 | 1.97 | 58.48 | 6.33 | 57.78 | 6.34 | 54.33 | 6.40 |
| 0.800 | 99.28 | 1.97 | 98.21 | 1.97 | 92.96 | 1.98 | 55.16 | 6.38 | 54.55 | 6.39 | 51.53 | 6.45 |
| 0.900 | 94.23 | 1.98 | 93.29 | 1.98 | 88.62 | 1.99 | 52.26 | 6.44 | 51.72 | 6.45 | 49.04 | 6.51 |
| 1.000 | 89.41 | 1.99 | 88.61 | 1.99 | 84.58 | 2.00 | 49.50 | 6.49 | 49.04 | 6.50 | 46.73 | 6.56 |
| 1.100 | 85.56 | 2.00 | 84.84 | 2.00 | 81.16 | 2.01 | 47.29 | 6.55 | 46.87 | 6.56 | 44.77 | 6.61 |
| 1.200 | 82.06 | 2.01 | 81.39 | 2.01 | 78.02 | 2.02 | 45.28 | 6.60 | 44.90 | 6.61 | 42.97 | 6.66 |
| 1.300 | 78.85 | 2.02 | 78.24 | 2.02 | 75.13 | 2.03 | 43.45 | 6.64 | 43.10 | 6.65 | 41.33 | 6.70 |
| 1.400 | 75.90 | 2.03 | 75.33 | 2.03 | 72.46 | 2.04 | 41.76 | 6.69 | 41.44 | 6.70 | 39.81 | 6.74 |
| 1.500 | 73.17 | 2.03 | 72.65 | 2.03 | 69.99 | 2.04 | 40.21 | 6.73 | 39.91 | 6.74 | 38.40 | 6.79 |
| 1.600 | 70.65 | 2.04 | 70.16 | 2.04 | 67.69 | 2.05 | 38.77 | 6.77 | 38.50 | 6.78 | 37.10 | 6.83 |
| 1.700 | 68.30 | 2.05 | 67.85 | 2.05 | 65.54 | 2.06 | 37.44 | 6.81 | 37.19 | 6.82 | 35.88 | 6.86 |
| 1.800 | 66.11 | 2.05 | 65.69 | 2.06 | 63.54 | 2.06 | 36.20 | 6.85 | 35.96 | 6.86 | 34.74 | 6.90 |

**续表一**

| $W/h$ | $\varepsilon_r=2.55$ | | | | | | $\varepsilon_r=9.6$ | | | | | |
|---|---|---|---|---|---|---|---|---|---|---|---|---|
| | $t/h=0$ | | $t/h=0.01$ | | $t/h=0.10$ | | $t/h=0$ | | $t/h=0.01$ | | $t/h=0.10$ | |
| | $Z_0(\Omega)$ | $\varepsilon_e$ | $Z_0(\Omega)$ | $\varepsilon_e$ | $Z_0(\Omega)$ | $\varepsilon_e$ | $Z_0(\Omega)$ | $\varepsilon_e$ | $Z_0(\Omega)$ | $\varepsilon_e$ | $Z_0(\Omega)$ | $\varepsilon_e$ |
| 1.900 | 64.07 | 2.06 | 63.67 | 2.06 | 61.66 | 2.07 | 35.05 | 6.89 | 34.82 | 6.90 | 33.68 | 6.93 |
| 2.000 | 62.15 | 2.07 | 61.79 | 2.07 | 59.89 | 2.08 | 33.96 | 6.93 | 33.76 | 6.93 | 32.69 | 6.97 |
| 2.100 | 60.36 | 2.07 | 60.01 | 2.08 | 58.23 | 2.08 | 32.95 | 6.96 | 32.75 | 6.97 | 31.75 | 7.00 |
| 2.200 | 58.67 | 2.08 | 58.34 | 2.08 | 56.66 | 2.09 | 32.00 | 6.99 | 31.81 | 7.00 | 30.87 | 7.03 |
| 2.300 | 57.07 | 2.09 | 56.77 | 2.09 | 55.17 | 2.09 | 31.10 | 7.02 | 30.93 | 7.03 | 30.03 | 7.06 |
| 2.400 | 55.57 | 2.09 | 55.28 | 2.09 | 53.77 | 2.10 | 30.25 | 7.06 | 30.09 | 7.06 | 29.25 | 7.09 |
| 2.500 | 54.15 | 2.10 | 53.87 | 2.10 | 52.44 | 2.10 | 29.46 | 7.09 | 29.30 | 7.09 | 28.50 | 7.12 |
| 2.550 | 53.46 | 2.10 | 53.19 | 2.10 | 51.80 | 2.11 | 29.07 | 7.10 | 28.92 | 7.11 | 28.14 | 7.14 |
| 2.600 | 52.80 | 2.10 | 52.53 | 2.10 | 51.18 | 2.11 | 28.70 | 7.11 | 28.55 | 7.12 | 27.79 | 7.15 |
| 2.650 | 52.15 | 2.10 | 51.89 | 2.11 | 50.57 | 2.11 | 28.33 | 7.13 | 28.19 | 7.13 | 27.45 | 7.16 |
| 2.700 | 51.52 | 2.11 | 51.27 | 2.11 | 49.98 | 2.11 | 27.98 | 7.14 | 27.84 | 7.15 | 27.12 | 7.18 |
| 2.750 | 50.90 | 2.11 | 50.66 | 2.11 | 49.40 | 2.12 | 27.64 | 7.16 | 27.50 | 7.16 | 26.80 | 7.19 |
| 2.800 | 50.30 | 2.11 | 50.06 | 2.11 | 48.84 | 2.12 | 27.30 | 2.17 | 27.17 | 7.18 | 26.48 | 7.20 |
| 2.850 | 49.71 | 2.11 | 49.48 | 2.12 | 48.29 | 2.12 | 26.97 | 7.18 | 26.84 | 7.19 | 26.17 | 7.22 |
| 2.900 | 49.14 | 2.12 | 48.92 | 2.12 | 47.75 | 2.12 | 26.65 | 7.20 | 26.53 | 7.20 | 25.87 | 7.23 |
| 2.950 | 48.58 | 2.12 | 48.36 | 2.12 | 47.22 | 2.13 | 26.34 | 7.21 | 26.22 | 7.22 | 25.58 | 7.24 |
| 3.000 | 48.04 | 2.12 | 47.82 | 2.12 | 46.71 | 2.13 | 26.03 | 7.22 | 25.91 | 7.23 | 25.29 | 7.26 |
| 3.050 | 47.51 | 2.12 | 47.30 | 2.12 | 46.20 | 2.13 | 25.74 | 7.24 | 25.62 | 7.24 | 25.01 | 7.27 |
| 3.100 | 46.98 | 2.13 | 46.78 | 2.13 | 45.71 | 2.13 | 25.45 | 7.25 | 25.33 | 7.25 | 24.74 | 7.28 |
| 3.150 | 46.48 | 2.13 | 46.28 | 2.13 | 45.23 | 2.13 | 25.16 | 7.26 | 25.05 | 7.27 | 24.47 | 7.29 |
| 3.200 | 45.98 | 2.13 | 45.78 | 2.13 | 44.76 | 2.14 | 24.89 | 7.27 | 24.78 | 7.28 | 24.21 | 7.30 |
| 3.250 | 45.49 | 2.13 | 45.30 | 2.13 | 44.30 | 2.14 | 24.61 | 7.29 | 24.51 | 7.29 | 23.95 | 7.32 |
| 3.300 | 45.02 | 2.13 | 44.83 | 2.14 | 43.85 | 2.14 | 24.35 | 7.30 | 24.25 | 7.30 | 23.70 | 7.33 |
| 3.350 | 44.55 | 2.14 | 44.37 | 2.14 | 43.41 | 2.14 | 24.09 | 7.31 | 23.99 | 7.31 | 23.46 | 7.34 |
| 3.400 | 44.10 | 2.14 | 43.92 | 2.14 | 42.98 | 2.14 | 23.84 | 7.32 | 23.74 | 7.33 | 23.22 | 7.35 |
| 3.450 | 43.65 | 2.14 | 43.47 | 2.14 | 42.56 | 2.15 | 23.59 | 7.33 | 23.49 | 7.34 | 22.98 | 7.36 |
| 3.500 | 43.21 | 2.14 | 43.04 | 2.14 | 42.14 | 2.15 | 23.35 | 7.34 | 23.25 | 7.35 | 22.75 | 7.37 |
| 3.550 | 42.79 | 2.15 | 42.62 | 2.15 | 41.74 | 2.15 | 23.11 | 7.35 | 23.01 | 7.36 | 22.53 | 7.38 |

**续表二**

| W/h | $\varepsilon_r=2.55$ | | | | | | $\varepsilon_r=9.6$ | | | | | |
|---|---|---|---|---|---|---|---|---|---|---|---|---|
| | $t/h=0$ | | $t/h=0.01$ | | $t/h=0.10$ | | $t/h=0$ | | $t/h=0.01$ | | $t/h=0.10$ | |
| | $Z_0(\Omega)$ | $\varepsilon_e$ | $Z_0(\Omega)$ | $\varepsilon_e$ | $Z_0(\Omega)$ | $\varepsilon_e$ | $Z_0(\Omega)$ | $\varepsilon_e$ | $Z_0(\Omega)$ | $\varepsilon_e$ | $Z_0(\Omega)$ | $\varepsilon_e$ |
| 3.600 | 42.37 | 2.15 | 42.20 | 2.15 | 41.34 | 2.15 | 22.88 | 7.37 | 22.78 | 7.37 | 22.30 | 7.39 |
| 3.650 | 41.96 | 2.15 | 41.79 | 2.15 | 40.95 | 2.15 | 22.65 | 7.38 | 22.56 | 7.38 | 22.09 | 7.40 |
| 3.700 | 41.55 | 2.15 | 41.40 | 2.15 | 40.57 | 2.16 | 22.42 | 7.39 | 22.34 | 7.39 | 21.88 | 7.41 |
| 3.750 | 41.16 | 2.15 | 41.00 | 2.15 | 40.19 | 2.16 | 22.21 | 7.40 | 22.12 | 7.40 | 21.67 | 7.42 |
| 3.800 | 40.77 | 2.16 | 40.62 | 2.16 | 39.82 | 2.16 | 21.99 | 7.41 | 21.91 | 7.41 | 21.46 | 7.44 |
| 3.850 | 40.39 | 2.16 | 40.24 | 2.16 | 39.46 | 2.16 | 21.78 | 7.42 | 21.70 | 7.42 | 21.26 | 7.45 |
| 3.900 | 40.02 | 2.16 | 39.88 | 2.16 | 39.11 | 2.16 | 21.57 | 7.43 | 21.49 | 7.43 | 21.07 | 7.46 |
| 3.950 | 39.66 | 2.16 | 39.51 | 2.16 | 38.76 | 2.17 | 21.37 | 7.44 | 21.29 | 7.44 | 20.87 | 7.47 |
| 4.000 | 39.30 | 2.16 | 39.16 | 2.16 | 38.42 | 2.17 | 21.17 | 7.45 | 21.09 | 7.45 | 20.69 | 7.48 |
| 4.050 | 38.95 | 2.16 | 38.81 | 2.17 | 38.08 | 2.17 | 20.98 | 7.46 | 20.90 | 7.46 | 20.50 | 7.49 |
| 4.100 | 38.60 | 2.17 | 38.47 | 2.17 | 37.75 | 2.17 | 20.79 | 7.47 | 20.71 | 7.47 | 20.32 | 7.49 |
| 4.150 | 38.26 | 2.17 | 38.13 | 2.17 | 37.43 | 2.17 | 20.60 | 7.48 | 20.53 | 7.48 | 20.14 | 7.50 |
| 4.200 | 37.93 | 2.17 | 37.80 | 2.17 | 37.11 | 2.17 | 20.42 | 7.49 | 20.34 | 7.49 | 19.96 | 7.51 |
| 4.250 | 37.61 | 2.17 | 37.48 | 2.17 | 36.80 | 2.18 | 20.24 | 7.50 | 20.16 | 7.50 | 19.79 | 7.52 |
| 4.300 | 37.28 | 2.17 | 37.16 | 2.17 | 36.49 | 2.18 | 20.06 | 7.51 | 19.99 | 7.51 | 19.62 | 7.53 |
| 4.350 | 36.97 | 2.17 | 36.84 | 2.18 | 36.19 | 2.18 | 19.88 | 7.52 | 19.81 | 7.52 | 19.45 | 7.54 |
| 4.400 | 36.66 | 2.18 | 36.54 | 2.18 | 35.90 | 2.18 | 19.71 | 7.53 | 19.64 | 7.53 | 19.29 | 7.55 |
| 4.450 | 36.36 | 2.18 | 36.24 | 2.18 | 35.60 | 2.18 | 19.54 | 7.54 | 19.48 | 7.54 | 19.13 | 7.56 |
| 4.500 | 36.06 | 2.18 | 35.94 | 2.18 | 35.32 | 2.18 | 19.38 | 7.55 | 19.31 | 7.55 | 18.97 | 7.57 |
| 4.550 | 35.76 | 2.18 | 35.65 | 2.18 | 35.04 | 2.19 | 19.22 | 7.55 | 19.15 | 7.56 | 18.82 | 7.58 |
| 4.600 | 35.47 | 2.18 | 35.36 | 2.18 | 34.76 | 2.19 | 19.06 | 7.56 | 18.99 | 7.57 | 18.66 | 7.59 |
| 4.650 | 35.19 | 2.18 | 35.08 | 2.19 | 34.49 | 2.19 | 18.90 | 7.57 | 18.84 | 7.58 | 18.51 | 7.59 |
| 4.700 | 34.91 | 2.19 | 34.80 | 2.19 | 34.22 | 2.19 | 18.75 | 7.58 | 18.68 | 7.58 | 18.36 | 7.60 |
| 4.750 | 34.63 | 2.19 | 34.52 | 2.19 | 33.95 | 2.19 | 18.59 | 7.59 | 18.53 | 7.59 | 18.22 | 7.61 |
| 4.800 | 34.36 | 2.19 | 34.26 | 2.19 | 33.69 | 2.19 | 18.44 | 7.60 | 18.39 | 7.60 | 18.08 | 7.62 |
| 4.850 | 34.10 | 2.19 | 33.99 | 2.19 | 33.44 | 2.19 | 18.30 | 7.61 | 18.24 | 7.61 | 17.94 | 7.63 |
| 4.900 | 33.83 | 2.19 | 33.73 | 2.19 | 33.19 | 2.20 | 18.15 | 7.62 | 18.10 | 7.62 | 17.80 | 7.64 |
| 4.950 | 33.58 | 2.19 | 33.47 | 2.19 | 32.94 | 2.20 | 18.01 | 7.62 | 17.96 | 7.63 | 17.66 | 7.64 |
| 5.000 | 33.32 | 2.20 | 33.22 | 2.20 | 32.69 | 2.20 | 17.87 | 7.63 | 17.82 | 7.64 | 17.53 | 7.65 |

微带线损耗也由导体损耗和介质损耗两部分构成，即

$$\alpha = \alpha_c + \alpha_d \tag{4-1-25}$$

$$\alpha_d = \frac{\pi\varepsilon_r}{\lambda\sqrt{\varepsilon_e}}\frac{\varepsilon_e - 1}{\varepsilon_r - 1}\tan\delta \quad (\text{Np/m}) \tag{4-1-26}$$

$\alpha_c$ 可由用于增量电感法计算的专用曲线查出。

当频率升高时，微带线发生色散现象，$\varepsilon_e$ 变成频率的函数。为了防止色散严重使传输线特性变坏，应使工作频率小于临界频率 $f_T$：

$$f_T = \frac{150}{\pi h}\sqrt{\frac{2}{\varepsilon_r - 1}}\,\text{arctan}\varepsilon_r \quad (\text{GHz}) \tag{4-1-27}$$

式中，$h$ 的单位为 mm。

微带线由于导带裸露于介质表面，易和其他微波元器件连接成功能电路块。在小功率设备中，使用微带线可缩小微波电路尺寸，降低成本，提高稳定性和可靠性，从而获得了广泛应用。

### 4.1.4　传输线 TEM 模式的特性

(1) 相速 $v_p$ 等于媒质中的光速，无色散。

(2) 截止频率为零。

(3) 只能在多导体微波传输线中存在。

(4) 波阻抗 $\eta=\sqrt{\frac{\mu_0}{\varepsilon}}=\frac{120\pi}{\sqrt{\varepsilon_r}}\ \Omega$，特性阻抗 $Z_0=\frac{1}{v_p C}$。

(5) 横截面上 $U=\int \boldsymbol{E}\cdot d\boldsymbol{l}$，$I=\oint \boldsymbol{H}\cdot d\boldsymbol{l}$，为唯一确定值。

(6) 电磁场结构为准静态分布(类似于静态场)。

## 思考练习题

1. 同轴线、带状线、微带线各自都能传输什么模式？工作模式是什么？如何保证只工作于主模？

2. 空气同轴线和 $\varepsilon_r=2.25$ 的介质同轴线尺寸相同，其工作频率范围、性能有什么异同？

3. 分别计算 $\varepsilon_r=2.25$，特性阻抗为 50 Ω、100 Ω、150 Ω，$b=8$ mm 的带状线($t\approx 0$)的 $W$。

4. 微带线特性阻抗为 100 Ω，$\varepsilon_r=2.25$、9.6、16，$h=1$ mm，分别计算$\frac{W}{h}$、$\varepsilon_e$ 及 $\lambda_e$。

5. 已确定$\frac{W}{h}=2.0$，求 $\varepsilon_r=2.55$、6、12 时的 $\varepsilon_e$、特性阻抗及 $\lambda$。

## 4.2　耦合传输线与奇偶模参量法

将两条微波传输线靠近放置，使它们之间产生电磁耦合，电压、电流相互影响就构成了耦合传输线。耦合传输线在微波滤波器、定向耦合器及其他微波电路中有着广泛的应用。本节只介绍用得最多的对称耦合线及其分析方法。

### 4.2.1 耦合线方程

图 4-2-1 表示了一对相互耦合的无耗双导线及其 $\Delta z$ 段分布参数等效电路。设两条线上电压、电流分别为 $U_1$、$I_1$ 和 $U_2$、$I_2$，由等效电路可知：

$$\begin{cases}-\dfrac{dU_1}{dz}=j\omega L_{11}I_1+j\omega L_{12}I_2\\ -\dfrac{dU_2}{dz}=j\omega L_{21}I_1+j\omega L_{22}I_2\\ -\dfrac{dI_1}{dz}=j\omega C_{11}U_1+j\omega C_{12}(U_1-U_2)\\ -\dfrac{dI_1}{dz}=j\omega C_{21}(U_2-U_1)+j\omega C_{22}U_2\end{cases}\qquad(4-2-1)$$

式中，$L_{11}$、$C_{11}$ 和 $L_{22}$、$C_{22}$ 为单根线单位长度的分布电感、电容；$L_{12}$ 和 $L_{21}$ 为两根线之间的互电感；$C_{12}$ 和 $C_{21}$ 为两根线之间的互电容。在各向同性媒质中，$L_{12}=L_{21}=L_M$，$C_{12}=C_{21}=C_M$。

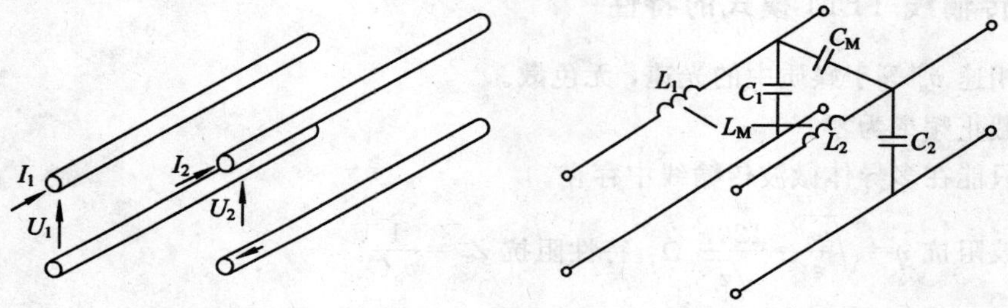


图 4-2-1　耦合传输线与等效电路

最常用的是两根尺寸完全相同的对称耦合线，这时 $L_{11}=L_{22}$，$C_{11}=C_{22}$。令 $L_1=L_{11}$ 为单根线单位长度分布电感，$C_1=C_{11}+C_M$ 为在另一根线存在的条件下，单根线的单位长度的分布电容。定义电感耦合系数和电容耦合系数为

$$\begin{cases}K_L=\dfrac{L_M}{L_1}=\dfrac{L_M}{L_{11}}\\ K_C=\dfrac{C_M}{C_1}=\dfrac{C_M}{C_{11}+C_M}\end{cases}\qquad(4-2-2)$$

对称耦合线方程可写成：

$$\begin{cases}-\dfrac{dU_1}{dz}=j\omega L_1(I_1+K_LI_2)\\ -\dfrac{dU_2}{dz}=j\omega L_1(K_LI_1+I_2)\\ -\dfrac{dI_1}{dz}=j\omega C_1(U_1-K_CU_2)\\ -\dfrac{dI_2}{dz}=j\omega C_1(U_2-K_CU_1)\end{cases}\qquad(4-2-3)$$

这仍然是一个一阶联立方程组，直接求解比较麻烦。用下面介绍的奇偶模参量法可将该方程组转化成我们熟悉的单根传输线方程。

### 4.2.2 奇偶模参量法

这种方法把对称耦合线的一般工作状态分解为两种特殊工作状态。这两种特殊工作状态分别称为偶模和奇模。

(1) 偶模：用等幅同相的两个电压(或电流)分别激励两条单根线时，耦合传输线工作于偶模状态。在这种状态下，耦合线的对应参数 $L_e$、$C_e$、$Z_{0e}$、$\beta_e$、$v_{pe}$、$\lambda_e$ 等都称偶模参数。

(2) 奇模：用等幅反相的两个电压(或电流)分别激励两条单根线时，耦合传输线工作于奇模状态。在这种状态下，耦合线的参数 $L_o$、$C_o$、$Z_{0o}$、$\beta_o$、$v_{po}$、$\lambda_o$ 等统称为奇模参数。

把 $U_1=U_2$，$I_1=I_2$ 分别记为 $U_e$ 和 $I_e$，代入对称耦合线方程组得偶模方程和偶模参数如下：

偶模方程：

$$\begin{cases}-\dfrac{dU_e}{dz}=j\omega L_1(1+K_L)I_e\\[2ex]-\dfrac{dI_e}{dz}=j\omega C_1(1-K_C)U_e\end{cases}\tag{4-2-4}$$

偶模参数：

$$\begin{cases}L_e=(1+K_L)L_1\\[1ex]C_e=(1-K_C)C_1\\[1ex]Z_{0e}=\sqrt{\dfrac{L_e}{C_e}}=\sqrt{\dfrac{L_1(1+K_L)}{C_1(1-K_C)}}=Z_{01}\sqrt{\dfrac{1+K_L}{1-K_C}}\\[2ex]\beta_e=\omega\sqrt{L_1C_1}\sqrt{(1+K_L)(1-K_C)}\\[1ex]v_{pe}=\dfrac{\omega}{\beta_e}\\[2ex]\lambda_e=\dfrac{2\pi}{\beta_e}\end{cases}\tag{4-2-5}$$

式中，$Z_{01}=\sqrt{\dfrac{L_1}{C_1}}$为另一根线存在的条件下，单根线的特性阻抗。

令 $U_0=U_1=-U_2$，$I_0=I_1=-I_2$，将其代入式(4-2-3)可得奇模方程和奇模参数如下：

奇模方程：

$$\begin{cases}-\dfrac{dU_o}{dz}=j\omega L_1(1-K_L)I_o\\[2ex]-\dfrac{dI_o}{dz}=j\omega C_1(1+K_C)U_o\end{cases}\tag{4-2-6}$$

奇模参数：

$$
\begin{cases}
L_o = L_1(1-K_L) \\
C_o = C_1(1+K_C) \\
Z_{0o} = Z_{01}\sqrt{\dfrac{1-K_L}{1+K_C}} \\
\beta_o = \omega\sqrt{L_1C_1}\sqrt{(1-K_L)(1+K_C)} \\
v_{po} = \dfrac{\omega}{\beta_o} \\
\lambda_o = \dfrac{2\pi}{\beta_o}
\end{cases}
\tag{4-2-7}
$$

式(4-2-4)和式(4-2-6)的偶模和奇模方程形式与单根线的传输线方程完全相同，相应的参数也完全对应。这是因为在偶模状态下，对称耦合线的中心对称面与理想磁壁等效；在奇模状态下，中心对称面与理想电壁等效。理想的磁壁和电壁把耦合线分隔成相互独立且对称或反对称的两部分。任何一般工作状态都可等效于奇、偶模状态的组合。设一般工作状态下电压为 $U_1$ 和 $U_2$，令

$$
\begin{aligned}
U_1 &= U_e + U_o \\
U_2 &= U_e - U_o
\end{aligned}
\tag{4-2-8}
$$

只要取 $U_e=\dfrac{U_1+U_2}{2}$ 和 $U_o=\dfrac{U_1-U_2}{2}$，它们是等价的。所以，奇、偶模参量可以表示耦合线的一般特性。

### 4.2.3 耦合带状线

侧面耦合的对称耦合带状线如图 4-2-2(a)所示，其工作模式为纯 TEM 模，必有

$$
v_{pe} = v_{po} = v_p = \frac{1}{\sqrt{\mu\varepsilon}} = \frac{1}{\sqrt{\varepsilon_r}} \times 3 \times 10^8 \text{ m/s}
$$

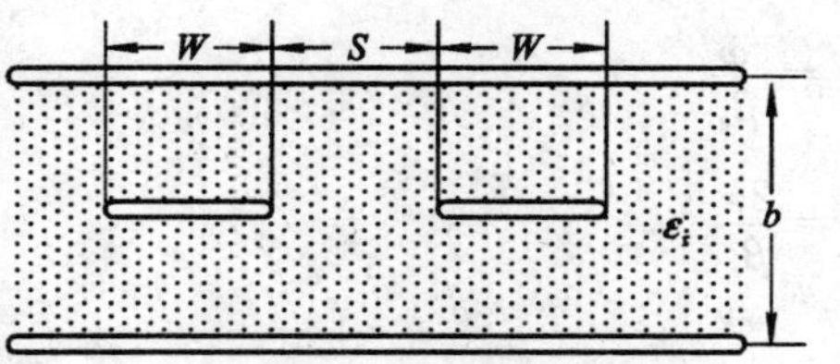


(a) 结构

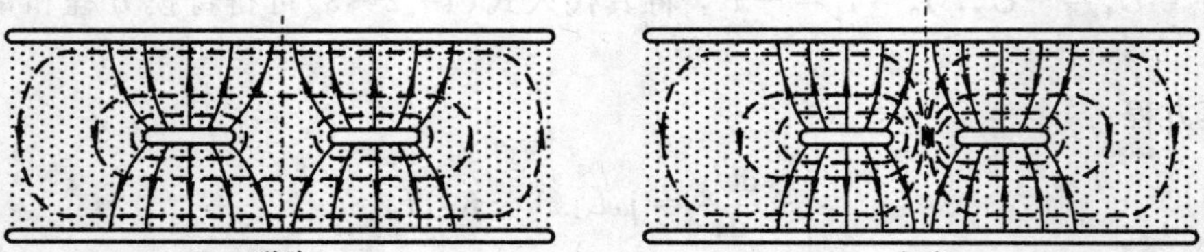


(b) 偶模　　(c) 奇模

图 4-2-2　耦带状线与奇、偶模场分布

结合式(4-2-5)和式(4-2-6)可知，有

$$K_L = K_C = K \tag{4-2-9}$$

$K$ 称为耦合系数，同时有

$$\begin{cases} Z_{0e} = Z_{01}\sqrt{\dfrac{1+K}{1-K}} \\ Z_{0o} = Z_{01}\sqrt{\dfrac{1-K}{1+K}} \end{cases} \tag{4-2-10}$$

和

$$\begin{cases} K = \dfrac{Z_{0e}-Z_{0o}}{Z_{0e}+Z_{0o}} \\ Z_{0e}\cdot Z_{0o} = Z_{01}^2 \end{cases} \tag{4-2-11}$$

耦合线的原始尺寸参数为 $W$、$b$、$S$、$t$。$S$ 为两耦合线的耦合段间距，对耦合系数 $K$ 的影响很大。$K$ 和 $Z_{01}$ 为耦合线的电路特性参数，它们与结构尺寸参数 $\dfrac{W}{b}$、$\dfrac{S}{b}$ 之间的联系桥梁是奇、偶模阻抗 $Z_{0o}$ 和 $Z_{0e}$，即

$$\begin{pmatrix} Z_{01} \\ K \end{pmatrix} \rightleftharpoons \begin{pmatrix} Z_{0e} \\ Z_{0o} \end{pmatrix} \overset{\sqrt{\varepsilon_r}}{\rightleftharpoons} \begin{bmatrix} \dfrac{W}{b} \\ \dfrac{S}{b} \end{bmatrix} \tag{4-2-12}$$

式(4-2-12)清楚地表示出了 $Z_{0e}$ 和 $Z_{0o}$ 在耦合线的设计和分析过程中的作用。

奇、偶参数可由中间对称面为磁壁或电壁的单根线像带状线那样求出。图 4-2-3 的曲线可以根据 $Z_{0e}$ 和 $Z_{0o}$ 及 $\varepsilon_r$ 确定尺寸 $\dfrac{W}{b}$ 和 $\dfrac{S}{b}$，也可由已知的 $\dfrac{W}{b}$ 和 $\dfrac{S}{b}$ 及 $\varepsilon_r$ 直接计算 $Z_{0e}$ 和 $Z_{0o}$。

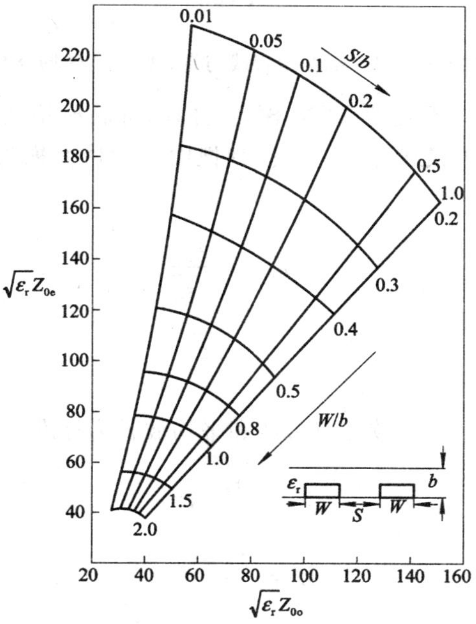


图 4-2-3　侧边耦合的带状线奇、偶模特性阻抗曲线

## 4.2.4 耦合微带线

对称耦合微带线的结构与奇、偶模电磁场分布如图 4-2-4 所示。图中，$S$ 为耦合段两导体带的间距；$W$ 为每个导体带的宽度；$h$ 为介质板厚度。

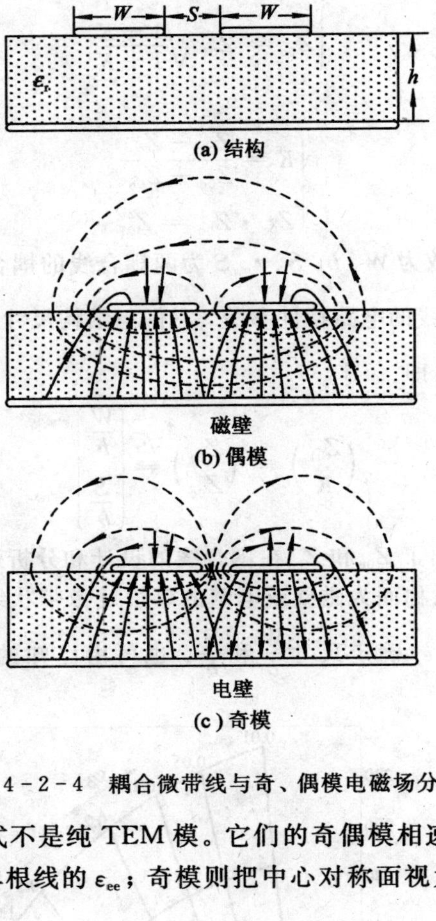

(a) 结构

(b) 偶模

(c) 奇模

图 4-2-4 耦合微带线与奇、偶模电磁场分布

耦合微带线的工作模式不是纯 TEM 模。它们的奇偶模相速不相等。偶模参数应将中心对称面视为磁壁，再求单根线的 $\varepsilon_{ee}$；奇模则把中心对称面视为电壁，再求单根线的 $\varepsilon_{eo}$。偶模和奇模的波长分别为

$$\begin{cases} \lambda_e = \dfrac{\lambda_1}{\sqrt{\varepsilon_{ee}}} \\ \lambda_o = \dfrac{\lambda_1}{\sqrt{\varepsilon_{eo}}} \end{cases} \tag{4-2-13}$$

在确定耦合段长度时，以平均有效介电常数和平均波长为标准：

$$\begin{cases} \bar{\varepsilon}_e = \dfrac{\varepsilon_{ee} + \varepsilon_{eo}}{2} \\ \bar{\lambda} = \dfrac{\lambda_e + \lambda_o}{2} \end{cases} \tag{4-2-14}$$

图 4－2－5 是奇、偶模阻抗和尺寸$\frac{W}{h}$、$\frac{S}{h}$在$\varepsilon_r=10$时的关系曲线。若$\varepsilon_r\neq10$，则可按$\frac{\varepsilon_r}{10}$的关系修正。

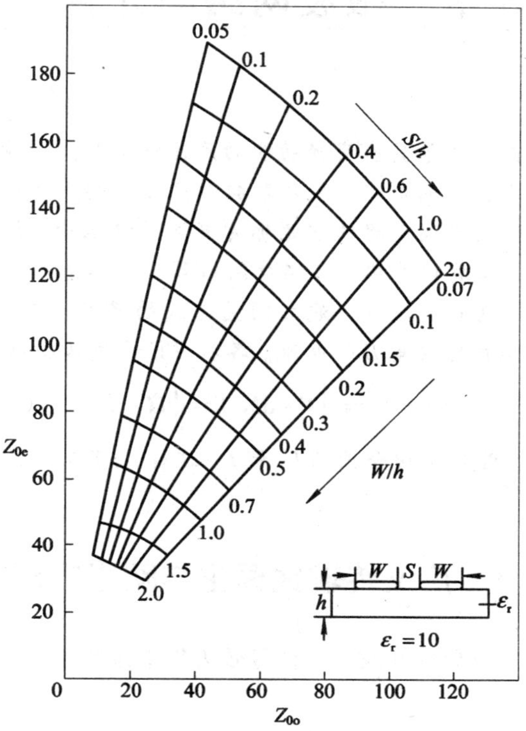


图 4－2－5 耦合微带线的奇、偶模特性阻抗曲线

为了使奇、偶模相速接近以改善耦合线的性能，可在耦合线上再覆盖一片介质板。

## 思考练习题

1. 为什么奇、偶模参量能表示耦合线的一般工作特性？在设计和分析耦合线时，奇、偶模阻抗有什么作用？

2. 何谓奇模和偶模？耦合线在奇、偶模状态下中心对称面各等效什么？

3. 设计耦合系数为 0.25，电长度为$\frac{\lambda}{4}$，输入阻抗 $Z_{01}=60\ \Omega$，介电常数 $\varepsilon_r=2.25$，$b=5$ mm的耦合带状线，确定尺寸 $W$、$S$ 和耦合段长度 $l$。

# 第 5 章　微波网络与元件

微波电路就是把对微波信号具有变换功能的元器件用微波传输线联接起来组成的具有特定功能的电路功能块或把小的电路功能块联接起来组成的更大的系统。一个特定的电路功能块称为一个网络，研究微波电路的理论称为微波网络理论。微波网络按其对外的端口个数可分为一端口网络、二端口网络、三端口网络等。网络特性用网络参数表示。网络参数就是联系端口的电压、电流或归一化波之间关系式的系数。为了建立统一的网络理论，首先要对传输线和网络端口定义电压、电流。各种 TEM 波传输线的电压、电流是唯一确定的，而波导和波导元件中，由于 $U=\int \boldsymbol{E}\cdot \mathrm{d}\boldsymbol{l}$，$I=\oint \boldsymbol{H}\cdot \mathrm{d}\boldsymbol{l}$，因此在横截面内不存在唯一确定值，还需作一些规定才能定义出合理的 $U$ 和 $I$。这样就可以把传输线理论推广到波导中去了。

## 5.1 广义传输线理论与网络的概念

本节讨论波导等效为双导线和波导元件等效为集中参数元件的方法，并在此基础上引入网络概念。

### 5.1.1 广义传输线理论简介

各种微波传输线的结构、用途不同，但它们都具有如下共同点。

(1) 它们都是微波频率电磁能量的导引机构。

(2) 各种微波传输线所导引的电磁波中的电场、磁场和电荷变化都满足麦克斯韦方程组。

(3) 在传播方向上电场、磁场、电压、电流的变化规律相同。

(4) 各种微波传输线都可能因负载和传输线不匹配而产生反射现象并形成驻波。

基于以上各点，只要合理地定义电压和电流即可，每一个传输线都能满足传输方程：

$$\begin{cases} -\dfrac{\mathrm{d}U}{\mathrm{d}z}=ZI \\ -\dfrac{\mathrm{d}I}{\mathrm{d}z}=YU \end{cases} \tag{5-1-1}$$

只不过对不同类型的传输线，$Z$ 和 $Y$ 不同而已。本节重点讨论波导传输线的 $U$ 和 $I$ 的定义方法及 $Z$ 和 $Y$ 的表示式。因此，式(5-1-1)就是适用于一切微波传输线的广义传输线方程。

### 5.1.2 波导等效为双导线

波导中电磁场在横截面的线积分是不唯一的。为了引入等效电压和等效电流的概念，应遵循下列等效条件：

(1) 等效电压应与横向电场成比例，等效电流应与横向磁场成比例。由于不同横向电磁场其等效的电压、电流也各不相同，因此也叫等效模式电压和等效模式电流。依据这一条件，应有：

$$\begin{aligned}\boldsymbol{E}_t(u, v, z) &= \frac{1}{C_1}U(z)\boldsymbol{e}_t(u, v)\\ \boldsymbol{H}_t(u, v, z) &= \frac{1}{C_2}I(z)\boldsymbol{h}_t(u, v)\end{aligned} \tag{5-1-2}$$

(2) 由等效电压、电流计算的传输功率应和波导中电磁波的实际传输功率相等，即

$$\begin{aligned}P(z) &= \frac{1}{2}\mathrm{Re}[U(z)\times I^*(z)]\\ &= \frac{1}{2}\iint \mathrm{Re}(\boldsymbol{E}_t\times \boldsymbol{H}_t^*)\cdot \mathrm{d}S\\ &= \frac{1}{2}\mathrm{Re}[U(z)\times I^*(z)]\frac{1}{C_1C_2}\mathrm{Re}\iint \boldsymbol{e}_t(u, v)\times \boldsymbol{h}_t^*(u, v)\cdot \mathrm{d}\boldsymbol{S}\end{aligned}$$

$$\mathrm{Re}\,\frac{1}{C_1C_2}\iint \boldsymbol{e}_t(u, v)\times \boldsymbol{h}_t^*(u, v)\cdot \mathrm{d}\boldsymbol{S} = 1 \tag{5-1-3}$$

(3) 应定义一个合理的等效特性阻抗 $Z_{eo}$，该等效特性阻抗除了与 $U^+(z)$ 和 $I^+(z)$ 成比例外，最好能准确地把传输线尺寸差异造成的能量反射关系反映出来。对波导而言，应有：

$$Z_{eo} \propto \frac{U^+(z)}{I^+(z)} = \frac{C_1E_t^+}{C_2H_t^+} = \frac{C_1}{C_2}Z_{\mathrm{T}} = gZ_{\mathrm{T}} \tag{5-1-4}$$

其中，$g=\dfrac{C_1}{C_2}$，是一个比例系数。只要 $g$ 是一个统一常数，$Z_{eo}$ 就与特性阻抗性质类似。由式(5-1-3)和式(5-1-4)就能唯一地确定常数 $C_1$ 和 $C_2$，再由式(5-1-2)就可把 $U(z)$ 和 $I(z)$ 唯一地确定。对于最常用的矩形波导 $\mathrm{TE}_{10}$ 模，习惯上规定：

$$\begin{cases}U(z) = \displaystyle\int_0^b E_y\,\mathrm{d}y = bE_0\mathrm{e}^{-\mathrm{j}\beta z}\\ I(z) = \displaystyle\oint H_x\cdot \mathrm{d}x\,|_{y=0} = \int_0^b H_x\cdot \mathrm{d}x = \frac{2a}{\pi}E_0\,\frac{1}{Z_{\mathrm{T}}}\mathrm{e}^{-\mathrm{j}\beta z}\\ Z_{eo} = \dfrac{b}{a}\,\dfrac{\eta}{\sqrt{1-\left(\dfrac{\lambda}{2a}\right)^2}}\end{cases} \tag{5-1-5}$$

这种规定方法显然符合上述各等效条件。

对于波导这种可以传播多种模式的微波传输线，每一个传播模式都可以找到一个等效的双导线。

### 5.1.3　波导等效为双导线的等效分布参数

有了等效电压和等效电流后，等效电压、电流满足的广义传输线方程为

$$\begin{cases}-\dfrac{\mathrm{d}U}{\mathrm{d}z} = +\mathrm{j}\beta U(z) = \mathrm{j}\beta Z_{eo}I(z)\\ -\dfrac{\mathrm{d}I}{\mathrm{d}z} = -\mathrm{j}\beta I(z) = \mathrm{j}\beta\dfrac{1}{Z_{eo}}U(z)\end{cases} \tag{5-1-6}$$

由于 $Z_{eo}=gZ_{\mathrm{T}}$，所以等效双导线的单位长度分布阻抗 $Z$ 和分布电纳 $Y$ 为

$$Z = \mathrm{j}\beta Z_{\mathrm{eo}} = \mathrm{j}\beta g Z_{\mathrm{T}} = \begin{cases} \mathrm{j}\omega g\mu & \text{(TE 模)} \\ \mathrm{j}g\dfrac{\beta^2}{\omega\varepsilon} = \mathrm{j}g\dfrac{k^2-k_c^2}{\omega\varepsilon} & \text{(TM 模)} \end{cases} \tag{5-1-7}$$

$$Y = \frac{\mathrm{j}\beta}{Z_{\mathrm{eo}}} = \frac{\mathrm{j}\beta}{g}\frac{1}{Z_{\mathrm{T}}} = \begin{cases} \mathrm{j}\dfrac{\beta^2}{g\omega\mu} = \mathrm{j}\dfrac{k^2-k_c^2}{g\omega\mu} & \text{(TE 模)} \\ \mathrm{j}\dfrac{\omega\varepsilon}{g} & \text{(TM 模)} \end{cases} \tag{5-1-8}$$

TE 模的等效串联电抗为 $\mathrm{j}\omega g\mu$，串联电感为 $L=g\mu$；等效并联电纳为 $\mathrm{j}\dfrac{k^2-k_c^2}{g\omega\mu}$，该电纳可以用一个等效并联电容 $C=\dfrac{\varepsilon}{g}$ 和并联电感 $L=\dfrac{g\mu}{k_c^2}$ 联合实现。TM 模式的等效串联电抗为 $\mathrm{j}g\dfrac{k^2-k_c^2}{\omega\varepsilon}$，可以用一个串联电感 $L=g\mu$ 和一个串联电容 $C=\dfrac{\varepsilon}{gk_c^2}$ 联合实现；等效并联电纳为 $\mathrm{j}\dfrac{\omega\varepsilon}{g}$，可以用一个并联电容 $\dfrac{\varepsilon}{g}$ 实现。因此可得如图 5-1-1 所示的分布参数等效电路。

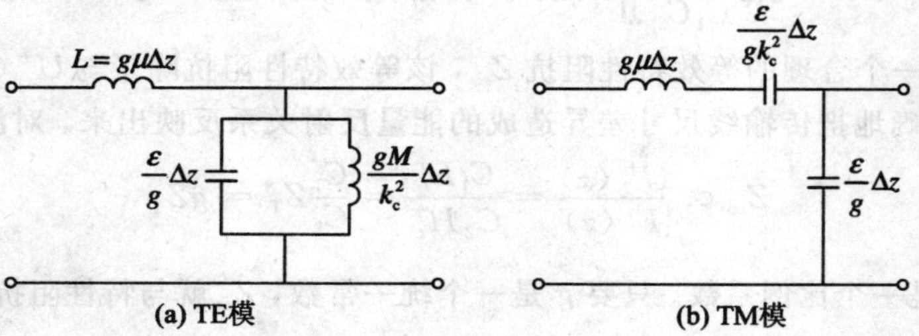


图 5-1-1　波导等效为双导线的分布参数等效电路

## 5.1.4　波导元件等效为集中参数电路

### 1. 一端口元件的等效电路参数

一端口微波元件不管其内部结构如何，对外只有一个连接端口。设端口和波导连接，传输模式为已知主模并按前面介绍的方法规定等效电压和等效电流。末端的元件内部的电磁场分布可根据具体元件结构完全确定。在波导的某一截面处只有向元件方向传输的主模，取此截面为等效电路输入参考面。先作一个较大的假想闭曲面，该曲面包含参考面并完全包围元件(见图 5-1-2(a))。由电磁波理论可知，流入这个闭曲面的功率为

$$-\frac{1}{2}\oiint \boldsymbol{E}\times\boldsymbol{H}^*\cdot\mathrm{d}\boldsymbol{S} = -\frac{1}{2}\iint \boldsymbol{E}_t\times\boldsymbol{H}_t^*\cdot\mathrm{d}\boldsymbol{S} = \frac{1}{2}UI^* \tag{5-1-9}$$

$$\oiint \boldsymbol{E}\times\boldsymbol{H}^*\cdot\mathrm{d}\boldsymbol{S} = \iiint \nabla\cdot(\boldsymbol{E}\times\boldsymbol{H}^*)\cdot\mathrm{d}V$$

$$\begin{aligned} \nabla\cdot\boldsymbol{E}\times\boldsymbol{H}^* &= \boldsymbol{H}^*\cdot\nabla\times\boldsymbol{E} - \boldsymbol{E}\cdot\nabla\times\boldsymbol{H}^* \\ &= \boldsymbol{H}^*\cdot(-\mathrm{j}\omega\mu\boldsymbol{H}) - \boldsymbol{E}\cdot(\sigma E^* - \mathrm{j}\omega\varepsilon E^*) \\ &= -\mathrm{j}\omega\mu H^2 - \sigma E^2 + \mathrm{j}\omega\varepsilon E^2 \\ &= -2P - \mathrm{j}4\left(\frac{1}{4}\mu H^2 - \frac{1}{4}\varepsilon E^2\right) \end{aligned}$$

时谐场的电场和磁场平均能量密度为

$$\omega_e = \frac{1}{4}\varepsilon E^2$$

$$\omega_m = \frac{1}{4}\mu H^2$$

平均单位体积功率损耗为

$$P = \frac{1}{2}\sigma E^2$$

由式(5-1-9)可得出：

$$\frac{1}{2}UI^* = -\frac{1}{2}\iiint \nabla \cdot (\boldsymbol{E} \times \boldsymbol{H}^*) \cdot \mathrm{d}V = P + \mathrm{j}2\omega(W_m - W_e) \qquad (5-1-10)$$

一端口元件的内部损耗功率 $P$、电场总能量 $W_e$ 与磁场总能量 $W_m$ 可由元件内的电磁场分布确定。

在式(5-1-10)中，令 $U=ZI$，可求出参考面处向元件方向的输入阻抗为

$$Z_{in} = \frac{2P}{I^2} + \mathrm{j}\,\frac{4\omega(W_m - W_e)}{I^2}$$

由图 5-1-2(b)所示的等效电路可知，相应的等效集总元件电路参数为

$$\begin{cases} R = \dfrac{2P}{I^2} \\ L = \dfrac{4W_m}{I^2} \\ C = \dfrac{I^2}{4\omega^2 W_e} \end{cases} \qquad (5-1-11)$$

若令式(5-1-10)中的 $I^* = Y^* U^*$，同样可导出图(5-1-2(c))所示的并联等效电路参数为

$$\begin{cases} G = \dfrac{2P}{U^2} \\ C = \dfrac{4W_e}{U^2} \\ L = \dfrac{U^2}{4\omega^2 W_m} \end{cases} \qquad (5-1-12)$$

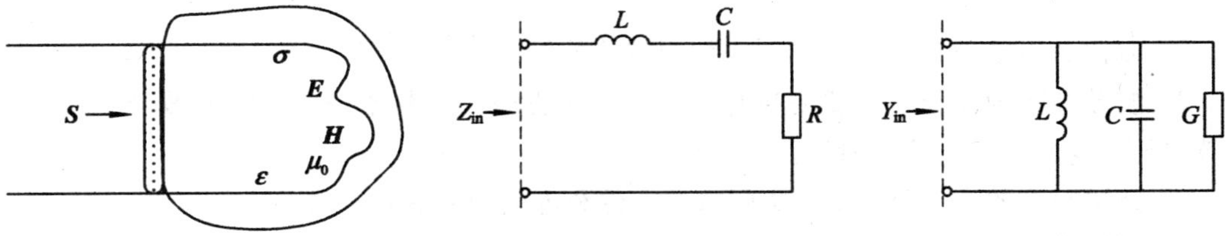

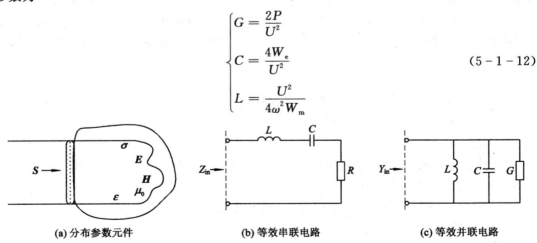

(a) 分布参数元件　　(b) 等效串联电路　　(c) 等效并联电路

图 5-1-2　一端口元件的等效

**2. 二端口以上元件的等效电路参数**

对于二端口以上的分布参数元件，在求其等效电路集总元件参数时，可以把感兴趣端口外的其他端口用已知负载(通常为短路、开路、匹配等)封闭，变成一端口元件，从而确

定一个参数。对每个端口，这样做可确定一组参数。

$n$ 端口元件可求出 $n^2$ 个参数。一般互易元件及相应网络只有 $\frac{n}{2}(n+1)$ 个参数是独立的。

### 5.1.5 微波网络的概念

网络就是具有特定功能的电路单元。如果单元内含有需要供电的元器件，则为有源网络，否则为无源网络。微波元件通常指无源网络的最小单元。简单网络相互联接构成更复杂的网络。微波网络理论就是研究各种网络对信号的反应及变换特性。

一些最简单的微波元件及网络表示如图 5－1－3 所示。

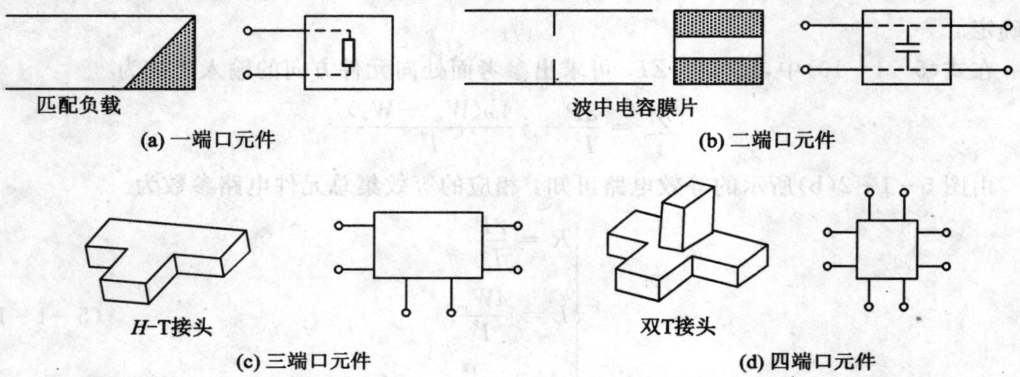


图 5－1－3 微波元件及网络表示

网络特性用参考面的电路基本物理量(电压、电流、归一化波)之间的关系表达式的系数表示，称为网络参数。网络参数是分析网络电路特性的基本依据。微波网络的基本物理量中，归一化波比电压、电流更有用，波由归一化电压、电流导出，与电磁场的入射波、反射波对应，与功率量纲相同。通过测功率可知，所以归一化波定义的 $S$ 参数比其他参数更实用。

## 思考练习题

1. 为什么传输理论能够应用到一切微波传输线？
2. 波导等效为双导线主要解决什么问题？应遵循什么基本条件？矩形波导 $TE_{10}$ 模的等效电压、电流和等效特性阻抗是什么？
3. 微波网络的含义是什么？实际微波元件和等效网络有什么关系？
4. 网络特性用什么表示？

## 5.2 网络参数

网络特性用网络参数表示，只有在了解网络参数的基础上才能分析微波电路中的信号关系。本节介绍的网络参数只适用于均匀线性媒质。

### 5.2.1　二端口网络的 $Z$、$Y$、$A$ 参数

图 5-2-1 为二端口网络及端口电压和端口电流的规定方向。

图 5-2-1　二端口网络

**1. 阻抗参数 $Z$**

阻抗参数的定义式为

$$\begin{cases} U_1 = Z_{11}I_1 + Z_{12}I_2 \\ U_2 = Z_{21}I_1 + Z_{22}I_2 \end{cases} \tag{5-2-1}$$

$Z_{11}$ 和 $Z_{22}$ 为一、二端口的自阻抗，是在对方端口开路的条件下的输入阻抗。$Z_{12}$ 和 $Z_{21}$ 是两端口之间的互阻抗，把一端口加上电压 $U_1$，二端口将出现短路电流 $I_2$，这样就通过网络参数 $Z_{12}$ 把二者联系起来了，即 $Z_{12}=\left.\dfrac{U_1}{I_2}\right|_{I_1=0}$。同理，$Z_{21}$ 则是联系开路电压 $U_2$ 和短路电流 $I_1$ 的比例系数。式(5-2-1)写成矩阵形式为

$$\begin{cases} \begin{pmatrix} U_1 \\ U_2 \end{pmatrix} = \begin{pmatrix} Z_{11} & Z_{12} \\ Z_{21} & Z_{22} \end{pmatrix} \begin{pmatrix} I_1 \\ I_2 \end{pmatrix} \\ \boldsymbol{Z} = \begin{bmatrix} Z_{11} & Z_{12} \\ Z_{21} & Z_{22} \end{bmatrix} \end{cases} \tag{5-2-2}$$

式中，$\boldsymbol{Z}$ 叫做网数的阻抗矩阵，各元素都为 $Z$ 参数。

**2. 导纳参数 $Y$**

导纳参数的定义式为

$$\begin{cases} I_1 = Y_{11}U_1 + Y_{12}U_2 \\ I_2 = Y_{21}U_1 + Y_{22}U_2 \end{cases} \tag{5-2-3}$$

$Y_{11}$ 和 $Y_{22}$ 为一、二端口的自导纳，$Y_{11}=\left.\dfrac{I_1}{U_1}\right|_{U_2=0}$，$Y_{22}=\left.\dfrac{I_2}{U_2}\right|_{U_1=0}$，$U=0$ 对应短路。$Y_{12}$ 和 $Y_{21}$ 为两端口之间的互导纳，$Y_{12}=\left.\dfrac{I_1}{U_2}\right|_{U_1=0}$，$Y_{21}=\left.\dfrac{I_2}{U_1}\right|_{U_2=0}$。相应的 $\boldsymbol{Y}$ 矩阵为

$$\boldsymbol{Y} = \begin{bmatrix} Y_{11} & Y_{12} \\ Y_{21} & Y_{22} \end{bmatrix} \tag{5-2-4}$$

由定义可知，必有 $\boldsymbol{YZ}=\boldsymbol{I}$ 或 $\boldsymbol{Y}=\boldsymbol{Z}^{-1}$。

**3. 转移参数 $A$**

转移参数的定义式为

$$\begin{cases} U_1 = A_{11}U_2 + A_{12}(-I_2) \\ I_1 = A_{21}U_2 + A_{22}(-I_2) \end{cases} \tag{5-2-5}$$

这是一组用输出端口 2 的电压和电流表示输入端口 1 的电压和电流的转换参数。式(5-2-5)中，$A_{11}$是开路电压传输系数，$A_{22}$是短路电流传输系数，$A_{12}$是短路转移阻抗，$A_{21}$则是开路转移导纳。相应的转移矩阵为

$$\boldsymbol{A}=\begin{bmatrix}A_{11} & A_{12}\\ A_{21} & A_{22}\end{bmatrix} \tag{5-2-6}$$

转移参数在微波网络中比 $Z$、$Y$ 参数更经常使用，因为微波网络串联、并联联接方式较少，而首尾相接的级联联接方式很多。$n$ 个二端口网络级联合，组成一个更长的二端口网络的转移矩阵为

$$\boldsymbol{A}=\boldsymbol{A}_1\boldsymbol{A}_2\cdots\boldsymbol{A}_n \tag{5-2-7}$$

转移参数表示了网络的传递特性。如果已知二端口网络的负载阻抗 $Z_l$，则一端口的输入阻抗可以用转移参数方便地表示为

$$Z_{\text{in}}=\frac{U_1}{I_1}=\frac{A_{11}U_2+A_{12}(-I_2)}{A_{21}U_2+A_{22}(-I_2)}=\frac{A_{11}Z_l+A_{12}}{A_{21}Z_l+Z_{22}} \tag{5-2-8}$$

这种影像表示在微波网络的分析和设计中是非常方便和有用的。$Z_{\text{in}}=Z_l$，称为影像阻抗，由 $A$ 参数唯一决定。

**4. 归一化的阻抗、导纳和转移参数**

定义端口的归一化电压为 $u_i=\dfrac{U_i}{\sqrt{Z_{0i}}}(i=1, 2)$，归一化电流为 $i_i=I_i\sqrt{Z_{0i}}(i=1, 2)$，则上述三种参数对应的归一化参数矩阵为

$$\begin{cases}\boldsymbol{z}=\begin{bmatrix}z_{11} & z_{12}\\ z_{21} & z_{22}\end{bmatrix}\\ z_{11}=\dfrac{Z_{11}}{Z_{01}},\ z_{12}=\dfrac{Z_{12}}{\sqrt{Z_{01}Z_{02}}},\ z_{21}=\dfrac{Z_{21}}{\sqrt{Z_{01}Z_{02}}},\ z_{22}=\dfrac{Z_{22}}{Z_{02}}\end{cases} \tag{5-2-9}$$

$$\begin{cases}\boldsymbol{y}=\begin{bmatrix}y_{11} & y_{12}\\ y_{21} & y_{22}\end{bmatrix}\\ y_{11}=Y_{11}Z_{01},\ y_{12}=Y_{12}\sqrt{Z_{01}Z_{02}},\ y_{21}=Y_{21}\sqrt{Z_{01}Z_{02}},\ y_{22}=Y_{22}Z_{02}\end{cases} \tag{5-2-10}$$

$$\begin{cases}\boldsymbol{a}=\begin{bmatrix}a_{11} & a_{12}\\ a_{21} & a_{22}\end{bmatrix}\\ a_{11}=\sqrt{\dfrac{Z_{02}}{Z_{01}}}A_{11},\ a_{12}=\dfrac{A_{12}}{\sqrt{Z_{01}Z_{02}}},\ a_{21}=\sqrt{Z_{01}Z_{02}}A_{21},\ a_{22}=\sqrt{\dfrac{Z_{01}}{Z_{02}}}A_{22}\end{cases} \tag{5-2-11}$$

**5. 几个典型网络的参数特性**

(1) 对称网络：

$$Z_{11}=Z_{22},\ Y_{11}=Y_{22},\ A_{11}=A_{22} \tag{5-2-12}$$

(2) 互易网络：

$$Z_{12}=Z_{21},\ Y_{12}=Y_{22},\ \det\boldsymbol{A}=1 \tag{5-2-13}$$

对于二端口网络，对称网络必然首先是互易网络。

(3) 无耗网络：所有 $Z$、$Y$ 参数为纯虚数，$A_{11}$、$A_{22}$为实数，$A_{12}$和 $A_{21}$为纯虚数。

### 5.2.2　二端口网络的散射参数 $S$ 和传输参数 $T$

这两种参数是以网络端口参考面上的归一化波为基本物理量而定义的。图 5-2-2 所示为二端口网络及归一化波。

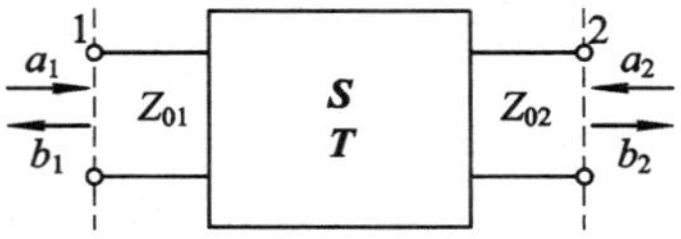


图 5-2-2　二端口网络及归一化波

下面首先介绍归一化波的概念。网络端口与传输线相联接，传输线上存在入射电压、电流波和反射电压、电流波。总电压、电流为入射波与反射波叠加，即

$$\begin{cases} U(d) = U^+(d) + U^-(d) \\ I(d) = I^+(d) - I^-(d) \end{cases} \tag{5-2-14}$$

定义归一化电压和归一化电流为

$$\begin{cases} u(d) = \dfrac{U(d)}{\sqrt{Z_0}} \\ i(d) = I(d)\sqrt{Z_0} \end{cases} \tag{5-2-15}$$

与式(5-2-14)对应的归一化表示式为

$$\begin{cases} u(d) = u^+(d) + u^-(d) = \dfrac{U^+(d)}{\sqrt{Z_0}} + \dfrac{U^-(d)}{\sqrt{Z_0}} = a + b \\ i(d) = i^+(d) - i^-(d) = \dfrac{U^+(d)}{\sqrt{Z_0}} - \dfrac{U^-(d)}{\sqrt{Z_0}} = a - b \end{cases} \tag{5-2-16}$$

其中：

$$\begin{cases} a = \dfrac{U^+(d)}{\sqrt{Z_0}} \\ b = \dfrac{U^-(d)}{\sqrt{Z_0}} \end{cases} \tag{5-2-17}$$

分别为位置 $d$ 处的归一化入射波和归一化反射波。它们和归一化电压、电流的关系为

$$\begin{cases} a = \dfrac{u+i}{2} \\ b = \dfrac{u-i}{2} \end{cases} \tag{5-2-18}$$

在微波频段，归一化波是比电压和电流更实际、更容易测量的物理量，因为在微波频段，不仅频率高，而且电压波动范围大，要精确测量它们，技术上难以实现。归一化波的平方与功率有关，精确测量出功率就是测出了归一化波，技术上精确测量各种电平的功率都是可以实现的。所以，由归一化波定义的散射参数更具有实际价值，在网络理论分析计算中也最为常用。把功率用归一化波表示如下：

入射功率为

$$P^+ = \frac{1}{2}a^2$$

反射功率为

$$P^{-}=\frac{1}{2}b^{2}$$

与入射波方向一致的传输功率为

$$P=\frac{1}{2}(a^{2}-b^{2})$$

与反射波方向一致的传输功率为

$$P=\frac{1}{2}(b^{2}-a^{2})$$

$a$ 和 $b$ 之间则由反射系数相联系。

散射参数的定义为

$$\begin{cases}b_1=S_{11}a_1+S_{12}a_2\\ b_2=S_{21}a_1+S_{22}a_2\end{cases}\tag{5-2-19}$$

矩阵形式为

$$\begin{cases}\boldsymbol{b}=\boldsymbol{Sa},\ b=\begin{pmatrix}b_1\\ b_2\end{pmatrix},\ a=\begin{pmatrix}a_1\\ a_2\end{pmatrix}\\ \boldsymbol{S}=\begin{bmatrix}S_{11} & S_{12}\\ S_{21} & S_{22}\end{bmatrix}\end{cases}\tag{5-2-20}$$

式中，$\boldsymbol{S}$ 称为二端口网络的散射矩阵，各 $S$ 参数的物理意义为

$$\begin{cases}S_{11}=\left.\dfrac{b_1}{a_1}\right|_{a_2=0}\\ S_{22}=\left.\dfrac{b_2}{a_2}\right|_{a_1=0}\\ S_{12}=\left.\dfrac{b_1}{a_2}\right|_{a_1=0}\\ S_{21}=\left.\dfrac{b_2}{a_1}\right|_{a_2=0}\end{cases}\tag{5-2-21}$$

$S_{11}$ 是在二端口接匹配负载的条件下，由一端口向网络方向看去的反射系数；$S_{22}$ 则是在一端口匹配条件下由二端口向网络方向看去的反射系数；$S_{12}$ 是在一端口匹配时由二端口到一端口的电压传输系数；$S_{21}$ 则是在二端口匹配时由一端口到二端口的电压传输系数。

传输参数 $T$ 的定义式为

$$\begin{cases}b_1=T_{11}a_2+T_{12}b_2\\ a_1=T_{21}a_2+T_{22}b_2\end{cases},\quad \boldsymbol{T}=\begin{bmatrix}T_{11} & T_{12}\\ T_{21} & T_{22}\end{bmatrix}\tag{5-2-22}$$

该组参数表示一端口和二端口之间归一化波的传递关系，每个参数无明确的物理意义。在网络级联的情况下，用传输参数连乘可以方便地求出总的传输参数。该参数和 $S$ 参数之间可以相互进行如下转换：

$$b_2=\frac{1}{T_{22}}a_1-\frac{T_{21}}{T_{22}}a_2$$

$$b_1=T_{11}a_2+T_{12}\left(\frac{1}{T_{22}}a_1-\frac{T_{21}}{T_{22}}a_2\right)=\frac{T_{12}}{T_{22}}a_1+\frac{1}{T_{22}}(T_{11}T_{22}-T_{12}T_{21})a_2$$

和式(5-2-19)对比可得：

$$\begin{cases} S_{11} = \dfrac{T_{12}}{T_{22}} \\ S_{12} = \dfrac{T_{11}T_{22} - T_{12}T_{21}}{T_{22}} \\ S_{21} = \dfrac{1}{T_{22}} \\ S_{22} = \dfrac{-T_{21}}{T_{22}} \end{cases} \tag{5-2-23}$$

同样可导出用 $S$ 参数表示 $T$ 参数的变换式。在网络理论分析计算中，$T$ 参数是一个很有用的方便中介。

$S$ 参数具有如下特性：

(1) 对称网络：

$$S_{11} = S_{22} \tag{5-2-24(a)}$$

(2) 互易网络：

$$S_{12} = S_{21} \tag{5-2-24(b)}$$

(3) 无耗网络：

$$\boldsymbol{S}^{\dagger}\boldsymbol{S} = \boldsymbol{I} \tag{5-2-24(c)}$$

(4) 有耗网络：

$$\begin{cases} |S_{11}|^2 + |S_{21}|^2 < 1 \\ |S_{12}|^2 + |S_{22}|^2 < 1 \end{cases} \tag{5-2-24(d)}$$

$\boldsymbol{S}^{\dagger}$ 表示 $\boldsymbol{S}$ 矩阵转置后再取每个元素的共轭。

由上面的定义可知，$S$ 参数是复数，与参考面位置有关，每个 $S$ 参数的模小于 1。

### 5.2.3　多端口网络的网络参数

设有一 $n(n\geqslant 3)$ 端口网络如图 5-2-3 所示，一般只定义 $Z$、$Y$、$S$ 三种参数，$A$ 参数和 $T$ 参数只有在偶数端口且规定输入、输出端口相等的特殊情况下才有意义。阻抗、导纳和散射参数都可以将二端口参数的定义方法直接推广。每个端口参考面上的电压、电流和归一化波的规定方式与二端口网络完全相同，可以将 $n$ 端口网络的这三种参数的定义关系直接写为

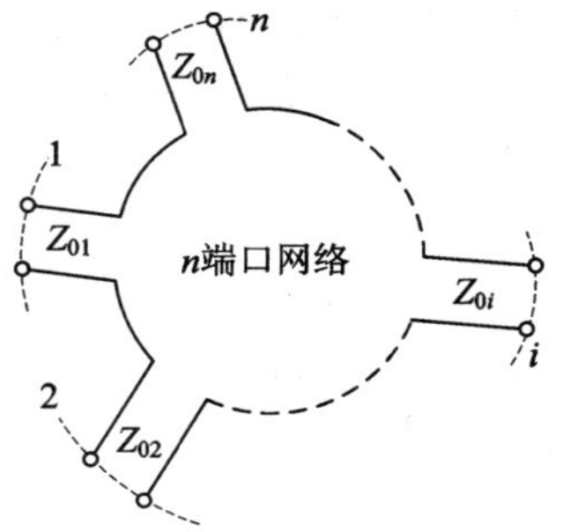


图 5-2-3　$n$ 端口网络

$$\begin{bmatrix} U_1 \\ U_2 \\ \vdots \\ U_i \\ \vdots \\ U_n \end{bmatrix} = \begin{bmatrix} Z_{11} & Z_{12} & \cdots & Z_{1i} & \cdots & Z_{1n} \\ Z_{21} & Z_{22} & \cdots & Z_{2i} & \cdots & Z_{2n} \\ \vdots & \vdots & & \vdots & & \vdots \\ Z_{i1} & Z_{i2} & \cdots & Z_{ii} & \cdots & Z_{in} \\ \vdots & \vdots & & \vdots & & \vdots \\ Z_{n1} & Z_{n2} & \cdots & Z_{ni} & \cdots & Z_{nn} \end{bmatrix} \begin{bmatrix} I_1 \\ I_2 \\ \vdots \\ I_i \\ \vdots \\ I_n \end{bmatrix} \tag{5-2-25}$$

$$\begin{bmatrix} I_1 \\ I_2 \\ \vdots \\ I_i \\ \vdots \\ I_n \end{bmatrix} = \begin{bmatrix} Y_{11} & Y_{12} & \cdots & Y_{1i} & \cdots & Y_{1n} \\ Y_{21} & Y_{22} & \cdots & Y_{2i} & \cdots & Y_{2n} \\ \vdots & \vdots & & \vdots & & \vdots \\ Y_{i1} & Y_{i2} & \cdots & Y_{ii} & \cdots & Y_{in} \\ \vdots & \vdots & & \vdots & & \vdots \\ Y_{n1} & Y_{n2} & \cdots & Y_{ni} & \cdots & Y_{nn} \end{bmatrix} \begin{bmatrix} U_1 \\ U_2 \\ \vdots \\ U_i \\ \vdots \\ U_n \end{bmatrix} \tag{5-2-26}$$

$$\begin{bmatrix} b_1 \\ b_2 \\ \vdots \\ b_i \\ \vdots \\ b_n \end{bmatrix} = \begin{bmatrix} S_{11} & S_{12} & \cdots & S_{1i} & \cdots & S_{1n} \\ S_{21} & S_{22} & \cdots & S_{2i} & \cdots & S_{2n} \\ \vdots & \vdots & & \vdots & & \vdots \\ S_{i1} & S_{i2} & \cdots & S_{ii} & \cdots & S_{in} \\ \vdots & \vdots & & \vdots & & \vdots \\ S_{n1} & S_{n2} & \cdots & S_{ni} & \cdots & S_{nn} \end{bmatrix} \begin{bmatrix} a_1 \\ a_2 \\ \vdots \\ a_i \\ \vdots \\ a_n \end{bmatrix} \tag{5-2-27}$$

$\boldsymbol{Z}$ 矩阵的对角线元素 $Z_{ii}$ 为 $i$ 端口的自阻抗，$Z_{ij}$ 和 $Z_{ji}$ 为 $i$ 端口和 $j$ 端口之间的互阻抗。$\boldsymbol{Y}$ 矩阵也是如此。归一化电压、电流的定义为

$$\begin{cases} u_i = \dfrac{U_i}{\sqrt{Z_{0i}}} \\ i_i = I_i\sqrt{Z_{0i}} \end{cases} \tag{5-2-28}$$

因此 $Z$ 参数和 $Y$ 参数也有对应的归一化参数和归一化矩阵。归一化波：

$$\begin{cases} a_i = \dfrac{u_i + i_i}{2} \\ b_i = \dfrac{u_i - i_i}{2} \end{cases} \tag{5-2-29}$$

$\boldsymbol{S}$ 矩阵中对角线元素 $S_{ii}$ 是在其他端口都匹配的条件下，第 $i$ 个端口的反射系数；$S_{ij}$ 是除 $j$ 端口外其他端口都匹配的条件下，$j$ 端口向 $i$ 端口的电压传输系数。

这三种参数具有以下特性：

(1) 对称网络：

$$\begin{cases} Z_{ii} = Z_{jj} \\ Y_{ii} = Y_{jj} \\ S_{ii} = S_{jj} \end{cases} \tag{5-2-30}$$

(2) 互易网络：

$$\begin{cases} Z_{ij} = Z_{ji} \\ Y_{ij} = Y_{ji} \\ S_{ij} = S_{ji} \end{cases} \tag{5-2-31}$$

(3) 无耗网络：$Z$、$Y$ 参数全为纯虚数，即

$$\boldsymbol{S}^{\dagger}\boldsymbol{S} = \boldsymbol{I} \tag{5-2-32}$$

(4) 有耗网络：$Z$、$Y$ 参数至少有一个有实部，$S$ 参数满足：

$$\sum_{j=1}^{n} |S_{ij}|^2 < 1 \qquad i = 1, 2, \cdots, n \tag{5-2-33}$$

这三种参数中，$S$ 参数在微波网络中经常使用。式(5-2-33)的含义是每列元素的平方和小于 1。

无耗网络中，入射波功率和反射波功率必然相等，即 $\frac{1}{2}\sum a^2-\frac{1}{2}\sum b^2=0$，也就是 $\sum a^2=\sum b^2$，故有：

$$\boldsymbol{a}^{\mathrm{T}*}\boldsymbol{a}=\boldsymbol{S}^*\boldsymbol{a}^*\cdot\boldsymbol{Sa}=\boldsymbol{a}^{\mathrm{T}*}\boldsymbol{S}^{\mathrm{T}*}\boldsymbol{Sa}$$

只有在 $\boldsymbol{S}^{\mathrm{T}*}\boldsymbol{S}=\boldsymbol{I}$ 时两边才能相等。通常记 $\boldsymbol{S}^{\mathrm{T}*}=\boldsymbol{S}^{\dagger}$，无耗网络满足的这一关系(即 $\boldsymbol{S}^{\dagger}\boldsymbol{S}=\boldsymbol{I}$)为么正性。

## 思考练习题

1. 二端口网络都有哪几种参数？
2. 为什么 $A$ 参数比 $Z$、$Y$ 参数更有用？
3. 什么是归一化波？为什么微波频段归一化波比电压、电流更具有实际意义？
4. $S$ 参数如何定义？每个 $S$ 参数有什么物理意义？
5. 多端口网络有几种参数？对称、互易、无耗、有耗网络的 $S$ 参数有什么特性？

## 5.3　S 参数的提取、变换及应用

网络的五种参数中，以 $A$ 参数和 $S$ 参数最为常用。$A$ 参数在二端口网络级联和影像阻抗计算中用得最多。$S$ 参数是微波网络理论中分析元件、电路特性的唯一通用参数，对二端口、三端口、……、$n$ 端口网络或元件都是最重要的参数。本节简要介绍 $S$ 参数的提取方法，与其他参数的相互转化关系以及 $S$ 参数与网络工作特性之间的关系。

### 5.3.1　S 参数的提取方法

一个具体的微波元件或电路，在电路中对微波信号的变换作用可以用 $S$ 参数进行推导。首先应知道其 $S$ 参数，其次应把 $S$ 参数与工作特性联系起来。下面介绍基本元件 $S$ 参数的产生方法。

(1) 简单元件的 $S$ 参数可按定义直接推导。例如，一个串联阻抗 $Z$ 两端连接特性阻抗 $Z_0$ 的传输线，按定义求 $S$ 参数的办法是：二端口接匹配负载时，一端口的反射系数为

$$S_{11}=\frac{Z+Z_0-Z_0}{Z+Z_0+Z_0}=\frac{z}{z+2}$$

由一端口到二端口的传输系数为

$$S_{21}=U_1^+(1+S_{11})\frac{\dfrac{Z_0}{Z+Z_0}}{U_1^+}=\frac{2}{z+2}$$

同样可求出 $S_{22}=\frac{z}{z+2}$，$S_{12}=\frac{z}{z+2}$。其他简单网络(如并联导纳、一段传输线、$n$ : 1 的变压器等)也可按此方法容易地将其参数求出。表 5-3-1 给出了这四种简单网络的 $A$ 参数和 $S$ 参数。

**表 5-3-1　几种常见简单网络的 $A$ 参数和 $S$ 参数**

| | 串联阻抗 | 并联导纳 | 传输线段 | 变压器 |
|---|---|---|---|---|
| 电路 | 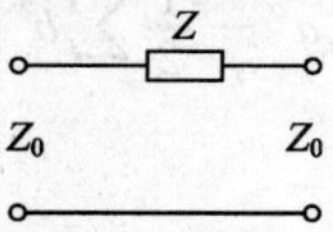 | 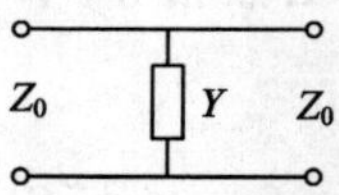 | 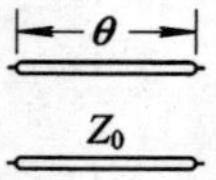 | 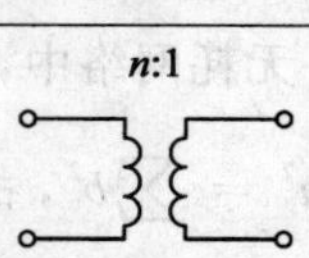 |
| $A$ 参数 | $\begin{bmatrix}1 & Z\\0 & 1\end{bmatrix}$ | $\begin{bmatrix}1 & 0\\Y & 1\end{bmatrix}$ | $\begin{bmatrix}\cos\theta & \mathrm{j}Z_0\sin\theta\\ \dfrac{\mathrm{j}}{Z_0}\sin\theta & \cos\theta\end{bmatrix}$ | $\begin{bmatrix}n & 0\\0 & \dfrac{1}{n}\end{bmatrix}$ |
| $S$ 参数 | $\begin{bmatrix}\dfrac{z}{z+2} & \dfrac{2}{z+2}\\ \dfrac{2}{z+2} & \dfrac{z}{z+2}\end{bmatrix}$ | $\begin{bmatrix}\dfrac{-y}{y+2} & \dfrac{2}{y+2}\\ \dfrac{2}{y+2} & \dfrac{-y}{y+2}\end{bmatrix}$ | $\begin{bmatrix}0 & \mathrm{e}^{-\mathrm{j}\theta}\\ \mathrm{e}^{-\mathrm{j}\theta} & 0\end{bmatrix}$ | $\dfrac{1}{n^2+1}\begin{bmatrix}1-n^2 & 2n\\2n & n^2-1\end{bmatrix}$ |

（2）对于可以分解成简单网络的网络参数，可用 $A$ 参数或 $T$ 参数连乘后再转化成 $S$ 参数。例如，最典型的 T 形网络或 $\pi$ 形网络均可分解成三个网络的级联。

（3）对于大部分多端口分布参数元件或网络，一般都采用直接测量的办法。微波网络分析仪可以简单、快速、准确地测出复杂二端口有源或无源网络的所有 $S$ 参数。对称互易多端口元件只能准确测出一个端口的驻波比和其他端口间的传输特性，所有 $S$ 参数也都能准确确定。

## 5.3.2　$S$ 参数与其他参数之间的相互转换

在 5.3.1 节我们已推导了 $S$ 参数和 $T$ 参数之间的相互转换关系。由于各种参数都是一个网络特性的不同表达方式，因此它们之间存在唯一确定的转换关系是理所当然的。下面列出 $S$ 参数和其他参数的转换关系式。

（1）阻抗参数与 $S$ 参数的相互转换：

$$\begin{cases}\boldsymbol{S}=\dfrac{\boldsymbol{z}-\boldsymbol{I}}{\boldsymbol{z}+\boldsymbol{I}}\\[2ex] \boldsymbol{z}=\dfrac{\boldsymbol{I}+\boldsymbol{S}}{\boldsymbol{I}-\boldsymbol{S}}\end{cases}\tag{5-3-1}$$

（2）导纳参数与 $S$ 参数的相互转换：

$$\begin{cases}\boldsymbol{S}=\dfrac{\boldsymbol{I}-\boldsymbol{y}}{\boldsymbol{I}+\boldsymbol{y}}\\[2ex] \boldsymbol{y}=\dfrac{\boldsymbol{I}-\boldsymbol{S}}{\boldsymbol{I}+\boldsymbol{S}}\end{cases}\tag{5-3-2}$$

（3）转移参数与 $S$ 参数的相互转换：

$$\begin{cases}\boldsymbol{S}=\dfrac{1}{a_{11}+a_{12}+a_{21}+a_{22}}\begin{bmatrix}a_{11}+a_{12}-a_{21}-a_{22} & 2\det\boldsymbol{a}\\ 2 & -a_{11}+a_{12}-a_{21}+a_{22}\end{bmatrix}\\[2ex] \boldsymbol{a}=\dfrac{1}{2S_{21}}\begin{bmatrix}(1+S_{11})(1-S_{22})+S_{12} & (1+S_{11})(1+S_{22})-S_{12}\\ (1-S_{11})(1-S_{22})-S_{12} & (1-S_{11})(1+S_{22})+S_{12}\end{bmatrix}\end{cases}\tag{5-3-3}$$

(4) 传输参数与 $S$ 参数的相互转换：

$$\begin{cases} \boldsymbol{S} = \dfrac{1}{T_{22}}\begin{bmatrix} T_{21} & \det\boldsymbol{Y} \\ 1 & -T_{21} \end{bmatrix} \\ \boldsymbol{T} = \dfrac{1}{S_{21}}\begin{bmatrix} -\det\boldsymbol{S} & S_{11} \\ -S_{22} & 1 \end{bmatrix} \end{cases} \tag{5-3-4}$$

## 5.3.3 $S$ 参数与端口参考面的关系

网络参数表示端口电压波、电流波、归一化波之间的关系，这些物理量是有相位的，不同位置的相位有差别。所以当参考面位置变动时，网络参数也必然随之改变。在端口传输线无耗的条件下，网络参数只有相位变动。常用的 $S$ 参数随参考面位置变动的相位变化规律如下：

(1) $n$ 端口网络的端口参考面向外移动时，设第 $i$ 个端口外移了 $\Delta l_i$，则有：

$$\begin{cases} S'_{ii} = S_{ii}\,\mathrm{e}^{-\mathrm{j}2\beta_i\Delta l_i} \\ S'_{ij} = S_{ij}\,\mathrm{e}^{-\mathrm{j}(\beta_i\Delta l_i+\beta_j\Delta l_j)} \end{cases}$$

(2) 若端口参考面向内推移，则有：

$$\begin{cases} S'_{ii} = S_{ii}\,\mathrm{e}^{\mathrm{j}2\beta_i\Delta l_i} \\ S'_{ij} = S_{ij} = \mathrm{e}^{\mathrm{j}(\beta_i\Delta l_i+\beta_j\Delta l_j)} \end{cases}$$

(3) 若第 $i$ 个端口参考面外移，第 $j$ 个端口参考面内推，则有：

$$\begin{cases} S'_{ii} = S_{ii}\,\mathrm{e}^{-\mathrm{j}2\beta_i\Delta l_i} \\ S'_{jj} = S_{jj}\,\mathrm{e}^{\mathrm{j}2\beta_j\Delta l_j} \\ S'_{ij} = S_{ij}\,\mathrm{e}^{-\mathrm{j}(\beta_i\Delta l_i-\beta_j\Delta l_j)} \end{cases}$$

对于端口参考面移动的一般情况，可定义一个变换矩阵：

$$\boldsymbol{P} = \begin{bmatrix} \mathrm{e}^{\pm\mathrm{j}\beta_1\Delta l_1} & & & 0 \\ & \mathrm{e}^{\pm\mathrm{j}\beta_2\Delta l_2} & & \\ & & \ddots & \\ 0 & & & \mathrm{e}^{\pm\mathrm{j}\beta_n\Delta l_n} \end{bmatrix} \tag{5-3-5}$$

$\boldsymbol{P}$ 矩阵只有对角线元素，外移端口取“—”号，内推端口取“+”号，不移动端口 $\Delta l_i=0$。新端口参考定义的 $\boldsymbol{S}'$ 矩阵为

$$\boldsymbol{S}' = \boldsymbol{PSP} \tag{5-3-6}$$

## 5.3.4 二端口网络 $S$ 参数的特性及其与工作特性的关系

### 1. 对称无耗二端口网络的基本特性

(1) 对称二端口网络必然也是互易的，即

$$\begin{cases} S_{11} = S_{22} \\ S_{12} = S_{21} \end{cases} \tag{5-3-7}$$

(2) 无耗二端口网络的 $S$ 参数特性可由幺正性导出，即

$$\begin{bmatrix} S_{11}^* & S_{21}^* \\ S_{12}^* & S_{22}^* \end{bmatrix}\begin{bmatrix} S_{11} & S_{12} \\ S_{21} & S_{22} \end{bmatrix} = \begin{bmatrix} 1 & 0 \\ 0 & 1 \end{bmatrix} \tag{5-3-8}$$

$$|S_{11}|^2+|S_{21}|^2=1$$
$$|S_{12}|^2+|S_{22}|^2=1$$
$$S_{11}^*S_{21}+S_{21}^*S_{22}=0$$
$$S_{12}^*S_{11}+S_{22}^*S_{21}=0$$

理想非互易无耗隔离网络必定满足：

$$\begin{cases}|S_{11}|=0\\|S_{21}|=1\\|S_{12}|=0\\|S_{22}|=1\end{cases}\tag{5-3-9}$$

输入信号全部通过，反向的信号全被反射回去。若是对称无耗网络，则必满足：

$$\begin{cases}|S_{11}|=|S_{22}|\\|S_{12}|=|S_{21}|\end{cases}\tag{5-3-10}$$

若无反射，则

$$\begin{cases}S_{11}=0\\S_{21}=1\end{cases}\tag{5-3-11}$$

无反射必全传输。

若有反射，则

$$\begin{cases}|S_{11}|^2+|S_{21}|^2=1\\S_{11}=\sqrt{1-|S_{21}|^2}\end{cases}\tag{5-3-12(a)}$$

且有

$$-\theta_{11}+\theta_{21}-(-\theta_{21}+\theta_{22})=\pm\pi$$

由于

$$\theta_{11}=\theta_{22}$$
$$\theta_{12}=\theta_{21}$$

因此

$$\theta_{21}-\theta_{11}=\pm\frac{\pi}{2}\tag{5-3-12(b)}$$

所以对称无耗二端口网络的四个 $S$ 参数中事实上只有两个独立的实参数，或者只有一个独立的复数参数。

**2. 二端口网络的工作特性与 $S$ 参数的关系**

给网络一端口加上输入信号，二端口接负载 $Z_l$ 时，网络处于工作状态。这时终端的反射系数为

$$\Gamma_l=\frac{Z_l-Z_{02}}{Z_l+Z_{02}}\tag{5-3-13}$$

与工作状态有关的参数有以下四个。

(1) 输入端传输线上的驻波比 $\rho$。当 $Z_l=Z_{02}$ 时，$\Gamma_l=0$，则

$$\rho=\frac{1+|S_{11}|}{1-|S_{11}|}\tag{5-3-14}$$

当 $Z_l \neq Z_{02}$ 时，由二端口信号关系 $a_2 = \Gamma_l b_2$ 及

$$\begin{cases} b_1 = S_{11}a_1 + S_{12}a_2 = S_{11}a_1 + S_{12}\Gamma_l b_2 \\ b_2 = S_{21}a_1 + S_{22}a_2 = S_{21}a_1 + S_{22}\Gamma_l b_2 \end{cases}$$

可得 $b_2 = \dfrac{S_{21}}{1-S_{22}\Gamma_l}a_1$，进而可得

$$\Gamma_{\text{in}} = \frac{b_1}{a_1} = S_{11} + \frac{S_{12}S_{21}\Gamma_l}{1-S_{22}\Gamma_l} \tag{5-3-15}$$

对应的驻波比为

$$\rho = \frac{1+|\Gamma_{\text{in}}|}{1-|\Gamma_{\text{in}}|} \tag{5-3-16}$$

(2) 网络的电压传输系数为

$$T = \left|\frac{b_2}{a_1}\right| = |S_{21}| \qquad \Gamma_l = 0 \tag{5-3-17(a)}$$

$$T = \left|\frac{b_2}{a_1}\right| = \left|\frac{S_{21}}{1-S_{22}\Gamma_l}\right| \qquad \Gamma_l \neq 0 \tag{5-3-17(b)}$$

(3) 网络对信号的时延(二端口匹配)为

$$\tau = \frac{\theta_{21}}{\omega} \tag{5-3-18}$$

式中，$\theta_{21}$ 为 $S_{21}$ 的相角。

(4) 二端口网络的插入衰减为

$$L(\text{dB}) = 10\lg\frac{P_1}{P_2} = 10\lg\frac{1}{|S_{21}|^2}\ (\text{dB}) \tag{5-3-19}$$

该插入衰减可分解为

$$L = 10\lg\frac{1}{|S_{21}|^2}\frac{1-|S_{11}|^2}{1-|S_{11}|^2} = 10\lg\frac{1}{1-|S_{11}|^2} + 10\lg\frac{1-|S_{11}|^2}{|S_{21}|^2} \tag{5-3-20}$$

第一部分为一端口反射造成的衰减，第二部分为网络内部插入损耗造成的衰减。对于无耗网络，$1-|S_{11}|^2 = |S_{21}|^2$，这部分衰减为零。

### 5.3.5 多端口网络 $S$ 参数与工作特性的关系

多端口网络 $\boldsymbol{S}$ 矩阵的对角线元素为反射系数，非对角线元素为传输系数。

(1) 输入端口驻波比为

$$\rho_i = \frac{1+|S_{ii}|}{1-|S_{ii}|} \tag{5-3-21}$$

(2) 信号主通道的插入衰减为 $L_{ji}$，若 $i$ 端口输入信号，$j$ 端口输出信号，则

$$L_{ji} = 10\lg\frac{P_i}{P_j} = 10\lg\frac{1}{|S_{ji}|^2} \tag{5-3-22}$$

(3) 若 $i$ 端口和 $k$ 端口是隔离的，则理想情况下 $S_{ki}=0$，而实际上 $S_{ki}$ 可能是个很小的值，这两个端口的隔离度为

$$I = 10\lg\frac{P_i}{P_k} = 10\lg\frac{1}{|S_{ki}|^2} \tag{5-3-23}$$

(4) 从 $i$ 端口输入信号，从 $p$ 端口以固定的比例输出，则 $p$ 端口为耦合端口。固定的比例系数称为耦合系数 $K$，则

$$K=|S_{pi}| \tag{5-3-24}$$

两个端口之间的耦合度为

$$C(\text{dB})=10\lg\frac{P_i}{P_p}=10\lg\frac{1}{K^2}=20\lg\frac{1}{K} \tag{5-3-25}$$

耦合度 $C$ 和耦合系数 $K$ 的关系为

$$K=10^{-\frac{C}{20}} \tag{5-3-26}$$

无耗网络的 $\boldsymbol{S}$ 矩阵必须满足么正性，还可导出其他特性，以后再结合元件进行讲述。

## 思考练习题

1. 推导下列两个网络的 $\boldsymbol{S}$ 矩阵：

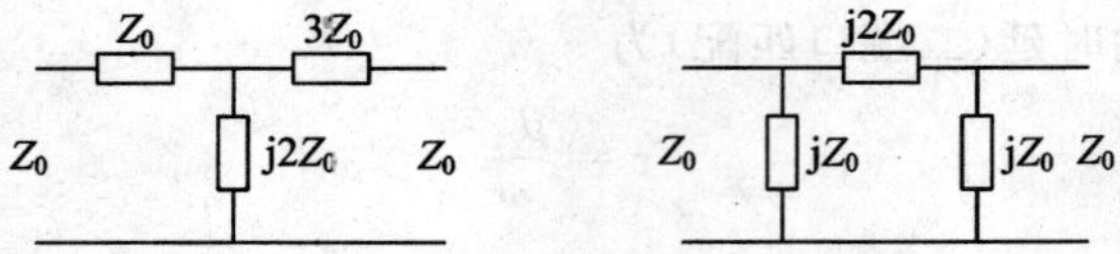


2. 一个三端口网络 $\boldsymbol{S}$ 矩阵为 $\boldsymbol{S}=\begin{bmatrix}0.2 & 0.5 & 0.8\\0.8 & 0.2 & 0.5\\0.5 & 0.8 & 0.2\end{bmatrix}$，将一端口参考面外移 $\frac{\lambda}{4}$，三端口参考面内推 $\frac{\lambda}{8}$，求在新参考面下的 $\boldsymbol{S}$ 矩阵。

3. 二端口网络 $\boldsymbol{S}=\begin{bmatrix}0.2e^{j30} & 0.9e^{j120}\\0.9e^{j120} & 0.2e^{j30}\end{bmatrix}$，这是一个什么元件？它的输入驻波比、电压传输系数、信号时延、损入衰减各为多少？(设二端口匹配)

# 5.4 微波一、二、三端口元件简介

微波元件是微波网络的最基本单元，在微波电路中的地位类似于传统电路中的电阻、电感、电容、电位器、可变电容器等基本电路元件。本节简要介绍微波一、二、三端口元件。

## 5.4.1 微波一端口元件

常用的微波一端口元件有以下几种。

**1. 匹配负载**

匹配负载的作用是全部吸收从传输线送来的微波功率。它的主要组成材料是能够吸收微波功率的半导电媒质，其结构形式与传输线有关。在波导中，小功率匹配负载由放置于波导 $E$ 面的楔形介质片构成，称为楔形劈，一般有 1～3 片放置于波导中心附近，其表面涂

以吸收材料石墨粉。楔形劈的过渡段越长，反射越小。中功率匹配负载由水泥和导电材料混合浇铸成楔形置于终端短路波导中，且波导外有附加的散热片。大功率负载是在波导中的楔形中空容器内充满循环的液体(如水或油)，液体被微波加热后在另一处冷却再送入。好的匹配负载工作时驻波比应在1.05以下，越接近于1越好。匹配负载等效于阻抗为$Z_0$的纯电阻。

**2. 短路活塞**

短路活塞的作用是提供$|\Gamma|=1$的全反射终端。它可以在传输线内自由移动短路面的位置，提供理想短路、理想开路、任何理想纯电抗的等效负载。用金属导电板直接和传输线的壁接触很难做成理想的短路活塞。用得较多的是抗流式活塞。一种常用的波导抗流式短路活塞如图5-4-1所示。设终端实际短路处的电阻为$R_l$，该活塞结构由两段特性阻抗为$Z_{02}$和$Z_{01}$的$\frac{\lambda}{4}$传输线折叠而成，从等效短路面处看去，输入阻抗为

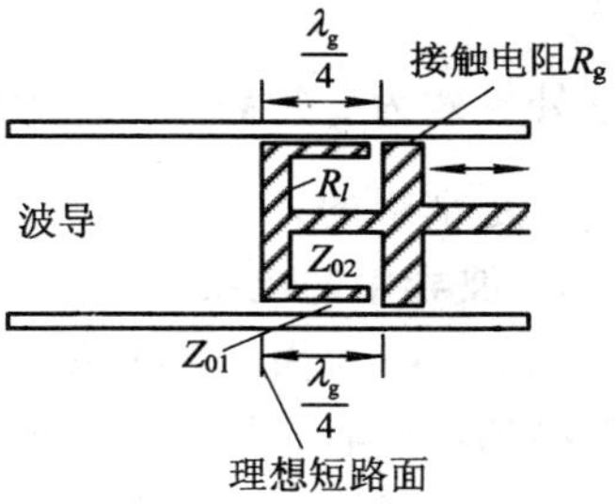


图5-4-1　波导抗流式短路活塞示意图

$$Z_{in}=\frac{Z_{01}^2}{Z_{2in}+R_g}=\frac{Z_{01}^2R_l}{Z_{02}^2+R_gZ_{02}^2}\approx\left(\frac{Z_{01}}{Z_{02}}\right)^2R_l \qquad (5-4-1)$$

这种结构将终端短路电阻$R_l$变换为$\left(\frac{Z_{01}}{Z_{02}}\right)^2R_l$。若使$Z_{02}\gg Z_{01}$，则$Z_{in}\approx 0$。接触电阻即使很大也无碍理想短路。

**3. 失配负载**

失配负载的作用是提供已知的标准反射系数。失配负载一般由窄边尺寸变化的波导与其中的匹配负载构成(见图5-4-2)。由$TE_{10}$模等效特性阻抗表示式可知，归一化等效负载为$z_l=\frac{b_2}{b_1}$，则

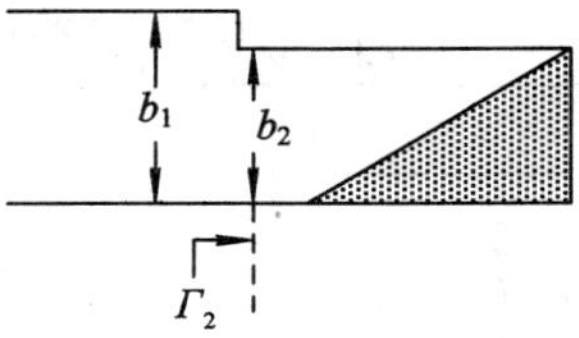


图5-4-2　失配负载

$$\Gamma_l=\frac{z_l-1}{z_l+1}=\frac{b_2-b_1}{b_2+b_1} \qquad (5-4-2)$$

## 5.4.2　波导二端口元件

在微波电路中二端口元件的类型多样，也用得最多。下面对一些常用的波导二端口元件进行简单介绍。

**1. 连接元件**

把同一类型的不同传输线段联接成一个整体的元件，如波导法兰盘、$H$面弯波导、$E$面弯波导、极化面扭转90°波导、软波导等均属此类。它们的作用是使传输线加长，进行各种转向或改变极化方向等。其理想特性应是无反射、无损耗，即

$$\boldsymbol{S}=\begin{bmatrix}0 & e^{-j\theta}\\ e^{-j\theta} & 0\end{bmatrix} \qquad (5-4-3)$$

这里重点介绍图 5-4-3 所示的波导抗流法兰盘。

当波导 1 和波导 2 用直接接触方式与法兰盘连接时，接触面很难做到均匀紧平，传输功率容易从接触缝漏出。图 5-4-3 所示的抗流法兰盘由两段$\frac{\lambda}{4}$传输线组成，一段是$\frac{\lambda}{4}$径向线，折进法兰盘的一般是$\frac{\lambda}{4}$短路同轴线。在波导内壁处等效为$\frac{\lambda}{2}$短路线，达到电气上的理想接触。这种理想特性是窄带的。

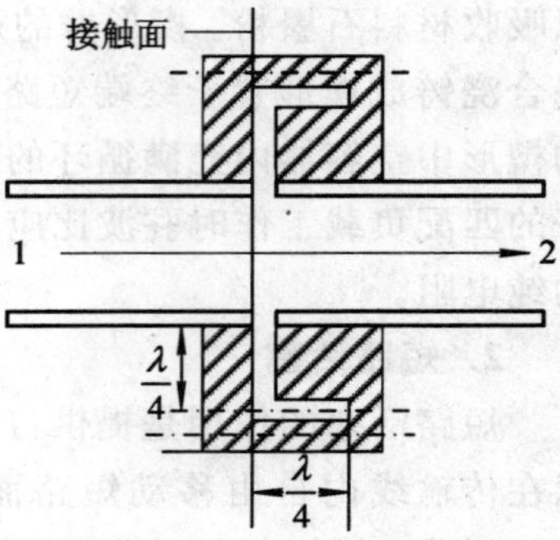

图 5-4-3 波导抗流法兰盘

**2. 波导中的电抗元件**

图 5-4-4 表示几种波导中常见的电抗元件。图中，上半部分为波导截面上实际不连续的结构，下半部分为等效集中参数元件。这些电抗元件的基本原理是：波导中引入不连续后，为了满足边界条件，必须使得在不连续结构附近存在许多高次模，而高次模不能传输，只会指数衰减，这将造成不连续结构附近存储电磁能量。TE 高次模存储磁场能量，贡献感性电抗。TM 高次模存储电场能量，贡献容性电抗。所以，不同的不连续结构可分别等效为电感、电容、谐振电路等。等效元件值与不连续结构尺寸有关，可通过电磁场理论计算得出，参考文献[11]、[12]中已有供工程设计使用的公式及图表。螺钉作为一个可变电抗在负载匹配时与并联短截线等价，伸入波导内很短时等效为电容，较长时等效为电感，某一长度时发生谐振。

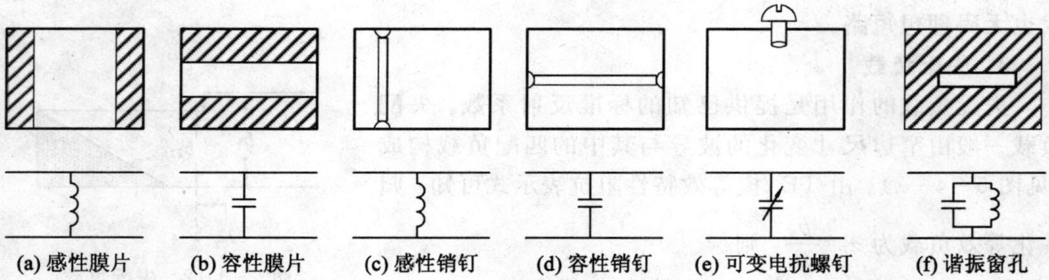

图 5-4-4 几种波导中常见的电抗元件

**3. 信号调节元件**

信号调节元件用于控制调节信号的大小和相位，调节信号大小的装置元件为可变衰减器。其主要结构是在波导 $E$ 面放置一个位置可变动的涂有吸收材料的介质片。将该片状吸收装置两端都加工成尖劈状以减少反射。当其位于波导中央时吸收能量最强，对应衰减最大；当其位于靠近波导侧壁时吸收小，而衰减也小。其理想特性应为

$$\boldsymbol{S}=\begin{bmatrix} 0 & \mathrm{e}^{-\mathscr{A}} \\ -\mathrm{e}^{-\mathscr{A}} & 0 \end{bmatrix} \tag{5-4-4}$$

截止波导也可用作衰减器，这种衰减器不吸收能量，为电抗式反射型衰减器。在截止状态下，波导中 $\alpha=\sqrt{k_c^2-k^2}=k\sqrt{\left(\frac{\lambda}{\lambda_c}\right)^2-1}$，当 $\lambda \gg \lambda_c$ 时，总衰减量为 $\alpha l \approx \frac{2\pi}{\lambda_c} l$，与截止段长度成比例，可通过调节 $l$ 精确控制衰减量。移相器通过调节置于波节内的特殊形状介质

片(块)的位置改变相速 $v_p$，则相移量 $\beta l=\frac{\omega}{v_p}l$ 将发生变化。理想移相器的 **S** 矩阵应为

$$\boldsymbol{S}=\begin{bmatrix}0 & e^{-j\Delta\varphi}\\ e^{-j\Delta\varphi} & 0\end{bmatrix}\qquad \Delta\varphi=\beta l \tag{5-4-5}$$

**4. 过渡转换元件**

把不同类型(模式)的传输线连接在一起，使信号从一种传输线(模式)过渡到另一种传输线(模式)的装置统称为过渡转换元件。过渡转换元件有：矩形($TE_{10}$)-圆波导($TE_{11}$)过渡段，同轴(TEM)-波导($TE_{10}$)转换器、同轴(TEM)-微带(准 TEM)转换接头等。这类元件有些已做成标准商品，有些则需另外精心设计。

**5. 二端口不可逆元件**

在一段波导中放置一定形状的铁氧体，加上一个恒定磁场构成的单向隔离器和衰减器则成为最常用的二端口不可逆元件。理想隔离器的 **S** 矩阵为

$$\boldsymbol{S}=\begin{bmatrix}0 & 0\\ 1 & -1\end{bmatrix} \tag{5-4-6}$$

理想不可逆衰减器的 **S** 矩阵为

$$\boldsymbol{S}=\begin{bmatrix}0 & e^{-\alpha_2}\\ e^{-\alpha_1} & 0\end{bmatrix} \tag{5-4-7}$$

其中，$\alpha_2\gg\alpha_1$。

**6. 耦合激励元件**

给波导或谐振腔送入能量称为激励，取出能量称为耦合。伸入波导中的同轴线内导体可作探针。耦合环、波导壁的小孔、隙缝(见图 5-4-5)等都可根据实际选用。一般探针为辐射电流元；耦合环为辐射磁流元；小孔平面垂直于电场，为电偶极子辐射；小孔和隙缝切断壁电流，为磁偶子辐射。

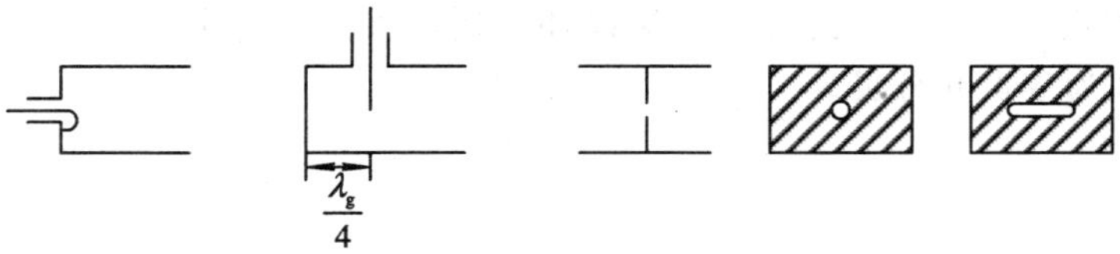


(a) 环　　(b) 探针　　(c) 孔或隙缝

图 5-4-5　耦合元件

## 5.4.3　微波三端口元件

由么正性可导出无耗三端口元件的两个重要定理。

**定理 1**　互易无耗三端口元件的三个端口不可能同时匹配。

**证明**　如果三个端口都匹配，则 $S_{11}=S_{22}=S_{33}=0$，且

$$\boldsymbol{S}^{T}\boldsymbol{S}=\begin{bmatrix}0 & S_{12}^{*} & S_{13}^{*}\\ S_{12}^{*} & 0 & S_{23}^{*}\\ S_{13}^{*} & S_{23}^{*} & 0\end{bmatrix}\begin{bmatrix}0 & S_{12} & S_{13}\\ S_{12} & 0 & S_{23}\\ S_{13} & S_{23} & 0\end{bmatrix}=\begin{bmatrix}1 & 0 & 0\\ 0 & 1 & 0\\ 0 & 0 & 1\end{bmatrix}$$

是无解的矛盾方程组。

**定理 2** 如果无耗三端口元件的三个端口都匹配，则必是非互易元件。

**证明** 由

$$\boldsymbol{S}^{\mathrm{T}}\boldsymbol{S}=\begin{bmatrix}0 & S_{21}^{*} & S_{31}^{*}\\ S_{12}^{*} & 0 & S_{32}^{*}\\ S_{13}^{*} & S_{23}^{*} & 0\end{bmatrix}\begin{bmatrix}0 & S_{12} & S_{13}\\ S_{21} & 0 & S_{23}\\ S_{31} & S_{32} & 0\end{bmatrix}=\begin{bmatrix}1 & 0 & 0\\ 0 & 1 & 0\\ 0 & 0 & 1\end{bmatrix}$$

可得：

$$\begin{cases}|S_{21}|^2+|S_{31}|^2=1\\ |S_{12}|^2+|S_{32}|^2=1,\\ |S_{13}|^2+|S_{23}|^2=1\end{cases}\qquad\begin{cases}S_{31}^{*}S_{32}=0\\ S_{21}^{*}S_{23}=0\\ S_{12}^{*}S_{23}=0\end{cases}$$

该方程在以下两种情况下有解：

$$\begin{cases}S_{12}=S_{23}=S_{31}=0\\ S_{21}=S_{32}=S_{13}=1\end{cases}\tag{5-4-8}$$

$$\begin{cases}S_{21}=S_{32}=S_{13}=0\\ S_{12}=S_{23}=S_{31}=1\end{cases}\tag{5-4-9}$$

满足式(5－4－8)的是三端口正向环行器，满足式(5－4－9)的是三端口逆向环行器(见图5－4－6)。这两种不可逆元件在实际中广泛应用。它们的 **S** 矩阵分别为

$$\boldsymbol{S}_{正}=\begin{bmatrix}0 & 0 & 1\\ 1 & 0 & 0\\ 0 & 1 & 0\end{bmatrix}\tag{5-4-10}$$

$$\boldsymbol{S}_{逆}=\begin{bmatrix}0 & 1 & 0\\ 0 & 0 & 1\\ 1 & 0 & 0\end{bmatrix}\tag{5-4-11}$$

式(5－4－10)和式(5－4－11)为理想三端口环行器的 **S** 矩阵。实际元件的隔离度在 40 dB 以上，插入衰减为零点几分贝。

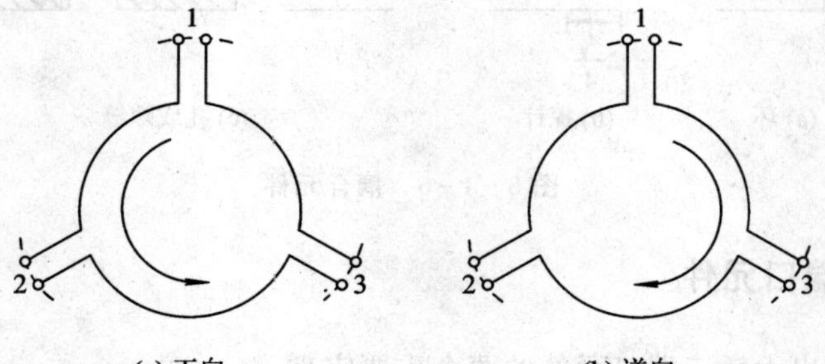


图 5－4－6　三端口环行器

另一类重要的三端口元件为 T 形接头。各种传输线在三结合部都需用 T 形接头。矩形波导的两种典型接头如图 5－4－7 所示，图(a)从 $H$ 面分岔，称为 $H-\mathrm{T}$，图(b)为 $E$ 面分岔，称为 $E-\mathrm{T}$。

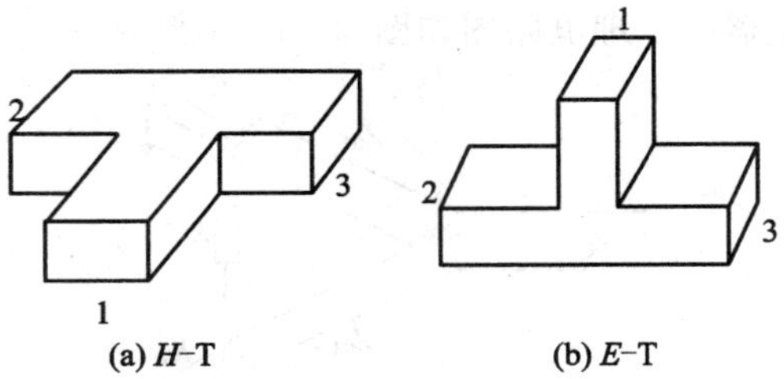


图 5-4-7　波导 T 形接头

理想无耗 T 形接头在图示的端口编号下，其 $\boldsymbol{S}$ 矩阵分别为

$$\boldsymbol{S}_H=\begin{bmatrix}0 & \frac{1}{\sqrt{2}} & \frac{1}{\sqrt{2}}\\ \frac{1}{\sqrt{2}} & -\frac{1}{2} & \frac{1}{2}\\ \frac{1}{\sqrt{2}} & \frac{1}{2} & -\frac{1}{2}\end{bmatrix} \tag{5-4-12}$$

$$\boldsymbol{S}_E=\begin{bmatrix}0 & \frac{1}{\sqrt{2}} & -\frac{1}{\sqrt{2}}\\ \frac{1}{\sqrt{2}} & \frac{1}{2} & \frac{1}{2}\\ -\frac{1}{\sqrt{2}} & \frac{1}{2} & \frac{1}{2}\end{bmatrix} \tag{5-4-13}$$

这两种元件对两路从二端口和三端口输入的信号有加减功能，在圆锥扫描天线馈线的和-差网络中是必不可少的。

功率分配器是又一类重要的三端口元件。一个输入功率 $P_1$ 按比例分成 $P_2$ 和 $P_3$，且 $P_2$ 和 $P_3$ 两路隔离，一端口匹配。由定理 1 可知，这种理想的二路三端口功率分配器用无耗网络无法实现。为了达到 $P_2$ 和 $P_3$ 路理想隔离，在二端口和三端口之间连接一个电阻构成有耗三端口网络。设一端口阻抗为 $Z_0$，两支路传输线特性阻抗为 $Z_{02}$ 和 $Z_{03}$，功率分配系数 $K=\sqrt{\dfrac{P_2}{P_3}}$，$Z_{02}$ 和 $Z_{03}$ 长度为 $\dfrac{\lambda}{4}$，$Z_0$、$Z_{02}$、$Z_{03}$、$K$、$R$ 满足如下关系时可实现二端口和三端口的理想隔离：

$$Z_{03}=Z_0\sqrt{\frac{1+K^2}{K^3}} \tag{5-4-14(a)}$$

$$Z_{02}=K^2Z_{03}=Z_0\sqrt{K(1+K^2)} \tag{5-4-14(b)}$$

$$R=Z_0\left(K+\frac{1}{K}\right) \tag{5-4-14(c)}$$

对于二端口和三端口，输出阻抗的要求是：

$$\begin{cases}R_{2l}=KZ_0\\ R_{3l}=\dfrac{Z_0}{K}\end{cases} \tag{5-4-15}$$

这种有耗三端口功率分配器的原理电路图如图 5-4-8 所示。

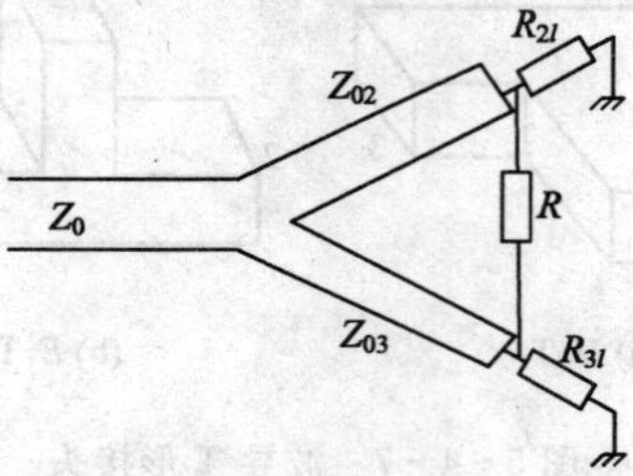


图 5-4-8　有耗三端口功率分配器

## 思考练习题

1. 分析抗流短路活塞和波导法兰盘的工作原理。

2. 二端口波导元件都有哪几类?

3. 根据 $H$-T 和 $E$-T 的 **S** 矩阵说明这两种三端口元件分别从一、二、三端口输入功率后其他端口如何输出，从二和三端口同时输入功率后其他端口又如何输出。

4. 不可逆二、三端口元件是什么? 各有什么特性?

# 5.5　微波四端口元件

微波四端口元件在微波测量、微波设备电路中广泛应用。它们大都具有对称或反对称的结构特点。本节将介绍对称四端口元件的 **S** 矩阵、常用的四端口元件，重点介绍微波定向耦合器。

## 5.5.1　对称、互易、无耗四端口元件的 *S* 矩阵

图 5-5-1 是一个与具有两个对称轴的对称结构四端口元件对应的一般网络表示图。由对称、互易条件可知，其 $S$ 参数应满足:

$$\begin{cases} S_{11} = S_{22} = S_{33} = S_{44} \\ S_{12} = S_{21} = S_{34} = S_{43} \\ S_{14} = S_{41} = S_{23} = S_{32} \\ S_{13} = S_{31} = S_{24} = S_{42} \end{cases} \tag{5-5-1}$$

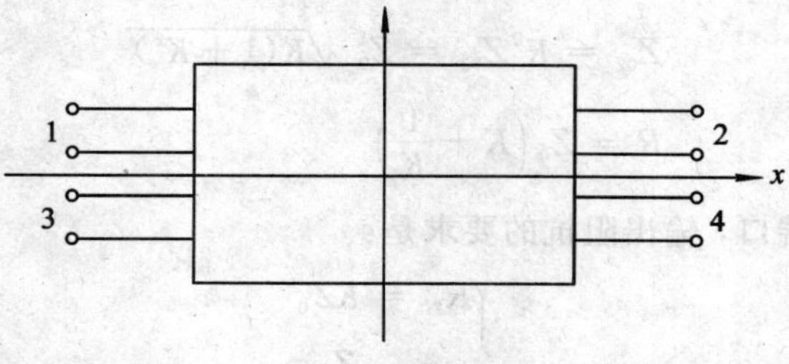


图 5-5-1　关于 $x$、$y$ 轴具有结构对称性的四端口网络

这种元件很容易将端口调至匹配，且一个端口匹配后其他端口也自动满足匹配条件，即 $S_{11}=S_{22}=S_{33}=S_{44}=0$，这样匹配的对称、互易元件只剩下三个独立参数。设其 $\boldsymbol{S}$ 矩阵为

$$\boldsymbol{S}=\begin{bmatrix}0 & S_{12} & S_{13} & S_{14}\\ S_{12} & 0 & S_{14} & S_{13}\\ S_{13} & S_{14} & 0 & S_{12}\\ S_{14} & S_{13} & S_{12} & 0\end{bmatrix} \tag{5-5-2}$$

如果元件是无耗的，同时要满足么正性，则必有：

$$\boldsymbol{S}^{\mathrm{T}}\boldsymbol{S}=\begin{bmatrix}0 & S_{12}^* & S_{13}^* & S_{14}^*\\ S_{12}^* & 0 & S_{14}^* & S_{13}^*\\ S_{13}^* & S_{14}^* & 0 & S_{12}^*\\ S_{14}^* & S_{13}^* & S_{12}^* & 0\end{bmatrix}\begin{bmatrix}0 & S_{12} & S_{13} & S_{14}\\ S_{12} & 0 & S_{14} & S_{13}\\ S_{13} & S_{14} & 0 & S_{12}\\ S_{14} & S_{13} & S_{12} & 0\end{bmatrix}=\begin{bmatrix}1 & 0 & 0 & 0\\ 0 & 1 & 0 & 0\\ 0 & 0 & 1 & 0\\ 0 & 0 & 0 & 1\end{bmatrix} \tag{5-5-3(a)}$$

可得到：

$$\begin{cases}S_{12}^2+S_{13}^2+S_{14}^2=1\\ S_{13}^*S_{14}+S_{14}^*S_{13}=0\\ S_{12}^*S_{13}+S_{13}^*S_{12}=0\\ S_{14}^*S_{12}+S_{12}^*S_{14}=0\end{cases} \tag{5-5-3(b)}$$

该方程组有解的条件是 $S_{12}$、$S_{13}$、$S_{14}$ 中必有一个为零。

(1) 设 $S_{14}=0$，则式(5-5-3)变为

$$\begin{cases}|S_{12}|^2+|S_{13}|^2=1\\ S_{12}^*S_{13}+S_{13}^*S_{12}=0\end{cases} \tag{5-5-4}$$

设 $S_{13}=C$，则 $|S_{12}|=\sqrt{1-C^2}$，且

$$-\theta_{12}+\theta_{13}-(-\theta_{13}+\theta_{12})=\pm\pi$$

即

$$\theta_{13}-\theta_{12}=\pm\frac{\pi}{2}$$

所以

$$S_{12}=\pm\mathrm{j}\sqrt{1-C^2}$$

$\boldsymbol{S}$ 矩阵应为

$$\boldsymbol{S}=\begin{bmatrix}0 & \pm\mathrm{j}\sqrt{1-C^2} & C & 0\\ \pm\mathrm{j}\sqrt{1-C^2} & 0 & 0 & C\\ C & 0 & 0 & \pm\mathrm{j}\sqrt{1-C^2}\\ 0 & C & \pm\mathrm{j}\sqrt{1-C^2} & 0\end{bmatrix} \tag{5-5-5}$$

(2) 设 $S_{13}=0$，则有：

$$\begin{cases}S_{12}^2+S_{14}^2=1\\ S_{14}^*S_{12}+S_{12}^*S_{14}=0\end{cases}$$

若 $S_{14}=C$，$S_{12}=\pm j\sqrt{1-C^2}$，则

$$S=\begin{bmatrix} 0 & \pm j\sqrt{1-C^2} & 0 & C \\ \pm j\sqrt{1-C^2} & 0 & C & 0 \\ 0 & C & 0 & \pm j\sqrt{1-C^2} \\ C & 0 & \pm j\sqrt{1-C^2} & 0 \end{bmatrix} \tag{5-5-6}$$

(3) 设 $S_{12}=0$，则有：

$$\begin{cases} S_{13}^2+S_{14}^2=1 \\ S_{13}^*S_{14}+S_{14}^*S_{13}=0 \end{cases}$$

若 $S_{13}=C$，则

$$S_{14}=\pm j\sqrt{1-C^2}$$

$S$ 矩阵为

$$S=\begin{bmatrix} 0 & 0 & C & \pm j\sqrt{1-C^2} \\ 0 & 0 & \pm j\sqrt{1-C^2} & C \\ C & \pm j\sqrt{1-C^2} & 0 & 0 \\ \pm j\sqrt{1-C^2} & C & 0 & 0 \end{bmatrix} \tag{5-5-7}$$

在图 5-5-1 所示的端口排列下，对称、互易、无耗四端口元件的 $S$ 矩阵只有这三种可能的形式。如果端口排列序号变化，则矩阵形式随之变化。

同理可证，两个对称面中有一个是反对称时，$\frac{\pi}{2}$的相位差变成 0 或 π。

四端口元件中 $C$ 的取值有两种情况比较常见。第一种情况是 $C=\frac{1}{\sqrt{2}}$，各种 3 dB 微波电桥中都属这种情况。第二种情况是 $C=K$，取指定的较小值，这时 $K$ 为耦合系数，四端口定向耦合器多属此类情况。非理想四端口元件的反射系数不为零，但很小。隔离端口也可能有很小的功率输出。

## 5.5.2 常见的微波四端口元件及其 S 矩阵

以下几种四端口元件是微波电路中经常使用的，它们的结构尺寸、阻抗关系都是按照微波理论来计算的，这里只给出元件特性的 $S$ 矩阵表示。它们都具有对称或反对称结构特点，因此 $S$ 矩阵都属于 5.5.1 节讨论的几种类型中的一种。

**1. 微带定向耦合器**

微带定向耦合器如图 5-5-2 所示，其端口阻抗为 $Z_0$，耦合段电长度 $\theta=90°$，耦合系数为 $K$，隔离端口为四端口，则

$$\begin{cases} Z_{0e}=Z_0\sqrt{\dfrac{1+K}{1-K}} \\ Z_{0o}=Z_0\sqrt{\dfrac{1-K}{1+K}} \\ Z_{0e}\cdot Z_{0o}=Z_0^2 \end{cases} \tag{5-5-8}$$

$$
S = \begin{bmatrix} 0 & -j\sqrt{1-K^2} & K & 0 \\ -j\sqrt{1-K^2} & 0 & 0 & K \\ K & 0 & 0 & -j\sqrt{1-K^2} \\ 0 & K & -j\sqrt{1-K^2} & 0 \end{bmatrix} \tag{5-5-9}
$$

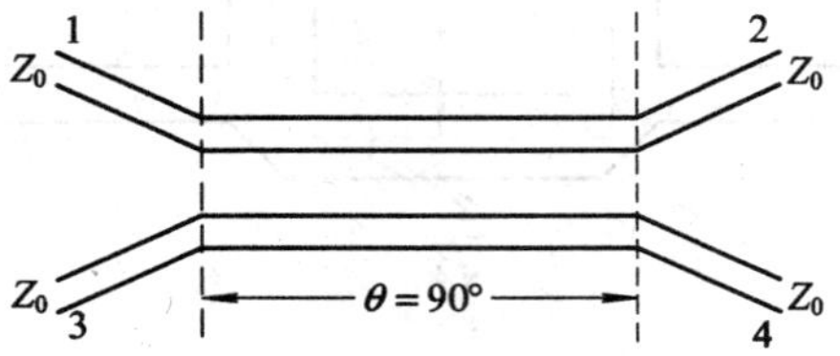


图 5-5-2　微带定向耦合器

**2. 波导多孔定向耦合器**

波导多孔定向耦合器如图 5-5-3 所示，其一般孔距为$\frac{\lambda_g}{4}$，孔的大小按响应特性设计，则

$$
S = \begin{bmatrix} 0 & -j\sqrt{1-K^2} & 0 & K \\ -j\sqrt{1-K^2} & 0 & K & 0 \\ 0 & K & 0 & -j\sqrt{1-K^2} \\ K & 0 & -j\sqrt{1-K^2} & 0 \end{bmatrix} \tag{5-5-10}
$$

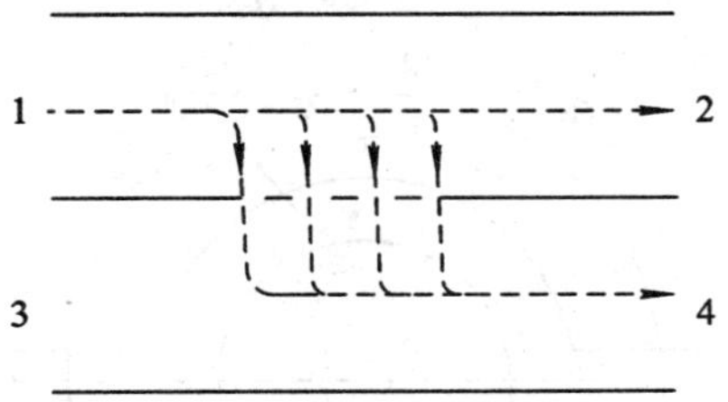


图 5-5-3　波导多孔定向耦合器

**3. 微带 90°分支电桥**

微带 90°分支电桥的各段特性阻抗和长度如图 5-5-4 所示，其 $\boldsymbol{S}$ 矩阵为

$$
S = \begin{bmatrix} 0 & \frac{1}{\sqrt{2}} & 0 & \frac{-j}{\sqrt{2}} \\ \frac{1}{\sqrt{2}} & 0 & \frac{-j}{\sqrt{2}} & 0 \\ 0 & \frac{-j}{\sqrt{2}} & 0 & \sqrt{2} \\ \frac{-j}{\sqrt{2}} & 0 & \sqrt{2} & 0 \end{bmatrix} \tag{5-5-11}
$$

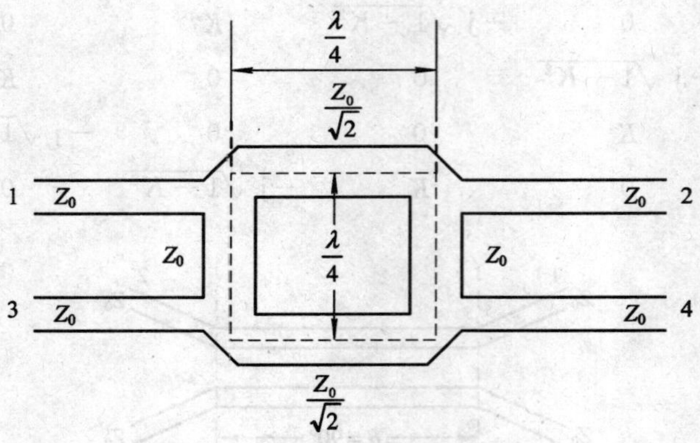


图 5-5-4　微带 90°分支电桥

**4. 微带环形电桥**

微带环形电桥如图 5-5-5 所示，其各端口特性阻抗为 $Z_0$，圆环总长为 1.5λ，特性阻抗为$\sqrt{2}Z_0$，则 **S** 矩阵为

$$\boldsymbol{S}=\begin{bmatrix} 0 & \frac{-\mathrm{j}}{\sqrt{2}} & 0 & \frac{\mathrm{j}}{\sqrt{2}} \\ \frac{-\mathrm{j}}{\sqrt{2}} & 0 & \frac{-\mathrm{j}}{\sqrt{2}} & 0 \\ 0 & \frac{-\mathrm{j}}{\sqrt{2}} & 0 & \frac{-\mathrm{j}}{\sqrt{2}} \\ \frac{\mathrm{j}}{\sqrt{2}} & 0 & \frac{-\mathrm{j}}{\sqrt{2}} & 0 \end{bmatrix} \tag{5-5-12}$$

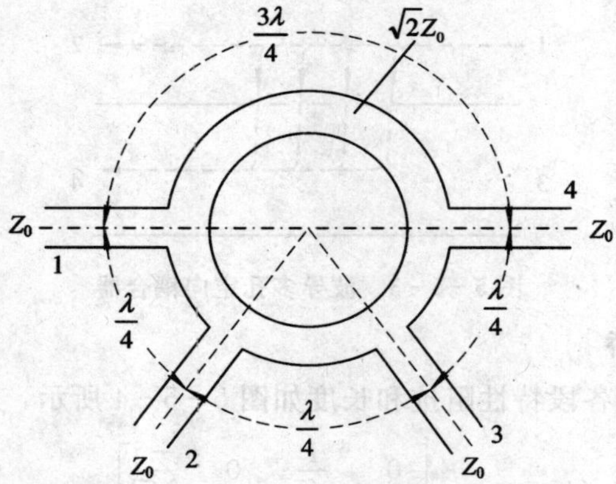


图 5-5-5　微波环行电桥

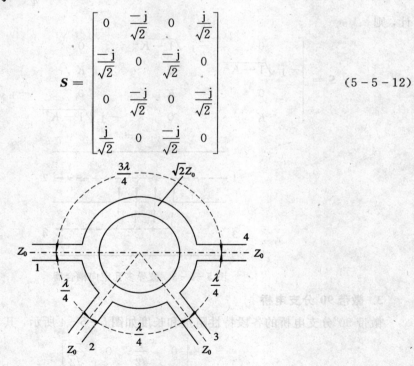

该四端口元件关于二、三端口轴线对称，关于一、三端口轴线和二、四端口轴线是反对称的。

**5. 魔 T**

魔 T 如图 5-5-6 所示。图中，$H$-T 和 $E$-T 叠成双 T，再调匹配即成为魔 T，则 **S** 矩阵为

$$
\boldsymbol{S}=\begin{bmatrix} 0 & \frac{1}{\sqrt{2}} & \frac{1}{\sqrt{2}} & 0 \\ \frac{1}{\sqrt{2}} & 0 & 0 & \frac{1}{\sqrt{2}} \\ \frac{1}{\sqrt{2}} & 0 & 0 & -\frac{1}{\sqrt{2}} \\ 0 & \frac{1}{\sqrt{2}} & \frac{-1}{\sqrt{2}} & 0 \end{bmatrix} \tag{5-5-13}
$$

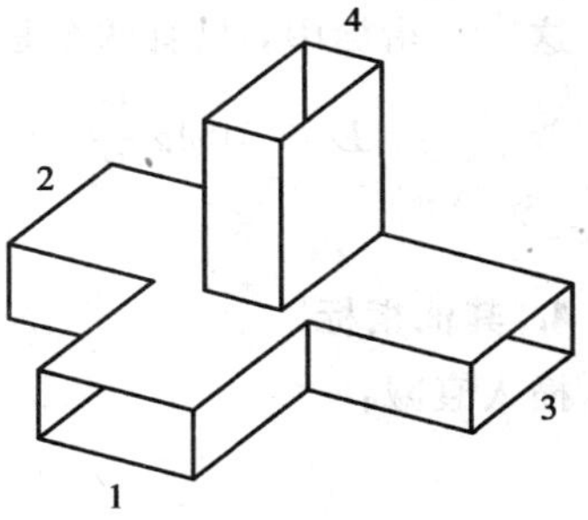


图 5-5-6　魔 T

该元件的二端口和三端口关于一端口全对称，关于四端口是反对称的。

## 5.5.3　微波定向耦合器

5.5.2 节介绍的五种元件中，前三种元件都有一个共同点，即互相耦合的两条传输线中有一条是直通的，另外一条的一个端口有耦合输出，另一个端口无输出。无输出的端口称为隔离口。由于耦合端只在一个方向上，因此这类四端口元件统称为定向耦合器。这是一类有广泛用途的四端口元件。耦合端口输出电压与输入电压之比称为耦合系数 $K$。实用定向耦合器中耦合系数的取值范围是

$$
0<K\leqslant\frac{1}{\sqrt{2}} \tag{5-5-14}
$$

$K$ 值较小的定向耦合器在耦合输出端监测主通道传输的大功率，$K$ 值较大的定向耦合器可作为功率分配器与信号合成使用，实用中以 $K=\frac{1}{\sqrt{2}}$ 的 3 dB 定向耦合器居多。定向耦合器的定向耦合原理是：支路多渠道耦合信号在耦合端口叠加，在隔离端口相互抵消。理想定向耦合一般只能在一个频率点上实现，式(5-5-9)～式(5-5-11)的矩阵只对理想定向耦合器适用。实际的定向耦合器都是在规定的频带范围内接近理想特性。偏离理想特性的误差上限就是实际定向耦合器的指标，这些指标有以下几个。

**1. 耦合度 $C$**

若规定一端口为输入端口，二端口为传输端口，三端口为耦合端口，四端口为隔离端口，则

$$
C=10\lg\frac{P_1}{P_3} \tag{5-5-15}
$$

**2. 方向性 $D$**

其定义为

$$
D=10\lg\frac{P_3}{P_4} \tag{5-5-16}
$$

**3. 隔离度 $I$**

其定义为

$$
I=10\lg\frac{P_1}{P_4}
$$

这三个指标中，只有两个是独立的，因为

$$D = 10\lg\frac{P_3}{P_4} = 10\lg\frac{P_3}{P_1}\frac{P_1}{P_4} = 10\lg\frac{P_1}{P_4} - 10\lg\frac{P_1}{P_3} = I - C \qquad (5-5-17)$$

或

$$I = C + D$$

**4. 其他指标**

插入衰减：

$$L = 10\lg\frac{P_1}{P_2} \qquad (5-5-18)$$

输入驻波比：

$$\rho = \frac{1+|S_{11}|}{1-|S_{11}|} \qquad (5-5-19)$$

由这些指标的定义可知，指标与 $S$ 参数有以下的关系：

$$\begin{cases} K = |S_{31}| \\ C = 10\lg\dfrac{1}{|S_{31}|^2} \\ |S_{31}| = 10^{-\frac{C}{20}} \end{cases} \qquad (5-5-20)$$

$$\begin{cases} I = 10\lg\dfrac{1}{|S_{41}|^2} \\ |S_{41}| = 10^{-\frac{I}{20}} \end{cases} \qquad (5-5-21)$$

$$\begin{cases} L = 10\lg\dfrac{P_1}{P_2} = 10\lg\dfrac{1}{|S_{21}|^2} \\ |S_{21}| = 10^{-\frac{L}{20}} \end{cases} \qquad (5-5-22)$$

$$D = I - C = 10\lg\frac{1}{|S_{14}|^2} - 10\lg\frac{1}{|S_{13}|^2} = 20\lg\frac{|S_{13}|}{|S_{14}|} \qquad (5-5-23)$$

$$\begin{cases} \rho = \dfrac{1+|S_{11}|}{1-|S_{11}|} \\ |S_{11}| = \dfrac{\rho-1}{\rho+1} \end{cases} \qquad (5-5-24)$$

所以用指标写出实际定向耦合器的 $\boldsymbol{S}$ 矩阵应为

$$\boldsymbol{S} = \begin{bmatrix} \dfrac{\rho-1}{\rho+1} & \pm j10^{-\frac{L}{20}} & 10^{-\frac{C}{20}} & \pm j10^{-\frac{I}{20}} \\ \pm j10^{-\frac{L}{20}} & \dfrac{\rho-1}{\rho+1} & \pm j10^{-\frac{I}{20}} & 10^{-\frac{C}{20}} \\ 10^{-\frac{C}{20}} & \pm j10^{-\frac{I}{20}} & \dfrac{\rho-1}{\rho+1} & \pm j10^{-\frac{L}{20}} \\ \pm j10^{-\frac{I}{20}} & 10^{-\frac{C}{20}} & \pm j10^{-\frac{L}{20}} & \dfrac{\rho-1}{\rho+1} \end{bmatrix}$$

# 思考练习题

1. 设一四端口网络的 **S** 矩阵为

$$\boldsymbol{S}=\begin{bmatrix} 0 & 0 & \pm \mathrm{j}\sqrt{1-K^2} & K \\ 0 & 0 & K & \pm \mathrm{j}\sqrt{1-K^2} \\ \pm \mathrm{j}\sqrt{1-K^2} & K & 0 & 0 \\ K & \pm \mathrm{j}\sqrt{1-K^2} & 0 & 0 \end{bmatrix}$$

这是一个什么性质的网络？试画出其模型，并标出端口编号。

2. 已知一定向耦合器的 **S** 矩阵为

$$\boldsymbol{S}=\begin{bmatrix} 0.01 & \mathrm{j}0.8 & 0.8 & \mathrm{j}0.001 \\ \mathrm{j}0.8 & 0.01 & \mathrm{j}0.001 & 0.2 \\ 0.2 & \mathrm{j}0.001 & 0.1 & \mathrm{j}0.8 \\ \mathrm{j}0.001 & 0.2 & \mathrm{j}0.8 & 0.1 \end{bmatrix}$$

该定向耦合器的 $C$、$D$、$I$、$L$、$\rho$ 各为多少？该元件是无耗元件吗？

3. 已知定向耦合指标为 $C=10$ dB，$D=20$ dB，$L=0.2$ dB，$\rho=1.05$，其耦合系数 $K$ 和隔离度 $I$ 为多少？写出其 **S** 矩阵。

## 5.6 微波网络的相互联接

将微波传输线与微波元件联接起来可构成对微波信号具有变换处理功能的微波电路。微波设备和系统只不过是功能更复杂的网络结构和外围设备的组合而已。有源电路部分我们将在本书的后 5 章进行介绍。无源电路部分主要介绍传输线与微波元件的联接。本节将介绍几种常用的联接方法。

### 5.6.1 二端口元件的联接

二端口元件在微波电路中用得最多。熟练掌握它们的传输特性和联接方法是学好微波电路的前提。

**1. 传输特性**

信号通过二端口网络后，电压传输系数为 $T=|S_{21}|$，相位变化为 $\theta_{21}$，时延为 $\tau=\dfrac{\theta_{21}}{\omega}$，插入衰减为 $L=10\ \lg\dfrac{1}{|S_{21}|^2}$ (dB)。终端接一个负载为 $Z_l$，对应的终端反射系数为 $\Gamma_l=\dfrac{Z_l-Z_{02}}{Z_l+Z_{02}}$，在网络输入端呈现的反射系数为

$$\Gamma_{\text{in}}=S_{11}+\frac{S_{12}S_{21}\Gamma_l}{1-S_{22}\Gamma_l} \qquad (5-6-1)$$

式(5-6-1)是测量二端口网络参数的基本关系式，用几个已知负载(通常为匹配、短路、开路等)接在终端，测出相应的$\Gamma_{in}$，可联立求解出各$S$参数。

**2. 二端口网络的几种联接方法**

(1) 二端口网络的串联联接方式如图5-6-1所示。

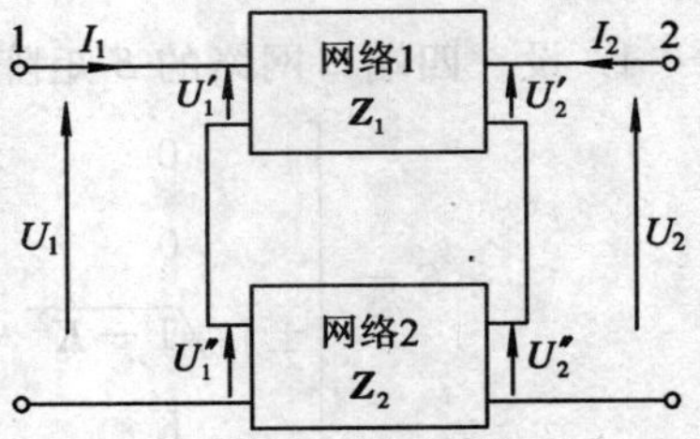


图5-6-1　二端口网络的串联联接方式

图中：

$$U_1=U_1'+U_1''$$
$$U_2=U_2'+U_2''$$
$$I_1'=I_1''=I_1$$
$$I_2'=I_2''=I_2$$
$$U_1=U_1'+U_1''=(Z_{11}'+Z_{11}'')I_1+(Z_{12}'+Z_{12}'')I_2$$
$$U_2=U_2'+U_2''=(Z_{21}'+Z_{21}'')I_1+(Z_{22}'+Z_{22}'')I_2$$

所以

$$\begin{bmatrix}U_1\\U_2\end{bmatrix}=\begin{bmatrix}Z_{11}'+Z_{11}'' & Z_{12}'+Z_{12}''\\Z_{21}'+Z_{21}'' & Z_{22}'+Z_{22}''\end{bmatrix}\begin{bmatrix}I_1\\I_2\end{bmatrix}=\boldsymbol{Z}\begin{bmatrix}I_1\\I_2\end{bmatrix}$$

$$\boldsymbol{Z}=\boldsymbol{Z}_1+\boldsymbol{Z}_2 \tag{5-6-2}$$

二端口网络串联时，阻抗矩阵相加。

(2) 二端口网络并联联接方式如图5-6-2所示。

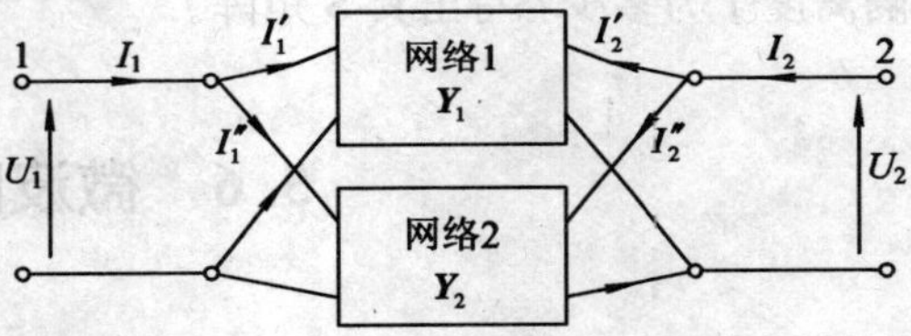


图5-6-2　二端口网络的并联联接方式

图中：

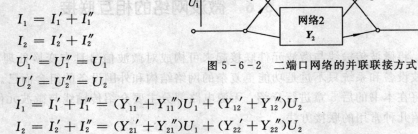

$$I_1=I_1'+I_1''$$
$$I_2=I_2'+I_2''$$
$$U_1'=U_1''=U_1$$
$$U_2'=U_2''=U_2$$
$$I_1=I_1'+I_1''=(Y_{11}'+Y_{11}'')U_1+(Y_{12}'+Y_{12}'')U_2$$
$$I_2=I_2'+I_2''=(Y_{21}'+Y_{21}'')U_1+(Y_{22}'+Y_{22}'')U_2$$

所以

$$\begin{bmatrix}I_1\\I_2\end{bmatrix}=\begin{bmatrix}Y_{11}'+Y_{11}'' & Y_{12}'+Y_{12}''\\Y_{21}'+Y_{21}'' & Y_{22}'+Y_{22}''\end{bmatrix}\begin{bmatrix}U_1\\U_2\end{bmatrix}=\boldsymbol{Y}\begin{bmatrix}U_1\\U_2\end{bmatrix}$$

$$\boldsymbol{Y}=\boldsymbol{Y}_1+\boldsymbol{Y}_2 \tag{5-6-3}$$

二端口网络并联时，导纳矩阵相加。

**3. 二端口网络级联**

二端口网络级联联接方式如图5-6-3所示。

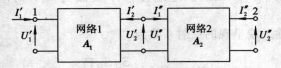


图5-6-3　二端口网络的级联联接方式

图中：

$$U_1 = U_1' \qquad I_1 = I_1'$$
$$U_2' = U_1'' \qquad -I_2' = I_1''$$
$$I_2 = I_2'' \qquad U_2 = U_2''$$

$$\begin{bmatrix} U_1 \\ I_1 \end{bmatrix} = \begin{bmatrix} U_1' \\ I_1' \end{bmatrix} = \begin{bmatrix} A_{11}' & A_{12}' \\ A_{21}' & A_{22}' \end{bmatrix}\begin{bmatrix} U_2' \\ -I_2' \end{bmatrix} = \begin{bmatrix} A_{11}' & A_{12}' \\ A_{21}' & A_{22}' \end{bmatrix}\begin{bmatrix} U_1'' \\ I_1'' \end{bmatrix}$$
$$= \begin{bmatrix} A_{11}' & A_{12}' \\ A_{21}' & A_{22}' \end{bmatrix}\begin{bmatrix} A_{11}'' & A_{12}'' \\ A_{21}'' & A_{22}'' \end{bmatrix}\begin{bmatrix} U_2'' \\ -I_2'' \end{bmatrix} = \mathbf{A}\begin{bmatrix} U_2 \\ -I_2 \end{bmatrix}$$

所以

$$\mathbf{A} = \mathbf{A}_1 \mathbf{A}_2 \tag{5-6-4}$$

二端口网络级联时，转移矩阵按次序相乘。若级联级数为 $n$，则有：

$$\mathbf{A} = \prod_{i=1}^{n} \mathbf{A}_i \tag{5-6-5}$$

在微波电路中，二端口网络级联的情况用得最多。滤波器设计中用到影像阻抗的概念。当负载为 $Z_l$ 时：

$$Z_{\text{in}} = \frac{A_{11} Z_l + A_{12}}{A_{21} Z_l + A_{22}} \tag{5-6-6}$$

当 $Z_{\text{in}} = Z_l = Z_{\text{im}}$ 时，$Z_{\text{im}}$ 称为二端口网络的影像阻抗。它可以由二端口网络的转移参数直接按式(5-6-6)解出。

## 5.6.2　多端口网络的简化

已知一个 $n$ 端口网络的 $\boldsymbol{S}$ 矩阵，将其中 $p$ 个端口接上已知负载后，外接端口只剩下 $m=n-p$ 个，这个新的 $m$ 端口网络的 $\boldsymbol{S}$ 矩阵可由原来 $n$ 端口网络的 $\boldsymbol{S}$ 矩阵和 $p$ 个端口上的负载共同导出。

图 5-6-4 所示的 $n$ 端口网络在未接负载前的 $\boldsymbol{S}$ 矩阵为

$$\boldsymbol{S} = \begin{bmatrix} S_{11} & \cdots & S_{1n} \\ \vdots & & \vdots \\ S_{n1} & \cdots & S_{nn} \end{bmatrix} \tag{5-6-7}$$

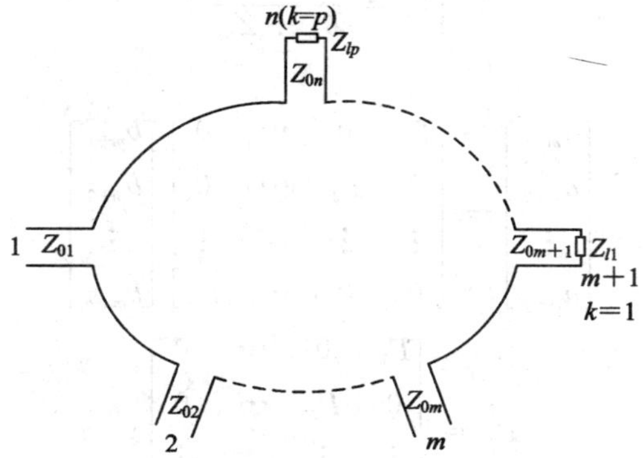

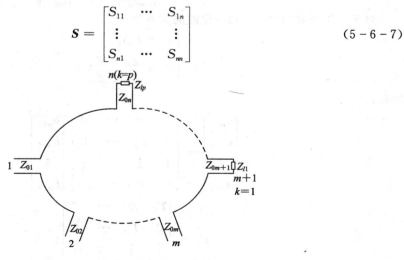

图 5-6-4　$p$ 个端口接负载的 $n$ 端口网络

设第 $k$ 个端口接的负载为 $Z_{lk}(k=1,\cdots,p)$，则

$$\Gamma_k=\frac{Z_{lk}-Z_{0k}}{Z_{lk}+Z_{0k}} \tag{5-6-8}$$

将原来的 $n$ 端口网络重新排列，未接负载的端口依次排列为 1，2，…，$m$，接负载的 $p$ 个端口依次排列为

$$m+1(k=1),\ m+2(k=2),\ \cdots,\ m+p\ (k=p)$$

**S** 矩阵重新变更为

$$\boldsymbol{S}=\left[\begin{array}{cccc|ccc} S_{11} & S_{12} & \cdots & S_{1m} & S_{1,m+1} & \cdots & S_{1n} \\ S_{21} & S_{22} & \cdots & S_{2m} & S_{2,m+1} & \cdots & S_{2n} \\ \vdots & \vdots & & \vdots & \vdots & & \vdots \\ S_{m1} & S_{m2} & \cdots & S_{mm} & S_{m,m+1} & \cdots & S_{mn} \\ \hline S_{m+1,1} & S_{m+1,2} & \cdots & S_{m+1,m} & S_{m+1,m+1} & \cdots & S_{m+1,n} \\ \vdots & \vdots & & \vdots & \vdots & & \vdots \\ S_{n1} & S_{n2} & \cdots & S_{nm} & S_{n,m+1} & \cdots & S_{nn} \end{array}\right] \tag{5-6-9}$$

令分块矩阵：

$$\left\{\begin{aligned} \boldsymbol{S}_{\mathrm{I\,I}} &= \begin{bmatrix} S_{11} & \cdots & S_{1m} \\ \vdots & & \vdots \\ S_{m1} & \cdots & S_{mm} \end{bmatrix} \\ \boldsymbol{S}_{\mathrm{I\,II}} &= \begin{bmatrix} S_{1,m+1} & \cdots & S_{1n} \\ \vdots & & \vdots \\ S_{m,m+1} & \cdots & S_{mn} \end{bmatrix} \\ \boldsymbol{S}_{\mathrm{II\,I}} &= \begin{bmatrix} S_{m+1,1} & \cdots & S_{m+1,m} \\ \vdots & & \vdots \\ S_{n1} & \cdots & S_{nm} \end{bmatrix} \\ \boldsymbol{S}_{\mathrm{II\,II}} &= \begin{bmatrix} S_{m+1,m+1} & \cdots & S_{m+1,n} \\ \vdots & & \vdots \\ S_{n,m+1} & \cdots & S_{nn} \end{bmatrix} \end{aligned}\right. \tag{5-6-10}$$

对于已接负载的端口，归一化波的关系为

$$\left\{\begin{aligned} a_k &= \Gamma_k b_k \\ \Gamma_k &= \frac{Z_{lk}-Z_{0k}}{Z_{lk}+Z_{0k}} \end{aligned}\right. \tag{5-6-11}$$

故有：

$$\begin{bmatrix} a_{m+1} \\ a_{m+2} \\ \vdots \\ a_{m+p} \end{bmatrix}=\begin{bmatrix} \Gamma_1 & 0 & \cdots & 0 \\ 0 & \Gamma_2 & \cdots & 0 \\ \vdots & \vdots & & \vdots \\ 0 & 0 & \cdots & \Gamma_p \end{bmatrix}\begin{bmatrix} b_{m+1} \\ b_{m+2} \\ \vdots \\ b_{m+p} \end{bmatrix} \tag{5-6-12}$$

$$\boldsymbol{\Gamma}_p=\begin{bmatrix} \Gamma_1 & 0 & \cdots & 0 \\ 0 & \Gamma_2 & \cdots & 0 \\ \vdots & \vdots & & \vdots \\ 0 & 0 & \cdots & \Gamma_p \end{bmatrix} \tag{5-6-13}$$

$\boldsymbol{\Gamma}_p$ 称为负载反射系数矩阵。式(5-6-12)可简写为

$$\boldsymbol{a}_{\mathrm{II}}=\boldsymbol{\Gamma}_p\boldsymbol{b}_{\mathrm{II}} \tag{5-6-14}$$

将该关系式代入原网络的信号关系式，得

$$\begin{bmatrix} b_1 \\ b_2 \\ \vdots \\ b_m \\ b_{m+1} \\ \vdots \\ b_n \end{bmatrix}=\begin{bmatrix} \boldsymbol{S}_{\mathrm{I\,I}} & \boldsymbol{S}_{\mathrm{I\,II}} \\ \boldsymbol{S}_{\mathrm{II\,I}} & \boldsymbol{S}_{\mathrm{II\,II}} \end{bmatrix}\begin{bmatrix} a_1 \\ a_2 \\ \vdots \\ a_m \\ a_{m+1} \\ \vdots \\ a_{m+p} \end{bmatrix}$$

令

$$\boldsymbol{b}_{\mathrm{I}}=\begin{bmatrix} b_1 \\ \vdots \\ b_m \end{bmatrix},\quad \boldsymbol{b}_{\mathrm{II}}=\begin{bmatrix} b_{m+1} \\ \vdots \\ b_n \end{bmatrix}$$

$$\boldsymbol{a}_{\mathrm{I}}=\begin{bmatrix} a_1 \\ \vdots \\ a_m \end{bmatrix},\quad \boldsymbol{a}_{\mathrm{II}}=\begin{bmatrix} a_{m+1} \\ \vdots \\ a_n \end{bmatrix}$$

则有：

$$\begin{cases} \boldsymbol{b}_{\mathrm{I}}=\boldsymbol{S}_{\mathrm{I\,I}}\boldsymbol{a}_{\mathrm{I}}+\boldsymbol{S}_{\mathrm{I\,II}}\boldsymbol{a}_{\mathrm{II}}=\boldsymbol{S}_{\mathrm{I\,I}}\boldsymbol{a}_{\mathrm{I}}+\boldsymbol{S}_{\mathrm{I\,II}}\boldsymbol{\Gamma}_p\boldsymbol{b}_{\mathrm{II}} \\ \boldsymbol{b}_{\mathrm{II}}=\boldsymbol{S}_{\mathrm{II\,I}}\boldsymbol{a}_{\mathrm{I}}+\boldsymbol{S}_{\mathrm{II\,II}}\boldsymbol{a}_{\mathrm{II}}=\boldsymbol{S}_{\mathrm{II\,I}}\boldsymbol{a}_{\mathrm{I}}+\boldsymbol{S}_{\mathrm{II\,II}}\boldsymbol{\Gamma}_p\boldsymbol{b}_{\mathrm{II}} \end{cases}$$

从上面第二式可解出：

$$\boldsymbol{b}_{\mathrm{II}}=(\boldsymbol{I}-\boldsymbol{S}_{\mathrm{II\,II}}\boldsymbol{\Gamma}_p)^{-1}\boldsymbol{S}_{\mathrm{II\,I}}\boldsymbol{a}_{\mathrm{I}}$$

将此关系代入第一式得：

$$\boldsymbol{b}_{\mathrm{I}}=[\boldsymbol{S}_{\mathrm{I\,I}}+\boldsymbol{S}_{\mathrm{I\,II}}\boldsymbol{\Gamma}_p(\boldsymbol{I}-\boldsymbol{S}_{\mathrm{II\,II}}\boldsymbol{\Gamma}_p)^{-1}\boldsymbol{S}_{\mathrm{II\,I}}]\boldsymbol{a}_{\mathrm{I}}$$

最后得到的新 $m$ 端口网络的 $\boldsymbol{S}$ 矩阵为

$$\boldsymbol{S}=\frac{\boldsymbol{b}_{\mathrm{I}}}{\boldsymbol{a}_{\mathrm{I}}}=\boldsymbol{S}_{\mathrm{I\,I}}+\boldsymbol{S}_{\mathrm{I\,II}}\boldsymbol{\Gamma}_p(\boldsymbol{I}-\boldsymbol{S}_{\mathrm{II\,II}}\boldsymbol{\Gamma}_p)^{-1}\boldsymbol{S}_{\mathrm{II\,I}} \tag{5-6-15}$$

### 5.6.3　两个多端口网络的任意联接

两个联接前的网络分别为 $m$ 端口和 $n$ 端口，其 $\boldsymbol{S}$ 矩阵分别为 $\boldsymbol{S}_{1m}$ 和 $\boldsymbol{S}_{2n}$。现将这两个网络的 $p$ 对端口相互联接($p<(m,n)_{\min}$)，构成一个新的微波网络(见图 5-6-5)，该网络有 $m+n-2p$ 个端口。这个新的 $m+n-2p$ 端口网络的 $\boldsymbol{S}$ 矩阵可由原来的两个网络的 $\boldsymbol{S}$ 矩阵导出，其方法如下：

(1) 把两个已知的 $\boldsymbol{S}_{1m}$ 和 $\boldsymbol{S}_{2n}$ 重新组合排列成一个新的 $\boldsymbol{S}_{m+n}$ 全矩阵。未连接的 $m+n-2p$ 个端口依次序 1，2，…，$k=m+n-2p$ 排在前面，如图 5-6-5 的圆圈中的数字所示。从第 $k+1$ 开始为相互联接端口，且相互联接的端口相邻，$k+1$ 和 $k+2$ 对接，…，$k+(2p-1)$ 和 $k+2p=m+n$ 对接。全矩阵为

$$
\boldsymbol{S}_{m+n}=\left[\begin{array}{ccc|ccc}
S_{11} & \cdots & S_{1k} & S_{1,k+1} & \cdots & S_{1,m+n} \\
\vdots & & \vdots & \vdots & & \vdots \\
S_{k1} & \cdots & S_{kk} & S_{k,k+1} & \cdots & S_{k,m+n} \\
\hline
S_{k+1,1} & \cdots & S_{k+1,k} & S_{k+1,k+1} & \cdots & S_{k+1,m+n} \\
\vdots & & \vdots & \vdots & & \vdots \\
S_{m+n,1} & \cdots & S_{m+n,k} & S_{m+n,k+1} & \cdots & S_{m+n,m+n}
\end{array}\right] \tag{5-6-16}
$$

全矩阵元素中不联接端口之间的信号无关，如图 5-6-5 中 $S_{15}=S_{51}=0$，$S_{14}=S_{41}=0$ 等，原来有关联的 $\boldsymbol{S}_{1m}$ 和 $\boldsymbol{S}_{2n}$ 中的元素仍为原值，未对接前 $S_{k+1,k+2}=0$。

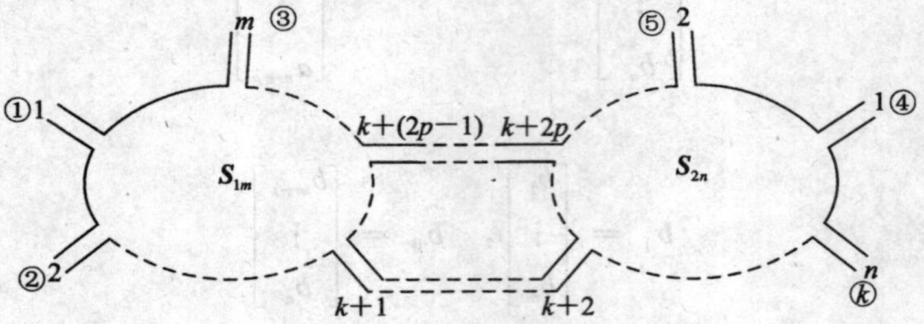


图 5-6-5　多端口网络的联接

(2) 相互对接的端口的信号有如下关系：

$$
\begin{aligned}
a_{k+1} &= b_{k+2} \\
b_{k+1} &= a_{k+2} \\
&\vdots \\
a_{k+2p-1} &= b_{k+2p} \\
b_{k+2p-1} &= a_{k+2p}
\end{aligned}
$$

写成矩阵表示式为

$$
\begin{bmatrix} b_{k+1} \\ b_{k+2} \\ \vdots \\ b_{k+2p} \end{bmatrix}=
\begin{bmatrix}
0 & 1 & 0 & \cdots & \cdots & 0 \\
1 & 0 & 0 & \cdots & \cdots & 0 \\
0 & \cdots & 0 & 1 & \cdots & 0 \\
0 & \cdots & 1 & 0 & \cdots & 0 \\
\vdots & \vdots & \vdots & \vdots & \vdots & \vdots \\
0 & \cdots & \cdots & \cdots & 0 & 1 \\
0 & \cdots & \cdots & \cdots & 1 & 0
\end{bmatrix}
\begin{bmatrix} a_{k+1} \\ a_{k+2} \\ \vdots \\ a_{k+2p} \end{bmatrix} \tag{5-6-17(a)}
$$

写成简化表示式为

$$
\boldsymbol{b}_{\mathrm{II}}=\boldsymbol{\beta}_{2p}\boldsymbol{a}_{\mathrm{II}} \quad 或 \quad \boldsymbol{a}_{\mathrm{II}}=\boldsymbol{\beta}\boldsymbol{b}_{\mathrm{II}} \tag{5-6-17(b)}
$$

对接矩阵 $\boldsymbol{\beta}_{2p}$ 有一个特性为 $\boldsymbol{\beta}_{2p}^{-1}=\boldsymbol{\beta}_{2p}$。

(3) 将式(5-6-16)所示的全矩阵分成四块为

$$
\boldsymbol{S}_{\mathrm{I\,I}}=\begin{bmatrix} S_{11} & \cdots & S_{1k} \\ \vdots & & \vdots \\ S_{k1} & \cdots & S_{kk} \end{bmatrix}
$$

$$\boldsymbol{S}_{\mathrm{I}\,\mathrm{II}}=\begin{bmatrix} S_{1,\,k+1} & \cdots & S_{1,\,m+n} \\ \vdots & & \vdots \\ S_{k,\,k+1} & \cdots & S_{k,\,m+n} \end{bmatrix}$$

$$\boldsymbol{S}_{\mathrm{II}\,\mathrm{I}}=\begin{bmatrix} S_{k+1,\,1} & \cdots & S_{k+1,\,k} \\ \vdots & & \vdots \\ S_{m+n,\,1} & \cdots & S_{m+1,\,m+n} \end{bmatrix}$$

$$\boldsymbol{S}_{\mathrm{II}\,\mathrm{II}}=\begin{bmatrix} S_{k+1,\,k+1} & \cdots & S_{k+1,\,m+n} \\ \vdots & & \vdots \\ S_{m+n,\,k+1} & \cdots & S_{m+n,\,m+n} \end{bmatrix}$$

归一化波用分块矩阵写成：

$$\begin{cases} \boldsymbol{b}_{\mathrm{I}} = \boldsymbol{S}_{\mathrm{I}\,\mathrm{I}}\boldsymbol{a}_{\mathrm{I}} + \boldsymbol{S}_{\mathrm{I}\,\mathrm{II}}\boldsymbol{a}_{\mathrm{II}} \\ \boldsymbol{b}_{\mathrm{II}} = \boldsymbol{S}_{\mathrm{II}\,\mathrm{I}}\boldsymbol{a}_{\mathrm{I}} + \boldsymbol{S}_{\mathrm{II}\,\mathrm{II}}\boldsymbol{a}_{\mathrm{II}} \end{cases} \tag{5-6-18}$$

式中：$\boldsymbol{b}_{\mathrm{I}}=\begin{bmatrix} b_1 \\ \vdots \\ b_k \end{bmatrix}$，$\boldsymbol{b}_{\mathrm{II}}=\begin{bmatrix} b_{k+1} \\ \vdots \\ b_{k+2p} \end{bmatrix}$，$\boldsymbol{a}_{\mathrm{I}}=\begin{bmatrix} a_1 \\ \vdots \\ a_k \end{bmatrix}$，$\boldsymbol{a}_{\mathrm{II}}=\begin{bmatrix} a_{k+1} \\ \vdots \\ a_{k+2p} \end{bmatrix}$。

(4) 将对接关系式(5-6-17(b))代入分块关系式(5-6-18)，得：

$$\begin{cases} \boldsymbol{b}_{\mathrm{I}} = \boldsymbol{S}_{\mathrm{I}\,\mathrm{I}}\boldsymbol{a}_{\mathrm{I}} + \boldsymbol{S}_{\mathrm{I}\,\mathrm{II}}\boldsymbol{\beta}_{2p}\boldsymbol{b}_{\mathrm{II}} \\ \boldsymbol{b}_{\mathrm{II}} = \boldsymbol{S}_{\mathrm{II}\,\mathrm{I}}\boldsymbol{a}_{\mathrm{I}} + \boldsymbol{S}_{\mathrm{II}\,\mathrm{II}}\boldsymbol{\beta}_{2p}\boldsymbol{b}_{\mathrm{II}} \end{cases} \tag{5-6-19}$$

从第二式可求出：

$$\boldsymbol{b}_{\mathrm{II}} = \boldsymbol{I} - \boldsymbol{S}_{\mathrm{II}\,\mathrm{II}}\boldsymbol{\beta}_{2p}^{-1}\boldsymbol{S}_{\mathrm{II}\,\mathrm{I}}$$

代入第一式得到：

$$\boldsymbol{b}_{\mathrm{I}} = [\boldsymbol{S}_{\mathrm{I}\,\mathrm{I}} + \boldsymbol{S}_{\mathrm{I}\,\mathrm{II}}\boldsymbol{\beta}_{2p}(\boldsymbol{I} - \boldsymbol{S}_{\mathrm{II}\,\mathrm{II}}\boldsymbol{\beta}_{2p})^{-1}\boldsymbol{S}_{\mathrm{II}\,\mathrm{I}}]\boldsymbol{a}_{\mathrm{I}}$$

联接后的 $m+n-2p=k$ 端口网络的 $\boldsymbol{S}$ 矩阵为

$$\boldsymbol{S}_k = \frac{\boldsymbol{b}_{\mathrm{I}}}{\boldsymbol{a}_{\mathrm{I}}} = \boldsymbol{S}_{\mathrm{I}\,\mathrm{I}} + \boldsymbol{S}_{\mathrm{I}\,\mathrm{II}}\boldsymbol{\beta}_{2p}(\boldsymbol{I} - \boldsymbol{S}_{\mathrm{II}\,\mathrm{II}}\boldsymbol{\beta}_{2p})^{-1}\boldsymbol{S}_{\mathrm{II}\,\mathrm{I}} \tag{5-6-20}$$

由于 $\boldsymbol{S}_{\mathrm{I}\,\mathrm{I}}$ 和 $\boldsymbol{S}_{\mathrm{II}\,\mathrm{II}}$ 的所有元素都为 0，所以式(5-6-20)事实上为

$$\boldsymbol{S}_k = \boldsymbol{S}_{\mathrm{I}\,\mathrm{II}}\boldsymbol{\beta}_{2p}\boldsymbol{S}_{\mathrm{II}\,\mathrm{I}} \tag{5-6-21}$$

## 思考练习题

1. 将魔 T 四端口接上匹配负载后其性能如何？

2. 两个耦合系数为 $K$ 的反向定向耦合器串联(传输口对下一输入口，隔离口对下一耦合口)后性能如何？

## 5.7 微波滤波器

微波滤波器是一种具有频率选择特性的无源二端口网络，在各种微波设备电路中广泛应用。设计微波滤波器的理论已相当成熟，有完整系统的计算公式、图表、曲线等供工程

技术人员使用。本节只介绍一些有关微波滤波器的基本概念和设计思想。有了这些基本知识和已学过的传输线及网络知识，就具备了利用有关设计参考资料设计微波滤波器的能力。

## 5.7.1　微波滤波器的分类与指标

微波滤波器按频率选择特性有低通、高通、带通和带阻滤波器四种类型。

微波滤波器按其单元结构有同轴、波导、带状线、微带、螺旋线和介质等类型。

微波滤波器按插入衰减特性有最大平坦型、契比雪夫等波纹衰减型和椭圆函数型三大类。

带通和带阻滤波器按相对频带宽度又有窄带、中等带宽和宽带三种。

此外，还有其他分类方法，这里就不一一列举了。

微波滤波器的指标有以下几个：

(1) 频带范围：低通滤波器为 $0\sim f_c$；带通滤波器为 $f_1\sim f_2$；带阻滤波器为 $0\sim f_1$；$f_2\sim\infty$；高通滤波器为 $f_c\sim\infty$。上面各频率都是通带内最大允许衰减对应的通带和止带的交界频率。

(2) 通带内最大衰减 $L_{pr}$(dB)：在通带内，$L<L_{pr}$；在通带外，$L>L_{pr}$。

(3) 止带衰减 $L_{sr}|_{f_c}$(dB)：在通带外指定的频率上允许的最小衰减。该点越靠近通带边缘，$L_{sr}$越大，其特性越接近理想特性，但滤波器的结构越复杂。

(4) 输入驻波比 $\rho$：在通带范围内允许的驻波比为最大值。

(5) 允许信号最大时延 $\tau_{max}$；有的滤波器还要求信号在通带范围的时延 $\tau\leqslant\tau_{max}$。大部分滤波器无此项要求。

## 5.7.2　微波滤波器的衰减特性

设滤波器的输入功率为 $P_i(\omega)$，输出功率为 $P_l(\omega)$，工作衰减的定义为

$$L_A = 10\ \lg\frac{P_i}{P_l} = 10\ \lg\frac{1}{|H(j\omega)|^2} \tag{5-7-1}$$

式中，$|H(j\omega)|^2$ 为功率转移函数。设 $P_r$ 为输入端的反射功率，令 $|K(j\omega)|^2=\dfrac{P_r}{P_l}$，则有 $1+|K(j\omega)|^2=\dfrac{1}{|H(j\omega)|^2}$，所以

$$L_A = 10\ \lg(1+|K(j\omega)|^2) \tag{5-7-2}$$

滤波器的可实现条件为$\dfrac{P_i}{P_l}\geqslant 1$。若令 $P(\omega^2)=|K(j\omega)|^2$，则 $P(\omega^2)$为一个偶次多项式，必有 $P(\omega^2)\geqslant 0$。$P(\omega^2)=0$ 为理想滤波器。实际滤波按 $P(\omega^2)$的形式分成以下几类。

(1) 巴特沃思滤波器：也称最大平坦式滤波器，这种滤波器中：

$$\begin{cases}P(\Omega^2) = k^2\Omega^{2n}\\ L = 10\ \lg(1+k^2\Omega^{2n})\end{cases} \tag{5-7-3}$$

式中，$k$ 和 $n$ 由指标 $\omega_c$、$L_p$、$\omega_s$、$L_s$ 决定；$\Omega$ 为归一化频率。

(2) 契比雪夫滤波器：也称等波纹衰减特性滤波器。这种滤波器中：

$$\begin{cases} P(\omega^2) = k^2 T_n^2(\Omega) \\ L = 10\ \lg[1 + k^2 T_n^2(\Omega)]\ (\mathrm{dB}) \end{cases} \tag{5-7-4}$$

式中，$k$ 由 $L_{pr}$决定；$n$ 由 $\omega_s$、$L_s$ 和 $k$ 决定；$T_n^2(\Omega)$为契比雪夫多项式。

(3) 椭圆函数滤波器。这类滤波器中：

$$\begin{cases} P(\Omega^2) = k^2 C_n(\Omega^2) \\ L = 10\ \lg[1 + k^2 C_n(\Omega^2)]\ (\mathrm{dB}) \end{cases} \tag{5-7-5}$$

式中，$C_n(\Omega^2)$为分式偶次多项式；$k$ 与 $L_{pr}$有关；$n$ 和 $\omega_s$ 及 $L_{sr}$有关。

图 5-7-1 表示了理想的低通、带通、带阻、高通滤波器的特性与相应的巴特沃斯式、契比雪夫式、椭圆函数式滤波器的特性比较。

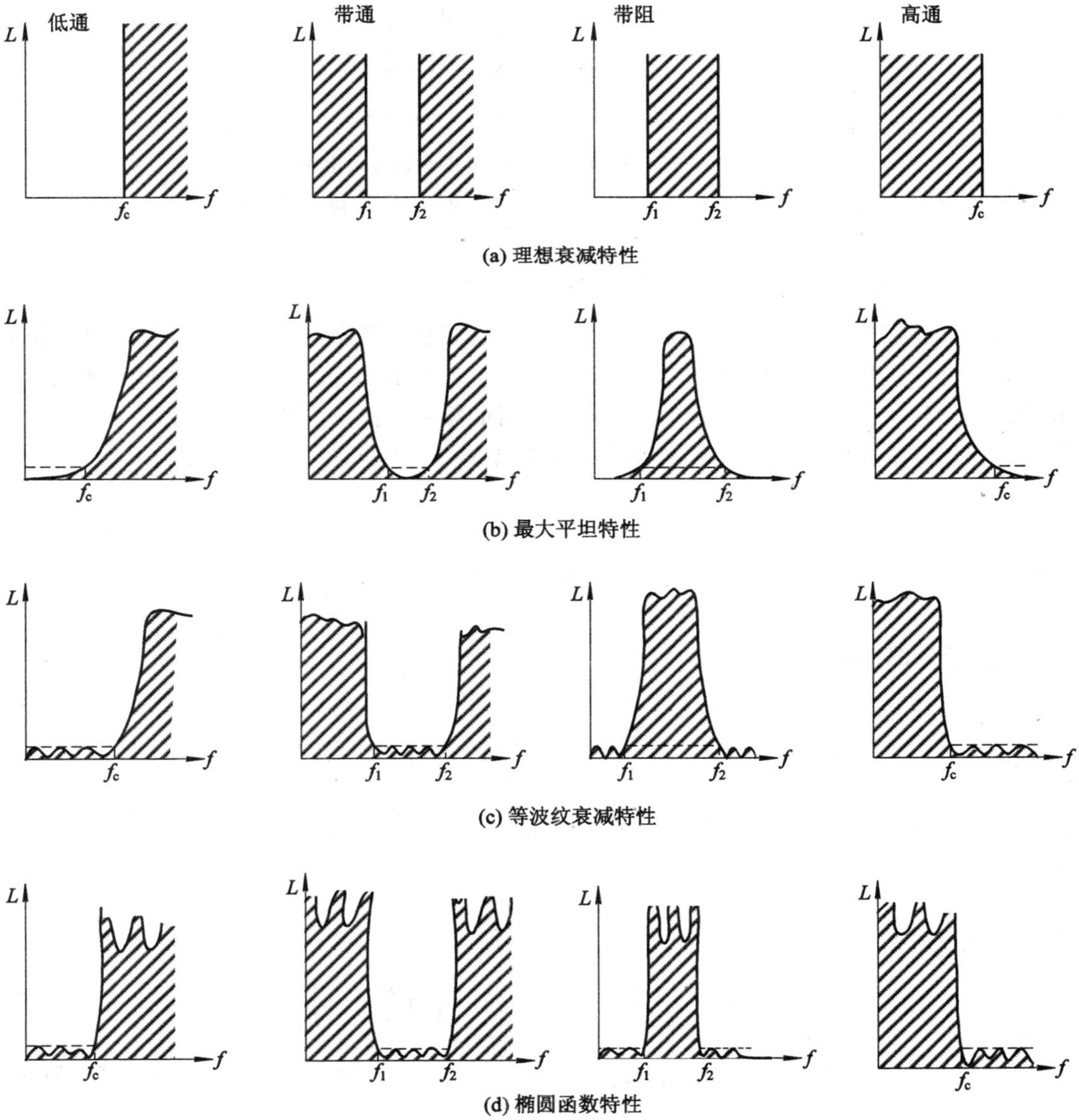


图 5-7-1　微波滤波器典型特性

### 5.7.3 微波滤波器的等效电路、频率变换与低通原型

**1. 等效电路**

低通、高通、带通和带阻四种滤波器的集中参数等效电路如图 5-7-2 所示。

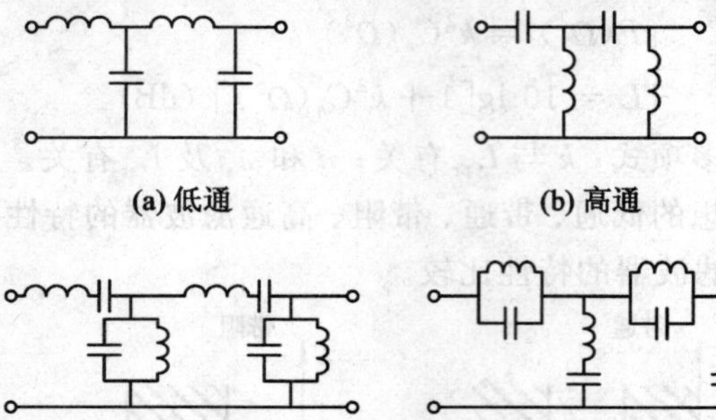

(a) 低通 (b) 高通 (c) 带通 (d) 带阻

图 5-7-2 微波滤波器的集中参数等效电路

滤波器是一种周期性重复的电路结构，每一个重复单元称为一节，一节由两个(组)元件组成。

**2. 频率变换**

在微波滤波器设计理论中，不管哪种类型的滤波器，都要先经过频率变换变换成低通原型，再按指标要求确定低通原型的节数 $n$ 和每个元件的归一化值，之后经过频率反变换和反归一化转化为实际等效元件值。四种滤波器的频率变换公式如下：

(1) 低通滤波器↔低通原型($\Omega$ 为归一化频率)：

$$\begin{cases}\Omega = \dfrac{\omega}{\omega_c} \\ \omega = \omega_c \Omega\end{cases} \tag{5-7-6}$$

式中，$\Omega=1$(即 $\omega=\omega_c$)，为带边频率。

(2) 带通滤波器↔低通原型：

① 方式一：

$$\begin{cases}\Omega = \dfrac{\omega_0}{\omega_2-\omega_1}\left(\dfrac{\omega}{\omega_0}-\dfrac{\omega_0}{\omega}\right) = \dfrac{1}{W}\left(\dfrac{\omega}{\omega_0}-\dfrac{\omega_0}{\omega}\right) \\ \omega_0 = \sqrt{\omega_1\omega_2} \\ W = \dfrac{\omega_2-\omega_1}{\omega_0}\end{cases} \tag{5-7-7(a)}$$

② 方式二：

$$\begin{cases}\Omega = \dfrac{2\omega_0}{\omega_2-\omega_1}\left(\dfrac{\omega}{\omega_0}-1\right) = \dfrac{2}{W}\left(\dfrac{\omega}{\omega_0}-1\right) \\ \omega_0 = \dfrac{1}{2}(\omega_2+\omega_1) \\ W = \dfrac{\omega_2-\omega_1}{\omega_0}\end{cases} \tag{5-7-7(b)}$$

(3) 带阻滤波器↔低通原型：

$$\begin{cases} \dfrac{1}{\Omega} = \dfrac{1}{W}\left(\dfrac{\omega_0}{\omega} - \dfrac{\omega}{\omega_0}\right) \\ \omega_0 = \sqrt{\omega_1 \omega_2} \\ W = \dfrac{\omega_2 - \omega_1}{\omega_0} \end{cases} \tag{5-7-8}$$

(4) 高通滤波器↔低通原型：

$$\begin{cases} \Omega = \dfrac{\omega_c}{\omega} \\ \omega = \dfrac{\omega_c}{\Omega} \end{cases} \tag{5-7-9}$$

**3. 低通原型**

经过上述频率变换后，四种滤波器都变换为统一的低通原型。低通元件的分布有四种形式(见图 5-7-3)。

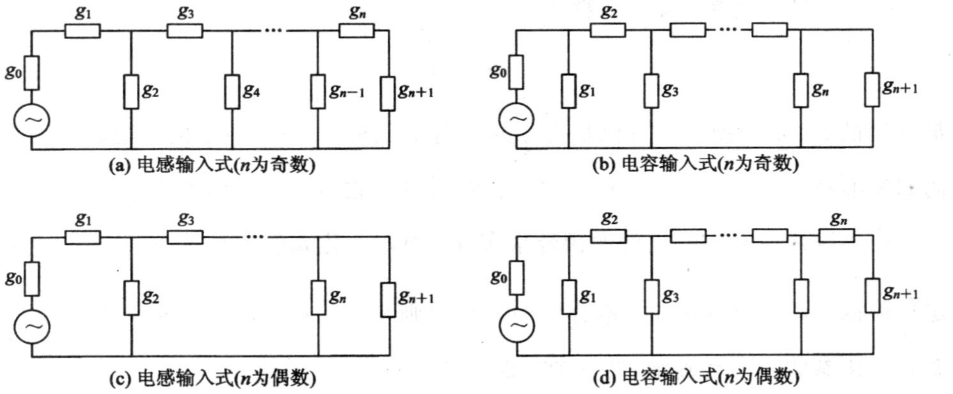


图 5-7-3　微波滤波器的低通原型

上述原型电路中，$g_0$ 为源内阻归一化值，一般为 1；$g_{n+1}$ 为负载归一化值；$g_1 g_2 \cdots g_n$ 为低通原型元件归一化值。图 5-7-3(a)、(b)所示电路的元件总数 $n$ 为奇数且两种电路对偶；图(c)、(d)所示电路的元件总数 $n$ 为偶数且两种电路对偶。互为对偶的电路元件数相等，则滤波特性也相同。元件 $g_1$，…，$g_{n+1}$ 的数值在 $n$ 和 $k$ 确定后可直接通过查表确定。在图(a)、(c)所示电路中串联壁元件 $g_1$，$g_3$，…，$g_n$ 为电感，并联壁元件 $g_2$，$g_4$，… 为电容。图(a)中，$g_{n+1}$ 为导纳；图(c)中，$g_{n+1}$ 为阻抗；图(b)、(d)中，$g_2$，$g_4$，… 为电感，$g_1$，$g_3$，…为电容；图(b)中，$g_{n+1}$ 为阻抗；图(d)中，$g_{n+1}$ 为导纳。

查得的低通原型元件的归一化值经过反频率变换，可得实际等效集中参数电路的归一化值，再进行阻抗反归一化即成为各种滤波器的等效电路元件的实际值。

## 5.7.4　*K*、*J* 变换器和变形原型及微波实现

用微波分布参数电路实现等效集中参数元件是有困难的，只有低通滤波器可以用高低阻抗线近似等效为串联电感 $L$ 和并联电容 $C$ 较好地实现。在带通滤波器中，为了把低通原型参数用微波实现，先用 $K$、$J$ 变换器把含有 $L$ 和 $C$ 的低通原型变换成只有一种串联电感或并联电容的所谓变形原型电路，如图 5-7-4 所示。

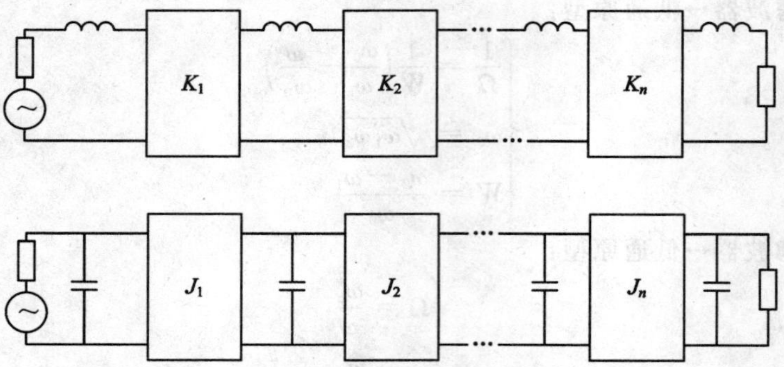


图 5-7-4　含有 K、J 变换器的变形原型电路

$K$ 变换器是二端口阻抗变换网络，其特性为

$$Z_{\text{in}}=\frac{K^2}{Z_l} \tag{5-7-10}$$

$J$ 变换器是导纳变换网络，其特性为

$$Y_{\text{in}}=\frac{J^2}{Y_l} \tag{5-7-11}$$

最常用的 $K$、$J$ 变换器是一段长为$\frac{\lambda}{4}$的传输线。图 5-7-4 所示的两电路互为对偶，具有相同的滤波特性。前者为电感输入式，后者为电容输入式。根据变形原型，带通滤波器就可以用$\frac{\lambda}{4}$传输线段及它们之间的耦合来实现，由归一化元件值计算 $K$、$J$ 值，再由 $K$、$J$ 值决定$\frac{\lambda}{4}$传输线段的特性阻抗。耦合机构的尺寸则与串、并联的元件值有关，它们都由低通原型归一化参数唯一地确定(见参考文献[4])。

### 5.7.5　两种最常用的微带线滤波器的结构

在微波电子线路中最常用的低通和带通滤波器结构如图 5-7-5 和图 5-7-6 所示。

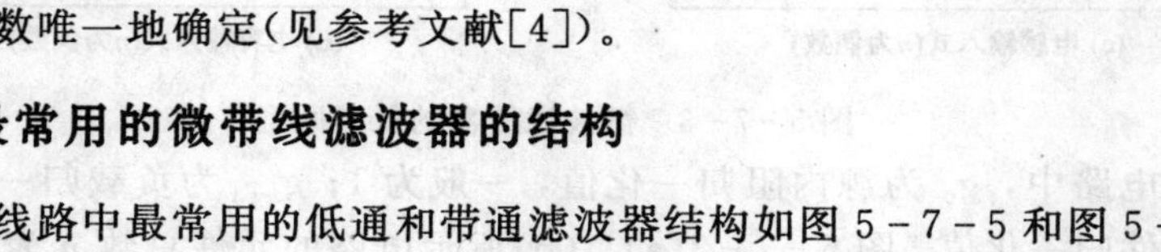

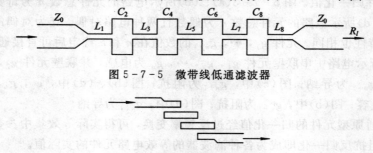


图 5-7-5　微带线低通滤波器

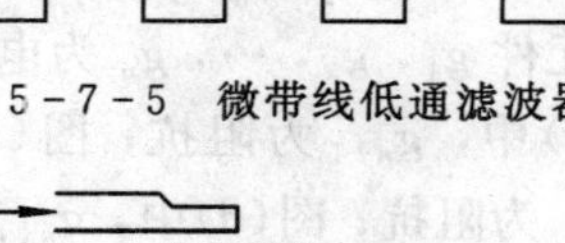

图 5-7-6　微带线带通滤波器

低通滤波器的高阻抗线与串联电感等效，低阻抗线与并联电容等效。带通滤波器中间段为$\frac{\lambda}{2}$开路线，相互耦合段长度为$\frac{\lambda}{4}$。间隙和特性阻抗由低通原型归一化参数导出。

对于低通滤波器，低通原型元件值为 $g_1$，$g_2$，…，$g_n$，$g_{n+1}$ 且 $g_1$ 为串联阻抗，$n$ 为偶数，则 $g_1$，$g_3$，…，$g_{n+1}$ 为阻抗，$g_2$，$g_4$，…，$g_n$ 为导纳，反变换关系为

$$\begin{cases} \Omega g_i = \dfrac{\omega}{\omega_c} g_i = \omega L_i' \quad i = 1, 3, \cdots, n-1 \\ L_i' = \dfrac{g_i}{\omega_c} \\ g_{n+1} = \dfrac{R_l}{Z_0} \end{cases} \tag{5-7-12}$$

$$\begin{cases} \dfrac{1}{\Omega g_j} = \dfrac{\omega_c}{\omega g_j} = \dfrac{1}{\omega C_j'} \quad j = 2, 4, \cdots, n \\ C_j' = \dfrac{g_j}{\omega_c} \end{cases} \tag{5-7-13}$$

以上为实际低通滤波器阻抗(导纳)归一化值，再由反归一化得出实际阻抗，导纳值为

$$\begin{cases} \omega L_i' = \dfrac{\omega L_i}{Z_0} \\ L_i = Z_0 L_i' = Z_0 \dfrac{g_i}{\omega_c} \end{cases} \quad i = 1, 3, \cdots, n-1 \tag{5-7-14}$$

$$\begin{cases} \dfrac{1}{\omega C_j'} = \dfrac{1}{\omega C_j Z_0} \\ C_j = \dfrac{g_i}{\omega_c Z_0} \end{cases} \quad j = 2, 4, \cdots, n \tag{5-7-15}$$

$$R_l = Z_0 g_{n+1} \tag{5-7-16}$$

对于串联电感，宜用短路高阻抗线等效。令 $\omega L_i = Z_0 \tan\beta\Delta l_i \approx Z_0 \dfrac{\omega}{v_p} \Delta l_i$，则 $\Delta l_i = \dfrac{v_p L_i}{Z_0}$，$Z_0$ 越大，同样 $L_i$ 对应长度 $\Delta l_i$ 越小。

对于并联电容，宜用开路低阻抗线等效。令 $\omega C_j = \dfrac{1}{Z_0} \tan\beta\Delta l_j \approx \dfrac{\omega}{Z_0 v_p} \Delta l_j$，则 $\Delta l_j = Z_0 v_p C_j$，$Z_0$ 越小，同样 $C_j$ 对应长度 $\Delta l_j$ 越小。

高、低阻抗线的 $Z_0$ 的具体大小应根据实际传输线结构的允许情况而定。

## 思考练习题

1. 微波滤波器有哪些指标？
2. 画出四种滤波器的集中参数等效电路。
3. 滤波器的衰减特性是如何定义的？$P(\omega^2)$在三种衰减特性中各等于什么？
4. 低通原型中的元件值是什么意思？如何确定它们的取值？
5. 写出低通和带通滤波器的频率变换公式。
6. 什么是 $K$、$J$ 变换器？常用的 $K$、$J$ 变换器是什么？
7. 为什么要把低通原型变换成只含一种元件的变形原型？
8. 如何理解高低阻抗线的滤波原理？
9. 简述微带线带通滤波器的结构。

# 第6章 微波谐振器

$LC$ 串、并联谐振电路具有选频储能功能，在电子设备中广泛使用，主要用于滤波、调谐、选频等方面。微波电路当然也需要这些功能。但由于微波频率太高，$L$ 和 $C$ 必须很小，一方面结构上难以实现，另一方面开放式结构必然和空间耦合而把能量辐射出去。所以，用传统方法无法在微波频段构成 $LC$ 电路，必须另辟蹊径。微波谐振电路应该是分布参数的，结构上要保证电磁能量封闭在一定范围内，其理论也和传统的串、并联谐振电路完全不同，由此形成了微波电路理论的一个组成部分。微波谐振器又和 $LC$ 电路在实质上类似，电场能量和磁场能量相互转换而形成电磁振荡，使电磁振荡发生在指定频率上并可调节，称为调谐。这些概念是完全相同的。微波谐振器在微波技术中的应用非常广泛，不仅用来在微波电路中稳频、选频、滤波，还可作为独立的仪器设备使用，如波长计、雷达回波箱、介质参数测量仪等。

## 6.1 微波谐振器的类型与参数

### 6.1.1 微波谐振器的类型与特点

微波谐振器的种类很多。从工作原理上，微波谐振器可分为传输线式谐振器和非传输线式谐振器两大类。前者是 $\frac{\lambda}{4}$ 或 $\frac{\lambda}{2}$ 长度的各种微波传输线的短路或开路线，后者则是有明显电场和磁场分布区的分布电感、电容谐振腔。

按传输线类型，微波谐振器可分为双导线谐振器、同轴线谐振器、波导谐振器、带状线谐振器、微带线谐振器、介质谐振器等。非传输谐振器主要用在微波电真空器件中，本书不予讨论。

从结构特点上，微波谐振器可分为空腔式和非空腔式两大类。波导谐振器是微波谐振器的典型代表，它是 $\frac{\lambda}{2}$ 短路线谐振器，也是空腔谐振器，是我们讨论的重点。

所有微波谐振器都具有以下特点：

(1) 它们都是分布参数式的。

(2) 都具有多个谐振频率(谐振滤长)。

(3) 微波谐振器的 $Q$ 值都很高(和 $LC$ 电路相比)。

### 6.1.2 微波谐振器的固有参数

微波谐振的物理实质是以电磁振荡的方式在指定的微波频率上储存电磁能量。与这一特性相关的两个物理参数是谐振频率(波长)和品质因数。

**1. 谐振频率 $f_o$(谐振波长 $\lambda_o$)**

各种传输线式谐振器可分成以下三大类：

(1) $\frac{\lambda}{4}$谐振器。这类谐振器一端短路，另一端开路。其尺寸满足：

$$l=\frac{2p-1}{4}\lambda \quad 或 \quad \lambda=\frac{4l}{2p-1} \quad (p=1, 2, \cdots) \tag{6-1-1}$$

若介质为空气，则

$$\lambda=\lambda_1=\frac{3\times10^8}{f_o} \quad (\mathrm{m}) \tag{6-1-2}$$

若介质不为空气，则

$$\lambda=\frac{\lambda_1}{\sqrt{\varepsilon_r}} \tag{6-1-3}$$

对于微带线，式(6-1-3)中的 $\varepsilon_r$ 为 $\varepsilon_e$。

(2) 两端同时短路(或开路)的$\frac{\lambda}{2}$谐振器，其尺寸满足：

$$l=p\frac{\lambda}{2} \quad 或 \quad \lambda=\frac{2l}{p} \quad (p=1, 2, \cdots)$$

$$\lambda=\begin{cases}\lambda_1 & (空气)\\ \dfrac{\lambda_1}{\sqrt{\varepsilon_r}} & (介质)\\ \dfrac{\lambda_1}{\sqrt{\varepsilon_e}} & (微带)\\ \lambda_g & (波导)\end{cases} \tag{6-1-4}$$

(3) 一端短路，另一端是电容的电容加载型谐振器。设电容为 $C$，则其尺寸满足：

$$\omega C=\frac{1}{Z_0}\cot(\beta l) \quad 或 \quad \frac{1}{\omega C}=Z_0\tan(\beta l) \tag{6-1-5}$$

这种谐振器的传输线部分必须等效为电感，由传输线的$\frac{\lambda}{2}$重复性可知，它也是多谐振频率(波长)的。

**2. 品质因数 $Q$**

品质因数 $Q$ 是微波谐振器的另一个重要的可测量的固有参数，该参数是谐振器的总储存能量与损耗功率关系的量度，其定义为

$$Q=2\pi\frac{W}{P_T}=\omega_0\frac{W}{P} \tag{6-1-6}$$

式中，$W$ 为总储能，$P_T$ 为一周期损耗功率，$\omega_0$ 为谐振角频率，$P$ 为平均损耗功率。$W$ 的计算公式为

$$W=W_e+W_m=W_{e\max}=W_{m\max} \tag{6-1-7}$$

$W_e$ 和 $W_m$ 分别为电场能量和磁场能量，可由谐振时的电磁场分布或电压、电流分布准确计算。

损耗功率 $P$ 由几部分构成，即

$$P = P_c + P_d + P_e \tag{6-1-8}$$

式中，$P_c$ 表示由导体电流产生的损耗；$P_d$ 表示由于介质漏电导产生的损耗；$P_e$ 表示由于谐振器与外界耦合而导致的谐振器中能量流失对应的损耗，又称为外部损耗。内部总损耗为

$$P_0 = P_c + P_d \tag{6-1-9}$$

$P_c$ 可由导体电流分布计算，介质损耗为 $\frac{1}{2}\int\sigma E^2 \cdot \mathrm{d}V$，电场最大储能为 $\frac{1}{2}\int\varepsilon E^2 \cdot \mathrm{d}V$，故与介质损耗对应的 $Q$ 值为

$$Q_d = \frac{\omega\varepsilon}{\sigma} = \frac{1}{\tan\delta} \tag{6-1-10}$$

谐振的固有 $Q$ 值为

$$Q_0 = \left(\frac{1}{Q_c} + \frac{1}{Q_d}\right)^{-1} = \frac{Q_c}{1 + Q_c\tan\delta} \tag{6-1-11}$$

考虑外部损耗后，总 $Q$ 值为有载 $Q$ 值：

$$Q_L = \left(\frac{1}{Q_0} + \frac{1}{Q_e}\right) = \frac{Q_0 Q_e}{Q_0 + Q_e} = \frac{Q_0}{1 + K} \tag{6-1-12}$$

式中，$K = \frac{Q_0}{Q_e}$，称为耦合系数。实测的 $Q$ 值都是有载 $Q$ 值。

在 $Q$ 值较低的情况下，测量 $Q$ 值时，先测出谐振频率 $f_0$，再测出谐振曲线半功率点的带宽 $\Delta f$，则

$$Q = \frac{f_0}{\Delta f} \tag{6-1-13}$$

$Q$ 值和由损耗引起的能量衰减速率有关系。设 $W = W_0 e^{-\frac{t}{\tau}}$，$\tau$ 为能量衰减为 $e^{-1}$ 的时间，则

$$\frac{\mathrm{d}W}{\mathrm{d}t} = -\frac{W_0}{\tau}e^{-\frac{t}{\tau}} = -\frac{W}{\tau} = -P$$
$$Q_L = \omega_0\frac{W}{P} = \omega_0\tau \tag{6-1-14}$$

当 $Q$ 值很高，谐振曲线半功率点不稳定而难以测准时，测量衰减时间 $\tau$ 可以确定 $Q$ 值。

### 6.1.3 微波谐振器的等效电路参数

**1. TEM 传输线谐振器**

这种非空腔式谐振器一般以输入端和传输线直接耦合，其等效电路可以从输入阻抗分析得出。

1) $\frac{\lambda}{2}$ 传输线谐振器

图 6-1-1 和图 6-1-2 分别表示 $\frac{\lambda}{2}$ 短路线和 $\frac{\lambda}{2}$ 开路线谐振器的双导线模型及电压、电流振幅分布。它们分别与串联谐振电路和并联谐振电路等效且各参数相互对偶。以图

6-1-1 中的$\frac{\lambda}{2}$短路线为例，输入阻抗为

$$Z_{in} = Z_0 \operatorname{th}(\alpha + j\beta)l = Z_0 \frac{\operatorname{th}(\alpha l) + j\tan(\beta l)}{1 + j\operatorname{th}(\alpha l)\tan(\beta l)} \tag{6-1-15}$$

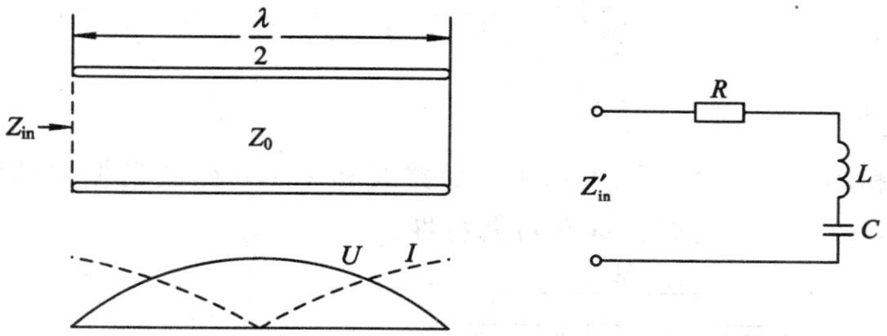

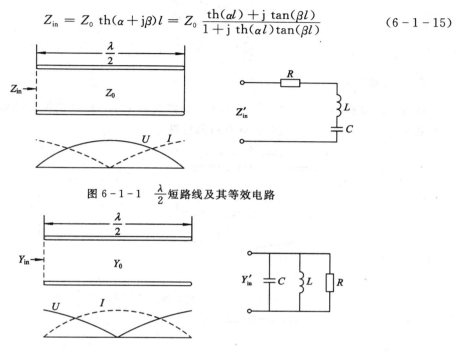

图 6-1-1 $\frac{\lambda}{2}$短路线及其等效电路

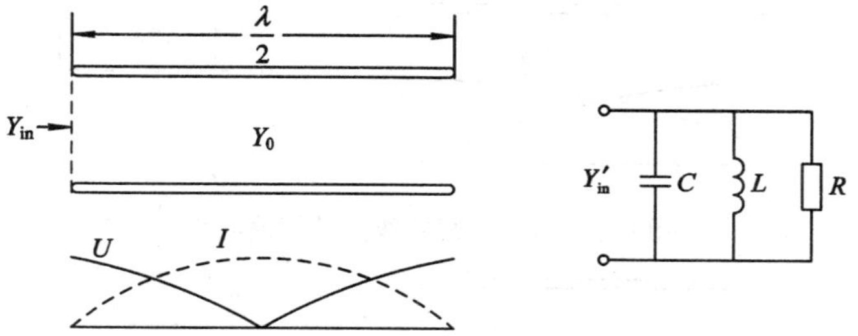


图 6-1-2 $\frac{\lambda}{2}$开路线及其等效电路

小损耗情况下 $\operatorname{th}(\alpha l) \approx \alpha l \ll 1$。在谐振频率上 $l=\frac{\lambda}{2}$，在谐振频率附近：

$$\beta l = \frac{\omega_0}{v_p} l + \frac{\Delta\omega}{v_p} l = p\pi + p\pi\frac{\Delta\omega}{\omega_0}$$

$$\tan\beta l = \tan\left(p\pi + p\pi\frac{\Delta\omega}{\omega_0}\right) = \tan\left(p\pi\frac{\Delta\omega}{\omega_0}\right) \approx p\pi\frac{\Delta\omega}{\omega_0} \ll 1$$

所以

$$Z_{in} \approx Z_0\left(\alpha l + jp\pi\frac{\Delta\omega}{\omega_0}\right) \tag{6-1-16}$$

而串联的 $RLC$ 电路输入阻抗为

$$Z'_{in} = R + j\left(\omega L - \frac{1}{\omega C}\right) = R + j\omega L\left(1 - \frac{1}{\omega^2 LC}\right) = R + j\omega L\left(1 - \frac{\omega_0^2}{\omega^2}\right) \approx R + j2L\Delta\omega \tag{6-1-17}$$

令 $Z'_{in} = Z_{in}$，可得等效电路的参数为

$$\begin{cases} R = Z_0\alpha l \\ L = Z_0\dfrac{p\pi}{2\omega_0} \\ C = \dfrac{1}{\omega_0^2 L} = \dfrac{2}{Z_0 p\pi\omega_0} \end{cases} \tag{6-1-18}$$

由对偶性可直接写出$\frac{\lambda}{2}$开路线的等效并联谐振电路参数为

$$\begin{cases} G = Y_0 \alpha l \\ C = Y_0 \dfrac{p\pi}{2\omega_0} \\ L = \dfrac{1}{\omega_0^2 C} = \dfrac{2}{Y_0 p \pi \omega_0} \end{cases} \tag{6-1-19}$$

2) $\dfrac{\lambda}{4}$传输线谐振器

图 6-1-3 和图 6-1-4 分别表示 $\lambda/4$ 短路线和 $\lambda/4$ 开路线谐振器的双导线模型与电压、电流分布及等效电路。它们也具有对偶特性。

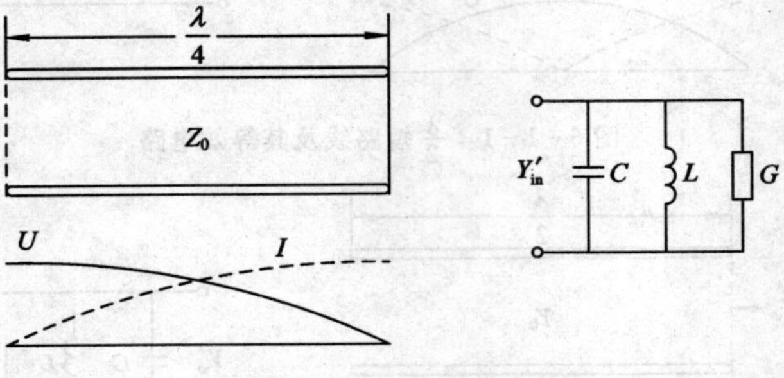


图 6-1-3 $\dfrac{\lambda}{4}$短路线及其等效电路

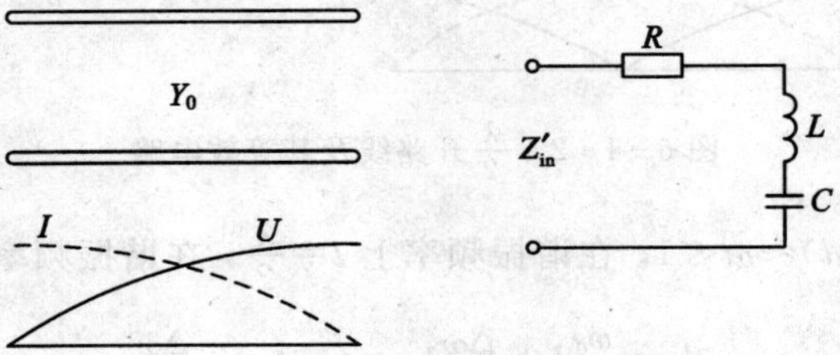


图 6-1-4 $\dfrac{\lambda}{4}$开路线及其等效电路

图 6-1-3 中，谐振器的输入导纳为

$$Y_{in} = \frac{1}{Z_{in}} = \frac{1}{Z_0} \frac{1 + j\,\text{th}(\alpha l)\tan(\beta l)}{\text{th}(\alpha l) + j\tan(\beta l)} \tag{6-1-20}$$

小损耗线满足 $\text{th}(\alpha l) \approx \alpha l \ll 1$，在谐振频率上 $l = \dfrac{2p+1}{4}\lambda$，在谐振频率附近：

$$\beta l = \frac{2\pi}{\lambda_0} l + \frac{2\pi}{\lambda_0} l \frac{\Delta\omega}{\omega_0} = \frac{2p+1}{2}\pi + \frac{2p+1}{2}\pi\frac{\Delta\omega}{\omega_0}$$

$$\tan(\beta l) \gg 1$$

$$\frac{1}{\tan(\beta l)} = \cot(\beta l) = -\tan\left(\frac{2p+1}{2}\pi\frac{\Delta\omega}{\omega_0}\right) = -\frac{2p+1}{2}\pi\frac{\Delta\omega}{\omega_0}$$

$$\begin{aligned} Y_{in} &\approx \frac{1}{Z_0}(\text{th}(\alpha l) - j\tan(\beta l)) \approx \frac{1}{Z_0}\left(\alpha l + j\frac{2p+1}{2}\pi\frac{\Delta\omega}{\omega_0}\right) \\ &= Y_0 \alpha l + jY_0 \frac{2p+1}{2}\pi\frac{\Delta\omega}{\omega_0} \end{aligned} \tag{6-1-21}$$

其并联谐振电路的输入导纳为

$$Y'_{in} = G + j\left(\omega C - \frac{1}{\omega L}\right) = G + j\omega C\left(1 - \frac{1}{\omega^2 LC}\right) \approx G + j2C\Delta\omega$$

令 $Y'_{in} = Y_{in}$，可得 $\frac{\lambda}{4}$ 短路线的并联等效电路参数为

$$\begin{cases} G = Y_0 \alpha l \\ C = \dfrac{2n+1}{4\omega_0}\pi Y_0 \\ L = \dfrac{1}{\omega_0^2 C} = \dfrac{4}{Y_0(2n+1)\pi\omega_0} \end{cases} \tag{6-1-22}$$

对偶性导出，$\frac{\lambda}{4}$ 开路线的串联等效电路参数为

$$\begin{cases} R = Z_0 \alpha l \\ L = \dfrac{2n+1}{4\omega_0}\pi Z_0 \\ C = \dfrac{4}{Z_0(2n+1)\pi\omega_0} \end{cases} \tag{6-1-23}$$

以上四种谐振器的 $Q$ 值为(不考虑终端短路部分的损耗)

$$Q = \frac{\omega L}{R} = \frac{\omega C}{G} = \frac{\beta}{2\alpha} \tag{6-1-24}$$

注意：这些等效参数只适于从输入端直接和 TEM 模传输线耦合且工作于 TEM 模的谐振器的谐振频率附近，而且参数值与纵向工作模式标记 $p$ 或 $n$ 有关。

**2. 各种以耦合机构和传输线耦合的腔式揩振器的等效电路参数**

这种类型谐振器的等效电路的求法应遵循以下步骤：

(1) 先根据谐振腔工作模式的电磁场分布计算出电场储能 $W_e$、磁场储能 $W_m$ 和谐振腔内总损耗 $P$。

(2) 定义与耦合传输线关联的等效电压 $U_e$(或等效电流 $I_e$)。

(3) 根据关系式

$$W_e = \frac{1}{2}CU_e^2,\ W_m = \frac{1}{2}LI_e^2,\ Q_0 = \frac{\omega L}{R} = \frac{\omega C}{G} = \omega_0\frac{W}{P}$$

及

$$\omega_0 = \frac{1}{\sqrt{LC}},\ P = \frac{1}{2}RI_e^2 = \frac{1}{2}GU_e^2$$

决定 $L$、$C$、$R(G)$。

(4) 把耦合机构等效为耦合参数，画成等效电路，和传输线联接起来(见图 6-1-5)。图中，$X_c$ 为耦合机构参数。

(5) 综合以上因素导出在合适的参考面处传输线的等效电路参数(见图 6-1-5)。用这种方法求出的等效电路参数只对工作模式的谐振频率附近有效，而且等效电路及参数值与参考面的位置关系很大。参考面位置一

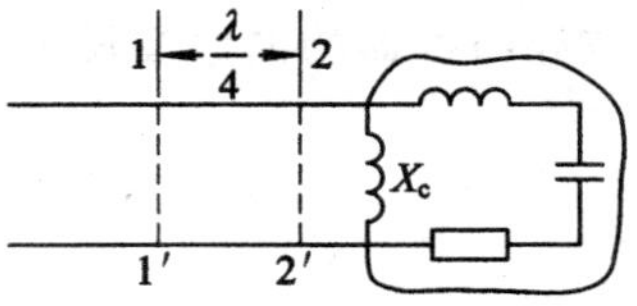

图 6-1-5　谐振腔的等效电路参数与耦合机构和参考面位置有关

般取失谐短路面或失谐开路面，两者相距$\frac{\lambda}{4}$。等效电路也分别为串联和并联谐振电路。

## 思考练习题

1. 微波谐振器的固有参数是什么？
2. 为什么微波谐振器不能用集中参数 $L$ 和 $C$ 实现？
3. $LC$ 谐振电路和微波谐振器有什么异同点？
4. 微波谐振器的谐振波长由什么决定？
5. 微波谐振器的 $Q$ 值怎样定义？都有哪些损耗？何谓固有 $Q$ 值和有载 $Q$ 值？
6. 传输线谐振器由输入阻抗导出的等效电路参数在什么条件下才成立？

# 6.2 常用微波谐振器简介

本节主要介绍各种常用的微波谐振器及其主要特性。

## 6.2.1 金属波导谐振器

金属波导谐振器是把一段波导两端用导体板封闭而成的空腔，也叫金属谐振腔，属$\frac{\lambda}{2}$传输线式空腔谐振器。

**1. 金属波导谐振器的电磁场分布、谐振波长及 $Q$ 值的计算方法**

波导谐振器的电磁场和波导的区别如下：

(1) 波导中的行波在谐振器中变成了驻波。原波导中电磁场在横坐标方向的分布规律不变，$z$ 方向的因子 $e^{-j\beta z}$ 变成了$\begin{Bmatrix}\sin(\beta z)\\ \cos(\beta z)\end{Bmatrix}$。为了满足两端面的边界条件，$E_u$、$E_v$、$H_z$ 在 $z$ 方向必须按 $\sin(\beta z)$规律变化，而 $E_z$ 和 $H_u$、$H_v$ 则按 $\cos(\beta z)$规律变化。

(2) 在谐振器中 $\beta=\frac{p\pi}{l}$($p=0, 1, 2, \cdots$)，原波导电磁表示式中 $-j\beta$ 应变成$\pm\frac{p\pi}{l}$。这样所有电场分量是同相位的，所有磁场分量也是同相位的，电场和磁场之间总有$\frac{\pi}{2}$的相位差。这是谐振腔中电磁振荡的必然结果。$p$ 表示电磁场在 $z$ 方向 $0\sim l$ 范围内的驻波个数。因此，谐振腔的模式变成了 $TE_{mnp}$ 和 $TM_{mnp}$。

波导谐振器的谐振波长由 $l=p\frac{\lambda_g}{2}$确定，即

$$\lambda_g=\frac{2l}{p}=\frac{\lambda}{\sqrt{1-\left(\frac{\lambda}{\lambda_c}\right)^2}}\Rightarrow\lambda_0=\frac{1}{\sqrt{\left(\frac{1}{\lambda_c}\right)^2+\left(\frac{p}{2l}\right)^2}} \qquad (6-2-1)$$

谐振波长由模式和谐振器的尺寸决定。

波导谐振器的品质因数：

$$Q_0=\omega_0\frac{W}{p}$$

其中：

$$W=\frac{1}{2}\varepsilon\iiint E^2\cdot \mathrm{d}V=\frac{1}{2}\mu\iiint H^2\cdot \mathrm{d}V \tag{6-2-2}$$

$E$ 和 $H$ 分别为电场和磁场的振幅分布。导体损耗：

$$P_c=\frac{1}{2}R_s\oiint J_s^2\cdot \mathrm{d}S=\frac{1}{2}R_s\oiint H_{tm}^2\cdot \mathrm{d}S \tag{6-2-3}$$

其中，$H_{tm}$是磁场在谐振器内壁的切向分量。式(6-2-2)的积分在谐振器体积中进行，式(6-2-3)则在所有内导体壁上进行，波导谐振器固有 $Q$ 值的计算公式为

$$Q_0=Q_c=\omega_0\frac{\mu}{R_s}\frac{\frac{1}{2}\iiint H^2\cdot \mathrm{d}V}{\frac{1}{2}\oiint H_{tm}^2\cdot \mathrm{d}S}=\sqrt{2\omega\mu\sigma}\frac{\iiint H^2\cdot \mathrm{d}V}{\oiint H_{tm}^2\cdot \mathrm{d}S}=\frac{2}{\delta}\frac{\iiint H^2\cdot \mathrm{d}V}{\oiint H_{tm}^2\cdot \mathrm{d}S} \tag{6-2-4}$$

其中，$\delta=\sqrt{\frac{2}{\omega\mu\sigma}}$，为集肤深度。

**2. 矩形波导谐振器**

矩形波导谐振器也叫矩形谐振腔(见图 6-2-1)。其尺寸满足 $l>a>b$，其主模为 $TE_{101}$，是最常用的工作模式。谐振波长的一般表示式为

$$\lambda_0=\frac{2}{\sqrt{\left(\frac{m}{a}\right)^2+\left(\frac{n}{b}\right)^2+\left(\frac{p}{l}\right)^2}} \tag{6-2-5}$$

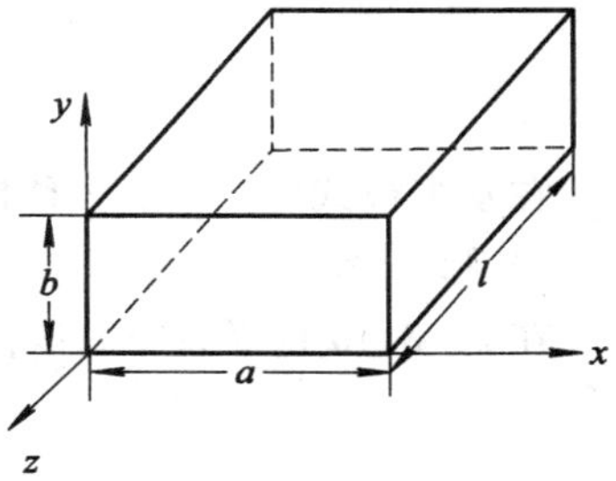

图 6-2-1 矩形谐振腔

$TE_{101}$模式的电磁场分量为

$$\begin{cases}E_y=E_0\sin\left(\frac{\pi}{a}x\right)\sin\left(\frac{\pi}{l}z\right)\\ H_x=-\mathrm{j}\frac{E_0}{Z_{TE}}\sin\left(\frac{\pi}{a}x\right)\cos\left(\frac{\pi}{l}z\right)\\ H_z=\mathrm{j}\frac{E_0}{Z_{TE}}\frac{\lambda_g}{2a}\cos\left(\frac{\pi}{a}x\right)\sin\left(\frac{\pi}{l}z\right)\end{cases} \tag{6-2-6}$$

与其对应的电磁场结构如图 6-2-2 所示，谐振波长为

$$\lambda_0=\frac{2al}{\sqrt{a^2+l^2}} \tag{6-2-7}$$

用短路活塞改变尺寸 $l$ 可进行调谐。

储存能量为

$$\begin{aligned}W&=\frac{1}{2}\varepsilon\iiint E_y^2\cdot \mathrm{d}V\\&=\frac{1}{2}\varepsilon\int_0^l\int_0^b\int_0^a E_0^2\sin^2\left(\frac{\pi}{a}x\right)\sin^2\left(\frac{\pi}{l}z\right)\mathrm{d}x\mathrm{d}y\mathrm{d}z\\&=\frac{abl}{8}\varepsilon E_0^2\end{aligned} \tag{6-2-8}$$

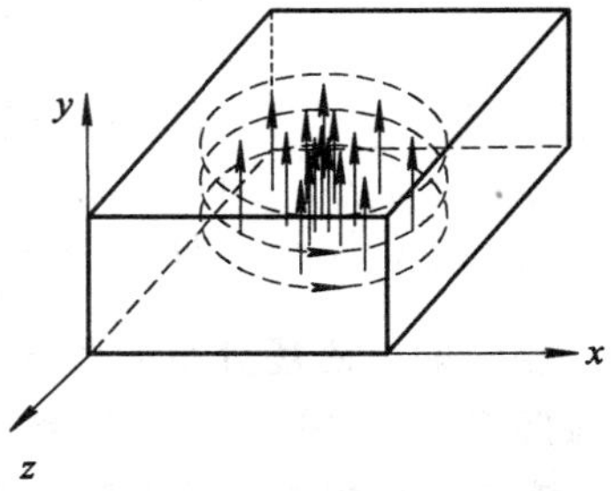

图 6-2-2 $TE_{101}$的电磁场

腔壁导电损耗为

$$P_c = \frac{1}{2}R_s^2 \oint\!\!\oint J_s^2 \cdot dS$$
$$= \frac{1}{2}R_s \times 2\left[\iint H_x^2\,|_{z=0} \cdot dxdy + \iint H_z^2\,|_{x=0} \cdot dydz + \iint (H_x^2 + H_z^2) \cdot dxdz\right]$$
$$= \frac{R_s\lambda^2}{8\eta} E_0^2 \left(\frac{ab}{l^2} + \frac{bl}{a^2} + \frac{a}{2l} + \frac{l}{2a}\right) \tag{6-2-9}$$

固有 $Q$ 值为

$$Q_0 = \omega_0 \frac{W}{P_c} = \frac{b\eta}{R_s\lambda^2}\varepsilon \frac{2a^3l^3}{a^3(l+2b)+l^3(2b+a)} \tag{6-2-10}$$

矩形谐振腔常用在微波振荡器的稳频电路中。

**3. 圆波导谐振器**

圆波导谐振器也叫圆柱谐振腔。谐振波长表示式(6－2－1)中，$\lambda_c = \frac{2\pi a}{\mu_{mn}}$，对于 $TE_{mnp}$ 模，$\mu_{mn} = u'_{mn}$，对于 $TM_{mnp}$，$\mu_{mn} = u_{mn}$，则

$$\lambda_0 = \frac{1}{\sqrt{\left(\frac{\mu_{mn}}{2\pi a}\right)^2 + \left(\frac{p}{2l}\right)^2}} \tag{6-2-11}$$

在众多模式中，以下三种模式最为常用。

1) $TE_{111}$ 模

在 $l > 2.1a$ 的条件下，该模式为圆柱谐振腔的主模，则

$$\lambda_0 = \frac{1}{\sqrt{\left(\frac{1}{3.41a}\right)^2 + \left(\frac{1}{2l}\right)^2}} \tag{6-2-12}$$

它的五个电磁场分量为

$$\begin{cases} H_z = H_0 J_1\left(\frac{1.841}{a}r\right)\begin{Bmatrix}\cos\varphi\\ \sin\varphi\end{Bmatrix}\sin\left(\frac{\pi}{l}z\right) \\ E_r = \mp j\,\frac{\omega\mu a^2}{1.841^2}H_0\,\frac{1}{r}J_1\left(\frac{1.841}{a}r\right)\begin{Bmatrix}\sin\varphi\\ \cos\varphi\end{Bmatrix}\sin\left(\frac{\pi}{l}z\right) \\ E_\varphi = -j\,\frac{\omega\mu a}{1.841}H_0 J_1'\left(\frac{1.841}{a}r\right)\begin{Bmatrix}\cos\varphi\\ \sin\varphi\end{Bmatrix}\sin\left(\frac{\pi}{l}z\right) \\ H_r = \frac{a}{1.841}\,\frac{\pi}{l}H_0 J_1'\left(\frac{1.841}{a}r\right)\begin{Bmatrix}\cos\varphi\\ \sin\varphi\end{Bmatrix}\cos\left(\frac{\pi}{l}z\right) \\ H_\varphi = \mp\frac{a^2}{1.841^2}\,\frac{\pi}{lr}H_0 J_1\left(\frac{1.841}{a}r\right)\begin{Bmatrix}\sin\varphi\\ \cos\varphi\end{Bmatrix}\cos\left(\frac{\pi}{l}z\right) \end{cases} \tag{6-2-13}$$

相应的电磁场分布如图 6－2－3 所示。这种场与矩形谐振腔 $TE_{101}$ 类似，只是电磁场力线随圆柱边界而自然变形。该模式在相同的谐振频率下，腔半径最小，但 $Q$ 值不高，作波长计只能达到中等精度，可通过短路活塞来改变 $l$，从而实现调谐。

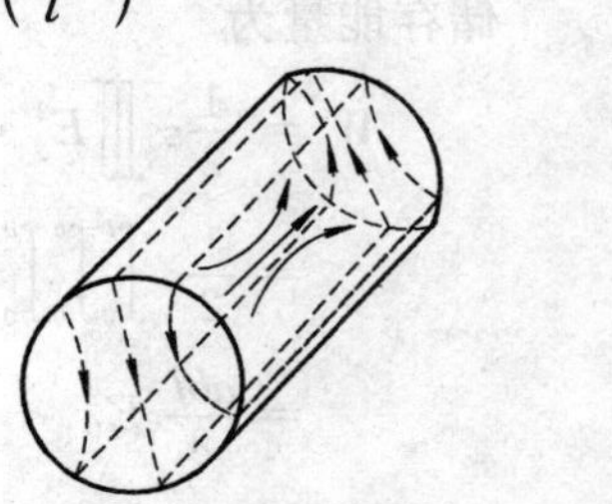

图 6－2－3 圆柱腔 $TE_{111}$ 模

2) $TM_{010}$ 模

该模式在 $l < 2.1a$ 的条件下是圆柱谐振腔的主模，即

$$\lambda_0 = 2.62a \tag{6-2-14}$$

由于 $m=0$ 是圆对称模，因此只有两个场分量，为

$$\begin{cases} E_z = E_0 J_0\left(\dfrac{2.405}{a}r\right) \\ H_\varphi = -\mathrm{j}\,\dfrac{\omega\varepsilon a}{2.405}E_0 J_1\left(\dfrac{2.405}{a}r\right) \end{cases} \tag{6-2-15}$$

截面电力线 $E_z$ 和磁力线 $H_\varphi$（圆周闭合）如图 6-2-4 所示。

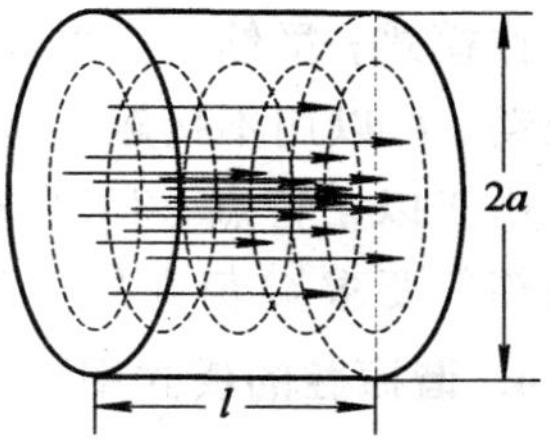


图 6-2-4　圆柱腔 $TM_{010}$ 模

固有 $Q$ 值为

$$Q_0 = \frac{\eta}{R_s}\,\frac{2.405}{2\left(1+\dfrac{a}{l}\right)} \tag{6-2-16}$$

该模式电磁场的结构简单且与 $z$ 无关，常用于测量介质的 $\varepsilon_r$ 和 $\tan\delta$，把介质加工成细棒或薄片置入腔中心或底部，通过测量谐振频率和 $Q$ 值的变化量用微扰法求出 $\varepsilon_r$ 和 $\tan\delta$，也可用在微波点频振荡器中稳频。该模式的最大缺点是谐振波长与 $l$ 无关，不能用活塞调谐。为了能够改变谐振频率，可在腔中心插入轴向金属棒，调节其插入深度即可微调频率。该棒的直径应较小，以确保基本不改变 $TM_{010}$ 模的电磁场结构。

3）$TE_{01p}$ 模

该模式是高次模，也是一种圆对称模，谐振模长为

$$\lambda_{01p} = \frac{1}{\sqrt{\left(\dfrac{1}{1.64a}\right)^2 + \left(\dfrac{p}{2l}\right)^2}} \tag{6-2-17}$$

三个电磁场分量为

$$\begin{cases} H_z = H_0 J_0\left(\dfrac{3.832}{a}r\right)\sin\left(\dfrac{p\pi}{l}z\right) \\ H_r = \dfrac{a}{3.832}\,\dfrac{p\pi}{l}H_0 J_1\left(\dfrac{3.832}{a}r\right)\cos\left(\dfrac{p\pi}{l}z\right) \\ E_\varphi = -\mathrm{j}\,\dfrac{\omega\mu a}{3.832}\,H_0 J_1\left(\dfrac{3.832}{a}r\right)\sin\left(\dfrac{p\pi}{l}z\right) \end{cases} \tag{6-2-18}$$

$TE_{011}$ 的横截面磁力线分布如图 6-2-5 所示，电力线 $E_\varphi$ 闭合于 $\varphi$ 平面。

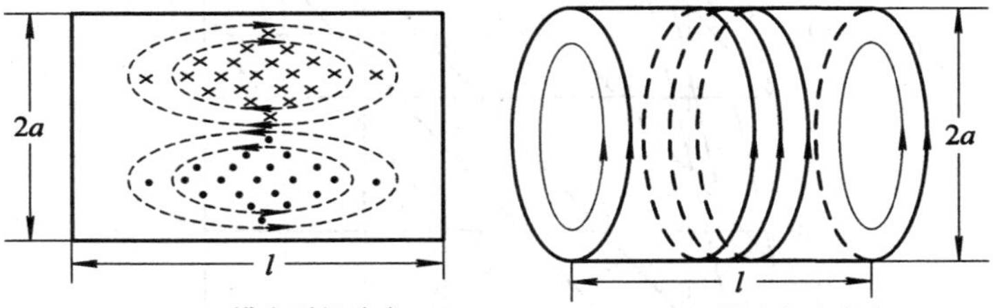


(a) $TE_{011}$ 模电磁场分布　　(b) $TE_{011}$ 模壁电流分布

图 6-2-5　圆柱腔 $TE_{011}$ 模

$TE_{01p}$ 模的固有 $Q$ 值为

$$Q_0 = \frac{\lambda_0}{\delta}\,\frac{\left[(3.832)^2 + \left(\dfrac{p\pi a}{l}\right)^2\right]^{\frac{3}{2}}}{2\pi\left[(3.832)^2 + \left(\dfrac{2a}{l}\right)^2\left(\dfrac{p\pi a}{l}\right)^2\right]} \tag{6-2-19}$$

该模式具有如下特点：损耗最小；谐振腔直径 $a$ 大，有利于储能，所以是 $Q$ 值最高的谐振腔工作模式；虽然是高次模，但壁电流在侧面和端面都只有 $J_\varphi$ 分量，端面和侧面之间无电流流动，可以用不接触活塞调谐的方法抑制掉其他干扰模式，从而做到单模谐振。

由于以上特点，$TE_{01p}$ 模谐振腔是应用最广泛的谐振腔工作模式。高精度波长计、雷达回波箱等要求 $Q$ 值高的仪器都工作于该模式下，$p$ 值按使用条件要求在 1～4 范围内取值。

**4. 谐振腔的模式图**

由波导谐振器的波长关系式(6-2-1)可知，有

$$\left(\frac{1}{\lambda}\right)^2=\left(\frac{1}{\lambda_c}\right)^2+\left(\frac{p}{2l}\right)^2 \qquad (6-2-20)$$

由式(6-2-20)可导出谐振腔模式图方程。例如，将式(6-2-20)各项乘以 $2ac$（$c=3\times10^8$ m/s），得到：

$$(fD)^2=\left(\frac{c\mu_{mn}}{\pi}\right)^2+\left(\frac{cp}{2}\right)^2\left(\frac{D}{l}\right)^2 \qquad (6-2-21)$$

式中，$D=2a$，为谐振腔直径。式(6-2-21)为圆柱谐振腔模式图方程。以 $\left(\frac{D}{l}\right)^2$ 为横坐标，$(fD)^2$ 为纵坐标可画出，每一个谐振腔的一个模式的 $(fD)^2$ 和 $\left(\frac{D}{l}\right)^2$ 的关系为一条截距为 $\left(\frac{c\mu_{mn}}{\pi}\right)^2$、斜率为 $\left(\frac{cp}{2}\right)^2$ 的直线，可得一个圆柱谐振腔的模式图如图 6-2-6 所示。对矩形谐振腔，也可画一个类似的模式图。

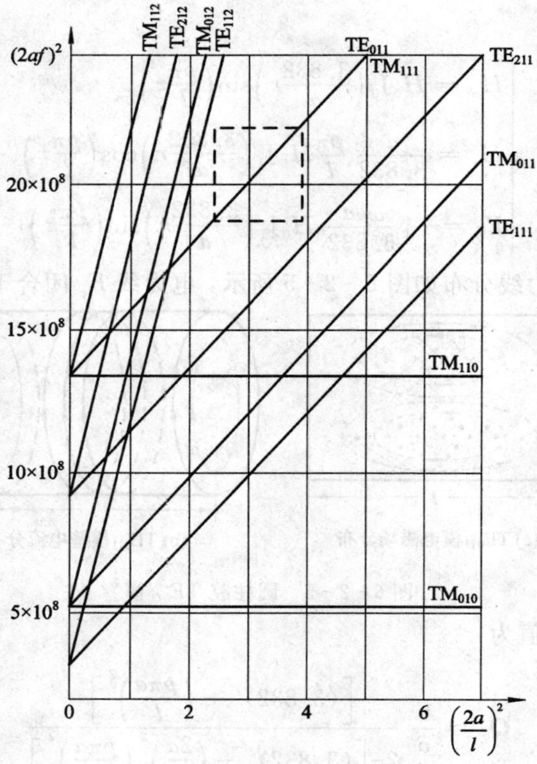


图 6-2-6　圆柱谐振腔的模式图

模式图表示各模式的谐振频率与尺寸变化的关系。一个具体谐振腔的调谐范围在模式图上对应一个工作方框。方框内含有其他模式的线段意味着可能是干扰模。利用模式图作为分析谐振腔特性和设计性能良好的谐振腔的工具是非常方便的。

### 6.2.2 同轴线谐振器

用空气同轴线构成谐振器时应选尺寸比 $b/a=3.591$，以保证损耗最小而使 $Q$ 值高。常用的同轴线谐振器有以下三种。

**1. $\frac{\lambda}{4}$同轴线谐振器**

如图 6－2－7 所示，$\frac{\lambda}{4}$同轴线谐振器在原理上为一端短路，另一端开路的$\frac{\lambda}{4}$传输线式谐振器，实际结构是在开路端将外导体延伸一段构成截止圆波导，以保证腔中的电磁能量不含辐射。考虑到内导体端和延伸外导体之间有分布电容，故实际长度略小于$\frac{\lambda}{4}$。由于短路端有大电流，因此结构上应保证内导体和端面接触良好，否则 $Q$ 值会大大降低。和外界的耦合一般是在腔的圆柱侧面把同轴线内导体弯成耦合环伸入腔内，环越大，越靠近短路端，耦合越强，这种谐振器体积小，$Q$ 值可达上千量级，在厘米波低频段和分米波高频段用作选频器比较理想。

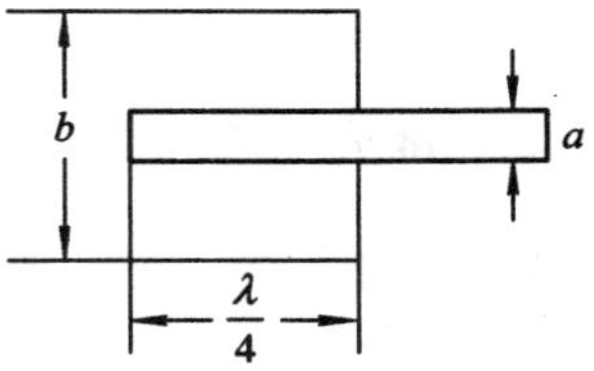

图 6－2－7　$\frac{\lambda}{4}$同轴线谐振器

**2. $\frac{\lambda}{2}$同轴线谐振器**

如图 6－2－8 所示，$\frac{\lambda}{2}$同轴线谐振器为两端短路、长度为$\frac{\lambda}{2}$的一段同轴线，可看成两个$\frac{\lambda}{4}$谐振器并联或 $L$$\left(大于\frac{\lambda}{4}\right)$和 $C\left(小于\frac{\lambda}{4}\right)$并联。其性能与$\frac{\lambda}{4}$谐振器类似，可用抗流短路活塞实现大范围调谐。

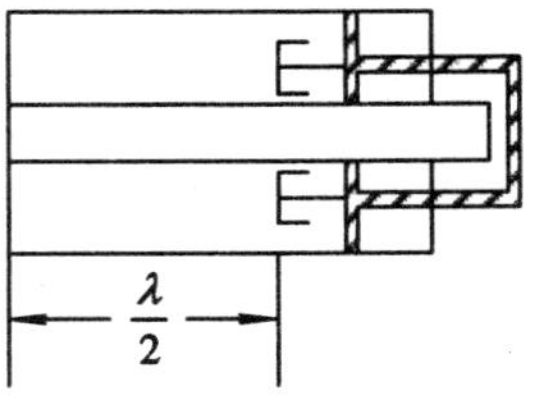

图 6－2－8　$\frac{\lambda}{2}$同轴线谐振器

**3. 电容加载谐振器**

电容加载谐振器由一段小于$\frac{\lambda}{4}$的短路同轴线和内导体与端面间的小间隙电容构成，见图 6－2－9。在微波有源电路的同轴线振荡器中可将半导体负阻器件置于间隙，从而构成腔稳振荡器。

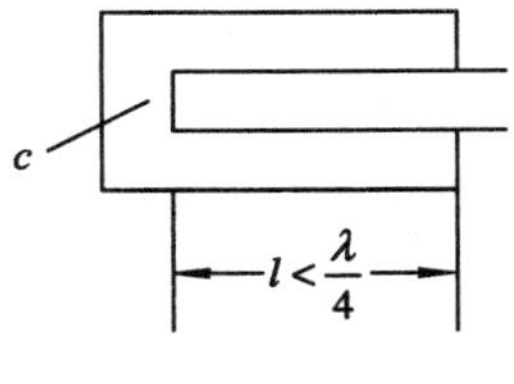

图 6－2－9　电容加载谐振器

### 6.2.3 带状线和微带线谐振器

这两类谐振器的直接短路型很少见，而开路端用得很多，但必须考虑开路端的分布电容，需对长度稍加修正。在带通滤波器中，$\lambda/2$ 开路线用得最多。在有源电路中，给终端接一大电容等效为短路，用这种等效 $\lambda/4$ 短路线给半导体器件直流供电不影响微波信号通道。在微带天线中，常用矩形或圆形、环形微带谐振器作为天线辐射器，它们的工作模式

及电磁场分布可用谐振器理论分析。

### 6.2.4 介质谐振器

介质谐振器因体积小、$Q$ 值高且便于和微带线耦合而被重视。该类谐振器的关键是要求用 $\varepsilon_r$ 大且损耗小、温度稳定性好的新材料，这类谐振器通常被加工成圆柱形。这类谐振器内、外均有电磁场，其分析相对复杂。当 $\varepsilon_r$ 很大时，用磁壁法简单且能达到足够的精度。磁壁法与波导谐振器的差别是用磁壁代替电壁，电场和磁场表示式互换。一般情况下，必须将介质和空气交界面两边的场匹配才能得到更精确的结果。介质谐振器中的驻波个数不是整数，空气中的场离开交界面时按指数规律衰减。介质谐振器的 $Q$ 值为 $1/\tan\delta$，好的材料可达数千量级。

### 6.2.5 准光谐振器

到了毫米波波段，金属波导谐振器因体积太小、损耗增大导致 $Q$ 值急骤下降而无法使用。由光学法——珀干涉仪演变而来的准光开放式谐振腔（见图 6-2-10）的优势明显，从而被广泛应用。两个球形反射面或一个平面和一个球面相向间隔 $L$ 放置。满足尺寸条件 $0.2<\left(1-\dfrac{L}{R}\right)<0.5$，$\dfrac{a^2}{\lambda L}>1.2$，$10\lambda<L<30\lambda$ 时，工作稳定且 $Q$ 值极高。这种谐振器中的电磁场以高斯波束规律分布，横向衰减规律为 $e^{-\frac{r^2}{w^2}}$，轴向驻波数 $p$ 较大，工作模式为 $TEM_{00p}$。这种谐振器调谐（改变 $L$）方便，测介质也方便。

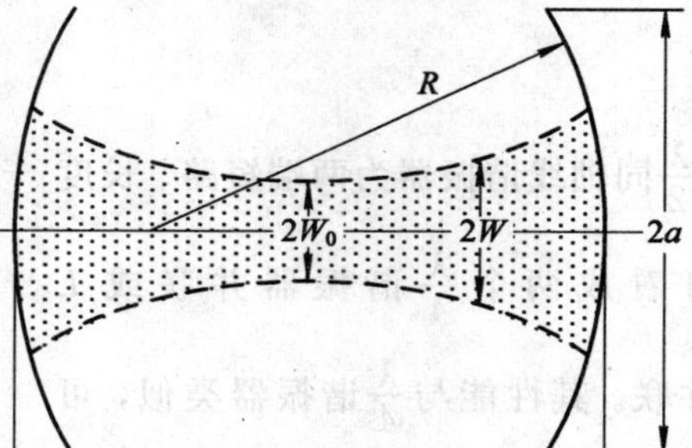


图 6-2-10 准光谐振器

## 思考练习题

1. 波导式谐振器的谐振波长和 $Q$ 值如何计算？
2. 矩形波导谐振器的主模是什么？有哪些电磁场分量？
3. 圆波导谐振器的三种常用模式是什么？各有什么特点？
4. 什么是模式图？它有什么用处？
5. 已知一高精度波长计为圆柱谐振腔结构，工作模式为 $TE_{012}$，直径 $D=2a=5$ cm，长度 $l$ 的变化范围为 4.2～4.8 cm，计算其工作频率范围。
6. 同轴谐振腔有哪几种类型？$b/a$ 为多大？为什么？

# 第7章 微波混频器

微波混频器是任何微波接收系统必不可少的前端电路功能块。它的特性指标特别是变频损耗和噪声系数，对接收机灵敏度的影响很大。混频器能够实现混频是因为它的电路中有一个关键的非线性半导体器件——肖特基势垒二极管。在信号和本振共同加到肖特基二极管后将产生多种频率成分，可用低通滤波器滤出中频。能实现混频的电路形式有单端混频器和平衡混频器等。

## 7.1 肖特基二极管与混频原理

本节首先研究肖特基势垒二极管的机理与特性，然后介绍微波混频器的混频原理并导出其三端口等效电路。

### 7.1.1 肖特基势垒二极管

由于微波频率极高，电压、电流交变速度快，因此要求电子器件内部的电荷变化也必须与电压、电流同步。传统的PN结器件及硅材料由于空穴导电惰性大、电子迁移率低而无法使用。肖特基势垒二极管内部只有电子参与导电并且材料改为电子迁移率高的砷化镓(GaAs)，可以实现器件内部的电荷运动与微波频率的快速变化同步，因此取代PN结二极管而成为微波频段检波、混频的最重要器件。

**1. 肖特基势垒的单向导电原理**

肖特基势垒结是金属和N型砷化镓半导体材料密切接触后在交界面附近形成的特殊电荷不均匀分布区。由于金属和N型半导体的费米能级不同，半导体一侧的费米能级高且电子的平均能量大，因此密切接触后半导体中的电子必然向金属一侧扩散。金属中存在的大量自由电子又排斥这些扩散过来的电子而使它们堆积在表面附近。半导体中的电子扩散后留下不能移动的带正电的施主离子，形成一个耗尽层。耗尽层正电荷和金属表面堆积的带负电荷的电子层产生的附加电场对扩散运动又起阻止作用，故扩散运动必然逐步削弱。达到动态平衡时，扩散进入金属的电子数与金属中少数能量大、能够跳入半导体的热发射电子数相等，耗尽层厚度保持不变，形成了一个相对稳定的肖特基势垒结。该势垒结对两边电子相互向对方的运动起阻止作用。耗尽层厚度 $W_0$ 和半导体一侧势垒高度的关系(见图7-1-1(a))为

$$\varphi_s = \frac{eN_D W_0^2}{2\varepsilon} \qquad (7-1-1)$$

式中，$e$ 为电子电荷，$N_D$ 为N型半导体掺杂浓度，$W_0$ 为平衡状态下的耗尽层厚度。

给金属接电源正极，半导体接负极时，称为正向偏置状态。这时外加电压 $U_b$ 与耗尽层势垒电压反向，结区阻止扩散电场被削弱，动态平衡被打破，扩散运动占上风，势垒结呈

导电特性，且$U_b\uparrow$，$I\uparrow$，耗尽层变薄(见图 7-1-1(b))。这时有关系：

$$\varphi_s - U_b = \frac{eN_D W_+^2}{2\varepsilon} \qquad (7-1-2)$$

当给半导体接正极、金属接负极即反向偏置时，耗尽层变厚(见图 7-1-1(c))，无扩散存在。只有能够热发射的极少数电子对应很小的反向饱和电流，肖特基势垒结不导电。这时有关系：

$$\varphi_s + U_b = \frac{eN_D W_-^2}{2\varepsilon} \qquad (7-1-3)$$

肖特基势垒结的这种单向导电性只有电子运动，再加上砷化镓材料的电子迁移率很高，因而非常灵敏，对微波小信号也具有同步反应，所以取代 PN 二极管成为重要的微波半导体器件。

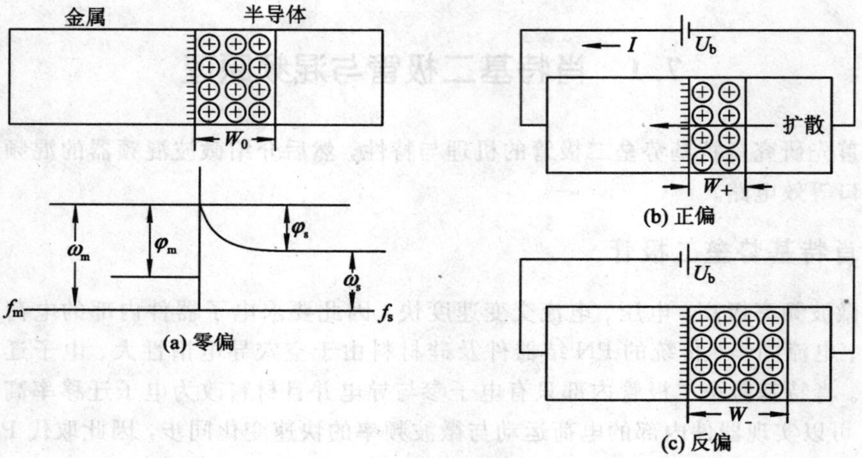


图 7-1-1　肖特基势垒及单向导电原理

**2. 肖特基势垒二极管的结构**

以 $N^+$ 材料为衬底(掺杂浓度为 $10^{19}/cm^3$)，外延一薄层 N 型材料(掺杂浓度为 $10^{15}/cm^3$)，涂以几微米至十几微米的 $SiO_2$ 绝缘层，再腐蚀出一系列小孔洞，蒸发金属钛和银与半导体 N 在小孔洞内形成接触层，切成一个个小块就是管芯。将管芯加引线并封装就做成了肖特基势垒二极管。封装形式有：便于在波导中使用的子弹头结构，用塑胶直接封住芯片外露引线的微带结构，寄生参数很小的梁式引线结构(毫米波波段使用)，如图 7-1-2 所示。

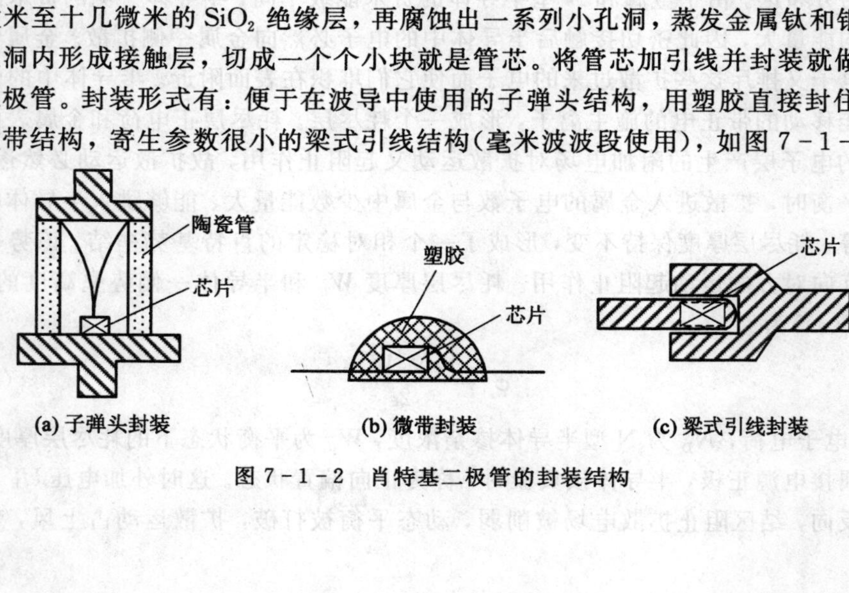


图 7-1-2　肖特基二极管的封装结构

### 3. 肖特基势垒二极管的特性与参数

(1) 伏安特性与结电阻 $R_j$。电流和电压的关系式为

$$I = I_{sa}\left[\exp\left(\frac{eU}{nkT}\right) - 1\right] \tag{7-1-4}$$

式中，$I_{sa}$为反向饱和电流；$k=1.38\times10^{-23}$ J/K，为玻尔兹曼常数；$e=1.6\times10^{-19}$ C，为电子电荷；$n=1\sim2$，为工艺参数；$U$ 为结电压(V)。反向饱和电流量级为 $10^{-5}\sim10^{-9}$ A。图 7-1-3 所示的伏安特性图中用虚线同时画出 PN 结特性以供对比。

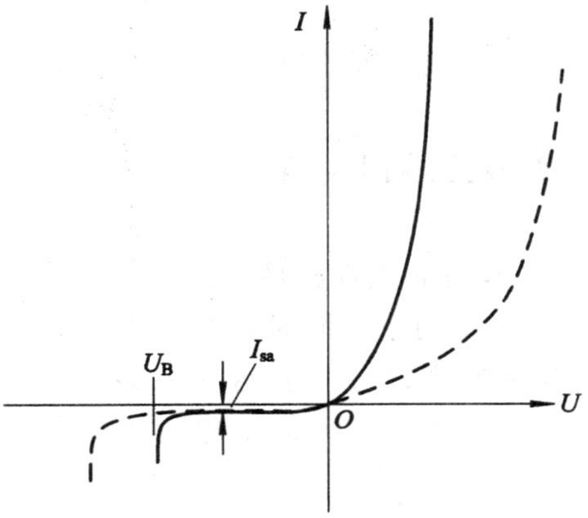


图 7-1-3　肖特基管的伏安特性(虚线为 PN 结特性)

由图 7-1-3 可以看出，肖特基管的 $R_j$ 小且灵敏，但反向击穿电压低。结电阻为

$$R_j = \frac{dU}{dI} = \frac{1}{\dfrac{dI}{dU}} = \frac{1}{\alpha I_{sa} e^{\alpha U}} \approx \frac{1}{\alpha I} \tag{7-1-5}$$

$$\alpha = \frac{e}{nkT}$$

结电阻与结电流成反比。

(2) 结电容 $C_j$。因 $C_j=\dfrac{dq}{dU}$，$q=eN_DAW$，故最终可算出：

$$C_j = \frac{C_j(0)}{\left(1-\dfrac{U}{\varphi_s}\right)^{\frac{1}{2}}} \tag{7-1-6}$$

式中，$C_j(0)$为零偏时的结电容。

(3) 寄生参数与等效电路。

① 串联电阻 $R_s$(几欧姆)。

② 串联电感 $L_s$(零点几毫微亨)。

③ 封装电容 $C_p$(零点几皮法)。

包含寄生参数的等效电路如图 7-1-4 所示。

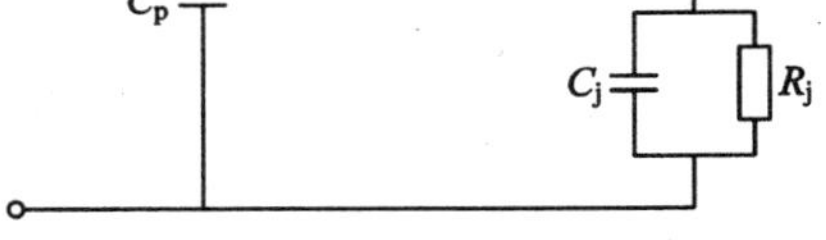


图 7-1-4　等效电路

(4) 性能参数。

① 截止频率 $f_c$：管子可用的上极限频率，即

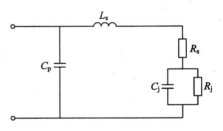

$$f_c = \frac{1}{2\pi R_s C_j(0)} \tag{7-1-7}$$

② 噪声温度比：

$$t_d = \frac{R_s + \frac{n}{2} R_j}{R_s + R_j} \tag{7-1-8}$$

该参数越小，管子工作时内部噪声越低。

③ 中频输出阻抗：

$$R_{if} = 200 \sim 600\ \Omega$$

该参数为管子在混频器输出端对负载呈现的阻抗，供中频匹配时参考。

### 7.1.2 微波混频原理与等效三端口网络

肖特基二极管的结电阻 $R_j$ 具有非线性特性，将本振频率为 $\omega_L$ 的电压和信号频率为 $\omega_s$ 的电压同时加在管子上时(见图 7-1-5)，其电流的频率成分可能达 $m\omega_L \pm n\omega_s$ 之多，用低通滤波电路只输出中频 $\omega_L - \omega_s$ 的电流成分，就可实现混频。

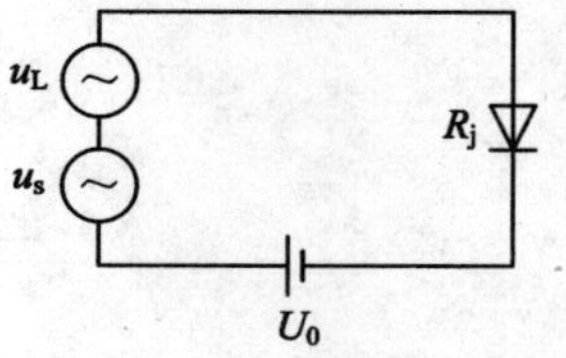

图 7-1-5　一次混频等效电路

**1. 一次混频电流频谱**

混频管上同时加上偏压的直流电压 $U_0$，本振电压 $u_L = U_L\cos(\omega_L t)$，信号电压 $u_s = U_s\cos(\omega_s t)$，且本振电压 $U_L$ 远大于信号电压 $U_s$，即 $U_L \gg U_s$。肖特基管的电压、电流关系为

$$i = I_{sa}(e^{\alpha u} - 1) = f(u) \tag{7-1-9}$$

其中，$u = U_0 + U_L\cos(\omega_L t) + U_s\cos(\omega_s t) = u_0 + \Delta u$，$\Delta u = U_s\cos(\omega_s t)$。可将 $f(u)$ 在 $u_0 = U_0 + U_L\cos(\omega_L t)$ 点展开成台劳级数为

$$i = f(u_0) + f'(u_0)\Delta u + \frac{1}{2!}f(u_0)\Delta u^2 + \cdots$$

在小信号情况下，取一阶导数项为

$$i = f(u_0) + f'(u_0)\Delta u = I + \Delta i$$

$I = f(u_0)$ 和 $\Delta i = f'(u_0)\Delta u$，$f(u_0)$ 和 $f'(u_0)$ 均为 $t$ 的周期偶函数，可以分解为只含 $\cos(n\omega_L t)$ 项的傅里叶级数，即

$$I = I_0 + 2\sum_{n=1}^{\infty} I_n \cos(n\omega_L t) \tag{7-1-10}$$

$$I_n = \frac{1}{2\pi}\int_0^T I_{sa}(e^{\alpha u} - 1)\cos(n\omega_L t)\,d(\omega_L t) = I_{sa}e^{\alpha U_L}J_n(\alpha U_L)$$

$$f'(u) = g_0 + 2\sum g_n \cos(n\omega_L t)$$

$$g_n = \frac{1}{2\pi}\int_0^T \alpha I_{sa}(e^{\alpha u} - 1)\cos(n\omega_L t)\,d(\omega_L t) = \alpha I_{sa}e^{\alpha U_L}J_n(\alpha U_L)$$

小信号一次混频的电流为

$$i = I_0 + 2\sum_{n=1}^{\infty} I_n \cos(n\omega_L t) + \left[g_0 + 2\sum_{n=1}^{\infty} g_n \cos(n\omega_L t)\right] U_s \cos(\omega_s t)$$
$$= [I_0 + 2I_1 \cos(\omega_L t) + 2I_2 \cos(2\omega_L t) + \cdots] + [g_0 U_s \cos(\omega_s t)]$$
$$+ \sum_{n=1}^{\infty} g_n U_s \cos[(n\omega_L + \omega_s)t] + \sum_{n=1}^{\infty} g_n U_s \cos[(n\omega_L - \omega_s)t] \qquad (7-1-11)$$

$g_n$ 称为 $n$ 阶变频跨导，是 $f'(u_0)$ 的傅里叶级数展开式的系数。在 $\omega_s > \omega_L$ 的情况下，电流频谱图如图 7-1-6 所示。

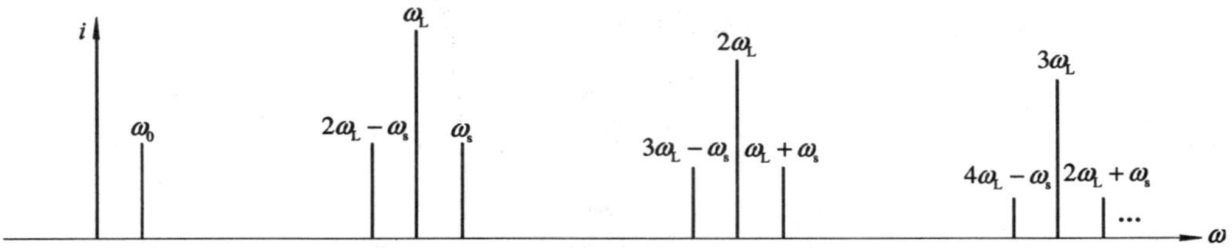


图 7-1-6　一次混频电流频谱图

图 7-1-6 所示的频谱图说明：

(1) 本振电压在作用于二极管非线性电阻 $R_j$ 后，使 $R_j$ 对信号呈现时变跨导 $g(t) = g_0 + 2\sum g_n \cos(n\omega_L t)$ 的特性。

(2) 输入的两个频率成分 $\omega_L$ 和 $\omega_s$ 的电压、输出电流变成了无限多的频率成分 $n\omega_L$ 和 $n\omega_L \pm \omega_s$ 的组合。

(3) 电流频谱中 $\omega_0 = \omega_s - \omega_L$ 是有用的中频，该频率成分的电流幅度为 $g_1 U_s$，完全保存了信号电压幅度变化的信息。混频器的输出电流与信号输入电压尽管频率不同，但它们的幅度为线性关系。

(4) 在众多无用频率成分中，$\omega_i = 2\omega_L - \omega_s$ 和 $\omega_+ = \omega_L + \omega_s$ 再次混频可产生中频，具有回收利用的可能，它们分别称为镜频与和频。镜频和信号只差两个中频，容易寄生于信号通道，对混频器性能的影响很大，应引起特别关注。

(5) 电流的 $I_L$ 成分与直流 $I_0$ 的幅度关系为 $I_L \approx 2I_0$，本振功率 $P_L = \frac{1}{2} U_L I_1 \approx U_L I_0$，本振电导 $G_L = \frac{I_1}{U_L} \approx \frac{2I_0}{U_L}$，可通过监测 $P_L$ 和 $I_0$ 了解 $U_L$ 和 $G_L$ 以判断混频器的工作状态。

**2. 二次混频与混频器的三端口等效电路**

实际混频器的输出滤波电路可有效地把除中频外的一切高频成分有效短路，使它们不再对 $R_j$ 产生影响。但输入端的信号通道也能够为镜频提供通道，输出端的中频电压也反过来又加于混频管上，所以更接近实际情况的二次混频等效电路如图 7-1-7 所示，加在混频管上的总电压为

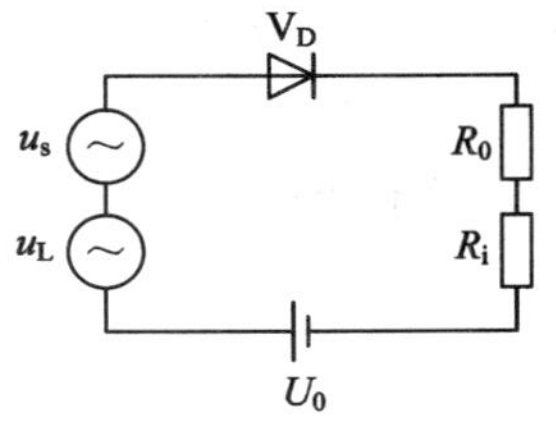


图 7-1-7　二次混频等效电路

$$u = U_0 + U_L \cos(\omega_L t) + U_s \sin(\omega_L t) - U_0 \sin(\omega_0 t) - U_i \sin(\omega_i t) \qquad (7-1-12)$$

这时 $\Delta u = U_s \sin(\omega_s t) - U_0 \sin(\omega_0 t) - U_i \sin(\omega_i t)$，有关电流为

$$i = g(t)\Delta u = [g_0 + g_1 \cos(\omega_L t) + g_2 \cos(2\omega_L t) + \cdots]$$
$$\times [U_s \sin(\omega_s t) - U_0 \sin(\omega_0 t) - U_i \sin(\omega_i t)]$$

若跨导只取到 $g_2$ 项，则混频后与这三个频率成分相关的电流为

$$\begin{aligned} i = & g_0 U_s \sin(\omega_s t) - g U_0 \sin[(\omega_L + \omega_0)t] + g_2 U_i \sin[(2\omega_L - \omega_i)t] \\ & + g_1 U_s \sin[(\omega_s - \omega_L)t] - g_0 U_0 \sin(\omega_0 t) + g_1 U_i \sin[(\omega_L - \omega_s)t] \\ & - g_2 U_s \sin[(2\omega_L - \omega_s)t] + g_1 U_0 \sin[(\omega_L - \omega_0)t] - g_0 U_i \sin(\omega_i t) \\ & + \text{其他} \end{aligned} \tag{7-1-13}$$

$U_s$、$U_0$、$U_i$ 和 $I_s$、$I_0$、$I_i$ 的复振幅关系为

$$\begin{bmatrix} I_s \\ I_0 \\ I_i \end{bmatrix} = \begin{bmatrix} g_0 & -g_1 & g_2 \\ g_1 & -g_0 & g_1 \\ -g_2 & g_1 & -g_0 \end{bmatrix} \begin{bmatrix} U_s \\ U_0 \\ U_i \end{bmatrix} \tag{7-1-14}$$

与式(7-1-14)对应的混频三端口等效电路如图 7-1-8 所示。图中，虚线方框内的三端口网络的等效电导矩阵为式(7-1-14)的三阶跨导矩阵。

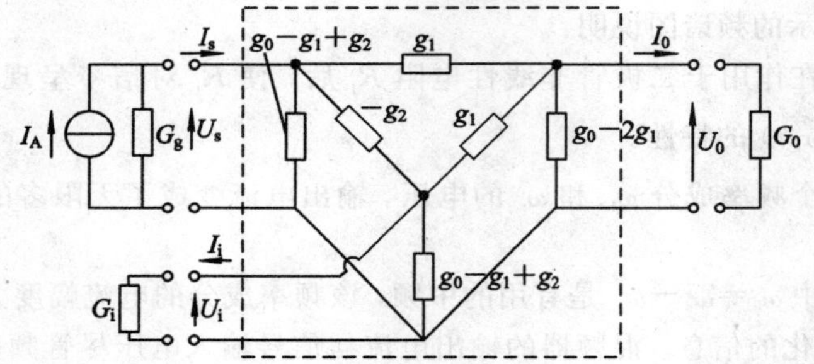


图 7-1-8 混频三端口等效电路

## 思考练习题

1. 什么是肖特基势垒结？它为什么具有单向导电特性？

2. 为什么微波频段的检波和混频要用肖特基势垒二极管而不用普通的 PN 结二极管？

3. 画出肖特基势垒二极管的等效电路并解释每个参数的意义。

4. 画出一次混频 $\omega_L > \omega_s$ 的混频电流频谱图并标出中频、和频和镜频。

5. 为什么混频三端口等效电路中的三个端口信号不包括本振？本振的作用在等效电路中如何体现？

6. 为什么通过对 $P_L$ 和 $I_0$ 的监测能检查混频器的工作状态？

## 7.2 微波混频器的指标

微波混频器的指标有变频损耗、噪声系数、端口隔离比、输入驻波比、动态范围、频带宽度等。其中，变频损耗和噪声系数对接收机性能的影响最大，下面予以重点分析。

### 7.2.1　变频损耗 $L_m$

变频损耗的定义为输入微波信号资用功率与输出中频信号资用功率之比，一般用分贝数表示，即

$$L_m(\text{dB}) = 10\lg\frac{P_{sa}}{P_{oa}}\ (\text{dB}) \tag{7-2-1}$$

变频损耗由四部分组成：

$$L_m = L_1 + L_2 + L_3 + L_4 \tag{7-2-2}$$

式中，$L_1$ 为无用的寄生频率引起的净变频损耗；$L_2$ 为肖特基管的寄生参量引起的管子附加损耗；$L_3$ 为输入、输出端不匹配引起的电路失配损耗；$L_4$ 则是电路中电流引起的导体热损耗。一般电路的热损耗 $L_4 \leqslant 0.2$ dB。这里我们只讨论前三项。

**1. 净变频损耗 $L_1$**

混频器虽然能产生很多频率的电流，但除镜像频率外都能被滤波电路理想短路，并不消耗信号功率。只有镜像频率寄生于信号通道，才会通过信号源内阻产生较大的功率损失。下面分析在镜频短路、开路和匹配三种情况下的净变频损耗。分析模型为 7.1 节导出的混频器三端口等效电路。三端口等效网络简化图如图 7－2－1 所示。

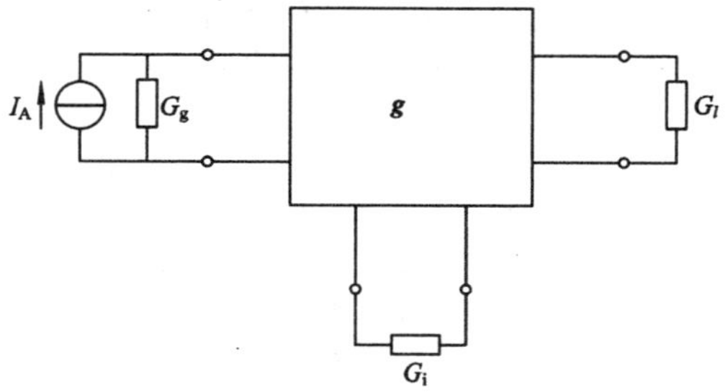


图 7－2－1　三端口等效网络

图 7－2－1 中：

$$\boldsymbol{g} = \begin{bmatrix} g_0 & -g_1 & g_2 \\ g_1 & -g_2 & g_1 \\ -g_2 & g_1 & g_0 \end{bmatrix} \tag{7-2-3}$$

(1) 化三端口网络为含参数 $G_i$ 的二端口网络(见图 7－2－2)。令 $G_iU_i = I_i$，从式(7－1－14)中消去第三个方程变为

$$\begin{cases} I_s = m_{11}U_s + m_{22}U_0 \\ I_0 = m_{21}U_s + m_{22}U_0 \end{cases} \tag{7-2-4}$$

式中，$m_{11} = g_0 - \dfrac{g_2^2}{g_0 + G_i}$，$m_{12} = m_{21} = -g_1 + \dfrac{g_1 g_2}{g_0 + G_i}$，$m_{22} = -g_0 + \dfrac{g_1^2}{g_0 + G_i}$。

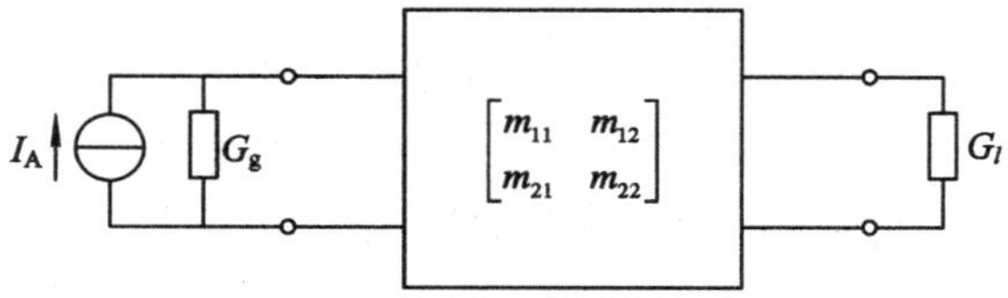


图 7－2－2　含有参数 $G_i$ 的二端口网络

（2）利用等效二端口网络和戴维宁定理求出输出资用功率：

$$P_{oa}=\frac{I_e^2}{8G_e}=\frac{m_{21}I_A^2}{8(G_g+m_{11})[m_{22}(m_{11}+G_g)-m_{12}m_{21}]} \tag{7-2-5}$$

（3）利用输入资用功率 $P_{sa}=\frac{I_A^2}{8G_g}$ 和 $P_{oa}$ 之比求出净变频损耗为

$$L_1=\frac{P_{sa}}{P_{oa}}=\frac{(G_g+m_{11})[m_{22}(m_{11}+G_g)-m_{12}m_{21}]}{m_{21}G_g} \tag{7-2-6}$$

（4）分别令 $G_i=0$、$\infty$、$G_g$，并令 $\frac{\partial L_1}{\partial G_g}=0$，求出三种镜频端接情况下的最小净变频损耗和最佳源电导如下：

镜像短路：

$$\begin{cases} L_{1s}=\dfrac{1+\sqrt{1-\left(\dfrac{g_1}{g_0}\right)^2}}{1-\sqrt{1-\left(\dfrac{g_1}{g_0}\right)^2}} \\ G_{gs}=g_0\sqrt{1-\left(\dfrac{g_1}{g_0}\right)^2} \end{cases} \tag{7-2-7}$$

镜像开路：

$$\begin{cases} L_{1o}=\dfrac{1+\sqrt{1-\dfrac{\frac{g_1^2}{g_0^2}\left(1-\frac{g_2}{g_0}\right)}{\left(1+\frac{g_2}{g_0}\right)\left(1-\frac{g_1^2}{g_0^2}\right)}}}{1-\sqrt{1-\dfrac{\frac{g_1^2}{g_0^2}\left(1-\frac{g_2}{g_0}\right)}{\left(1+\frac{g_2}{g_0}\right)\left(1-\frac{g_1^2}{g_0^2}\right)}}} \\ G_{go}=g_0\left(1-\dfrac{g_2^2}{g_0^2}\right)\sqrt{1-\dfrac{\frac{g_2^2}{g_0^2}\left(1-\frac{g_2}{g_0}\right)}{\left(1+\frac{g_2}{g_0}\right)\left(1-\frac{g_1^2}{g_0^2}\right)}} \end{cases} \tag{7-2-8}$$

镜像匹配：

$$\begin{cases} L_{1m}=2\dfrac{1+\sqrt{1-\dfrac{2g_1^2}{g_0(g_0+g_2)}}}{1-\sqrt{1-\dfrac{2g_1^2}{g_0(g_0+g_2)}}} \\ G_{gm}=(g_0+g_2)\sqrt{1-\dfrac{2g_1^2}{g_0(g_0+g_2)}} \end{cases} \tag{7-2-9}$$

根据这些关系式可求出净变频损耗与本振电压的关系如图 7-2-3 所示。

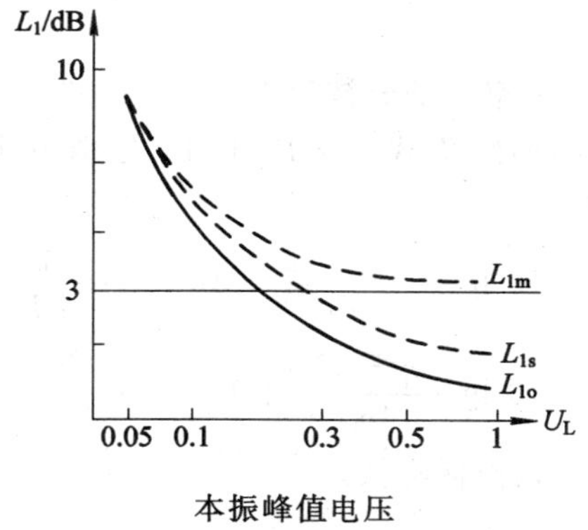


图 7-2-3 最佳净变频损耗与本振电压的关系

由图 7-2-3 可以看出：

(1) 本振电压增加时，净变频损耗减小。

(2) 本振电压很大时，镜频开路和短路的净变频损耗趋于零，而镜频匹配的净变频损耗趋于 3 dB。

(3) 本振电压峰值 $U_L>0.1$ V 的情况下，以镜频开路净变频损耗最小，而镜频匹配的情况下变频损耗最大。实际混频器多属于镜频匹配的情况。

**2. 寄生参量引起的管子附加损耗 $L_2$**

管子等效电路如图 7-1-4 所示，$L_s$ 和 $C_p$ 不引起损耗，信号功率经过 $R_s$ 后加到结上，又分成两路，只有流过 $R_j$ 才对混频有贡献。$R_s$ 上的热损耗和 $C_j$ 上的分流都会造成输入信号损失。由图 7-1-4 可知，有用功率 $P_j=\frac{U_j^2}{2R_j}$，$I_j=jU_j\omega_s C_j+\frac{U_j}{R_j}$，管子的总输入功率为

$$P_s=\frac{I_j^2R_s}{2}+\frac{U_j^2}{2R_s}=\frac{U_j^2}{2R_j}\left(1+\frac{R_s}{R_j}+\omega_s^2C_j^2R_sR_j\right)$$

所以，管子的附加损耗为

$$L_2=10\lg\frac{P_s}{P_j}=10\lg\left(1+\frac{R_s}{R_j}+\omega_s^2C_j^2R_sR_j\right) \tag{7-2-10}$$

当 $R_j=\frac{1}{\omega_j C_j}$时，$L_{2\min}=10\lg\left(1+\frac{2R_s}{R_j}\right)$。

考虑管子附加损耗后管子的总变频损耗与本振功率的关系如图 7-2-4 所示。由图 7-2-4 可知，为使 $L_1+L_2$ 最小，本振功率有一最佳范围。

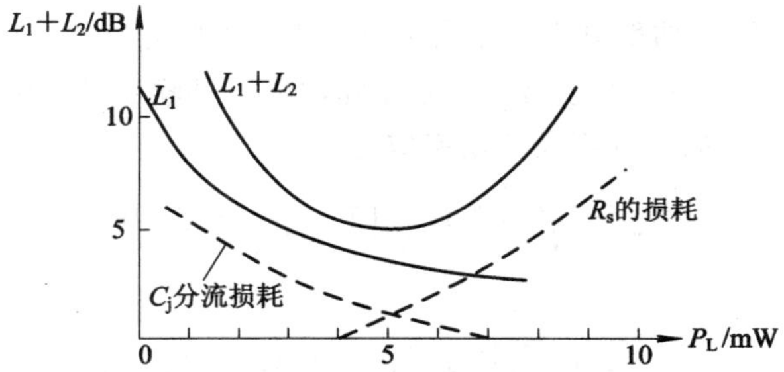


图 7-2-4 净变频损耗和管子附加损耗与本振功率的关系

**3. 失配损耗 $L_3$**

若输入端不匹配，则输入功率一部分被反射，不能全部加于管子上。输出端不匹配会导致有用的中频功率不能全部加给负载。设 $\Gamma_1$ 和 $\Gamma_2$ 分别为输入反射系数和负载反射系数，$P_1$ 和 $P_2$ 为驻波比，则有

$$L_3 = 10\ \lg \frac{1}{1-|\Gamma_1|^2} + 10\ \lg \frac{1}{1-|\Gamma_2|^2} = 10\ \lg \frac{(\rho_1+1)^2}{4\rho_1} + 10\ \lg \frac{(\rho_2+1)^2}{4\rho_2} \tag{7-2-11}$$

设计好的匹配电路可使变频损耗降低。

## 7.2.2　噪声系数 $F_m$

混频器噪声系数的定义为

$$F_m = \frac{\text{输入信噪比}\dfrac{S_{ia}}{N_{ia}}}{\text{输出信噪比}\dfrac{S_{oa}}{N_{oa}}} = L_m \frac{N_{oa}}{N_{ia}} \tag{7-2-12(a)}$$

$$F_m(\text{dB}) = 10\ \lg F_m \tag{7-2-12(b)}$$

式中，$S_{ia}$ 和 $S_{oa}$ 为输入、输出信号资用功率，$N_{ia}$ 和 $N_{oa}$ 为输入、输出噪声资用功率。虽然输入、输出信号频率不同，但它们之间存在线性关系，即 $U_o = g_1 U_s$，故仍可用线性二端口网络噪声系数的定义和分析方法。在式(7-2-12)中，$L_m$ 已经作了讨论，在这里我们只要计算出输入和输出噪声资用功率 $N_{ia}$ 和 $N_{oa}$ 即可。

**1. 镜像开路、短路混频器的噪声系数**

这两种混频器的信号端口只允许信号频率通过，镜像频率被开路或短路而堵塞。噪声分析模型如图 7-2-5 所示。输入噪声功率由源内阻产生，其输入资用功率为

$$N_{ia} = kT_0 B$$

式中，$k$ 为玻尔兹曼常数。

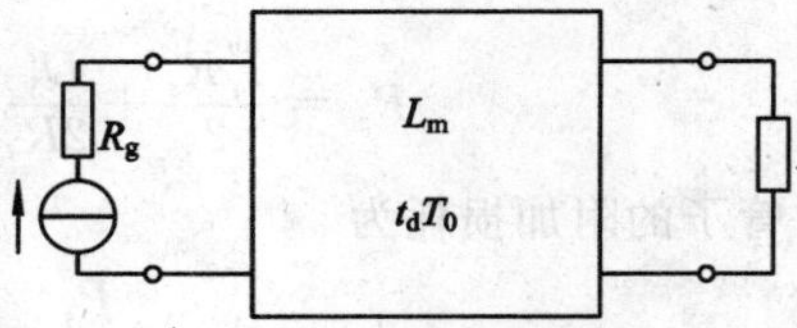


图 7-2-5　镜像开路、短路混频器的噪声分析模型

如果混频器网络也处在 $T_0$ 温度下，则其输出资用噪声功率仍为

$$N'_{oa} = kT_0 B = \frac{1}{L_m} kT_0 B + \left(1 - \frac{1}{L_m}\right) kT_0 B$$

$N'_{oa}$ 中的第一项为输入噪声功率对应的输出部分，第二项必定为 $T_0$ 温度下混频器的内部噪声功率。将 $T_0$ 改为 $t_d T_0$，便是混频器在实际工作温度下其输出端产生的内部噪声功率。所以，实际混频器在输出端的总资用噪声功率应为

$$N_{oa} = \frac{1}{L_m} kT_0 B + \left(1 - \frac{1}{L_m}\right) t_d T_0 kB$$

噪声系数为

$$F_m = L_m \frac{N_{oa}}{N_{ia}} = L_m \left[\frac{1}{L_m} + \left(1 - \frac{1}{L_m}\right) t_d\right] = 1 + (L_m - 1) t_d \tag{7-2-13}$$

定义混频器的等效噪声温度为

$$T_m = \frac{1}{L_m}[1+(L_m-1)t_d]T_0$$

其对应的噪声温度比为

$$t_m = \frac{T_m}{T_0} = \frac{1}{L_m}[1+(L_m-1)t_d]$$

则有

$$F_m = L_m t_m \tag{7-2-14}$$

**2. 镜像匹配混频器的噪声系数**

这种混频器在信号通道不对镜像频率进行阻挡，它可以通过输入通道，因而外面的镜像频率噪声也可以进入，经过混频后也在输出端产生中频噪声功率。其等效噪声模型如图 7-2-6 所示，其输入端噪声可从信号和镜频两个通道同时进入混频器，则

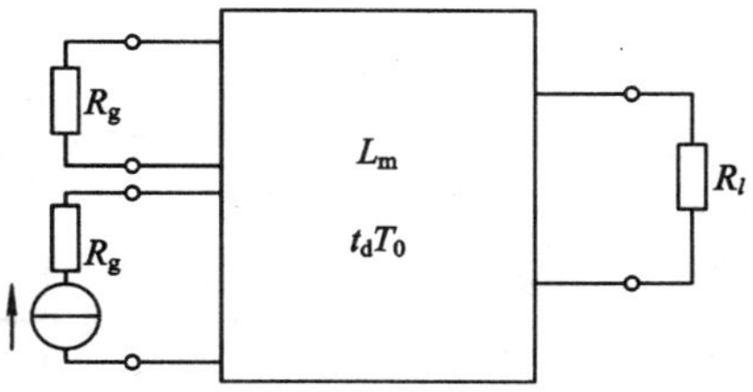


图 7-2-6 镜像匹配混频器的噪声分析模型

$$N_{oa} = \frac{2}{L_m}kT_0B + \left(1-\frac{2}{L_m}\right)kt_dT_0B$$

(1) 单通道接收(SSB)的接收机：信号频率较窄，只能从信号通道进入，镜频通道只进噪声而不进信号，这时的输入噪声功率只计和信号一起进来的部分，即

$$N_{ia} = kT_0B$$

$$F_{mSSB} = L_m\frac{N_{oa}}{N_{ia}} = 2+(L_m-2)t_d = 2\left[1+\left(\frac{L_m}{2}-1\right)t_d\right] \tag{7-2-15}$$

此时：

$$T_m = \frac{2}{L_m}\left[1+\left(\frac{L_m}{2}-1\right)t_d\right]T_0$$

$$t_m = \frac{T_m}{T_0} = \frac{2}{L_m}\left[1+\left(\frac{L_m}{2}-1\right)t_d\right]$$

仍有：

$$F_m = L_m t_m$$

(2) 双通道接收(DSB)的接收机：信号频带很宽，也能从镜像通道进入混频器，如微波辐射计和射电天文望远镜等。这时镜像通道进入的噪声功率应计入输入噪声，即

$$N_{ia} = 2kT_0B$$

所以

$$F_{mDSB} = L_m\frac{N_{oa}}{N_{ia}} = 1+\left(\frac{L_m}{2}-1\right)t_d \tag{7-2-16}$$

这时：

$$T_m = \frac{1}{L_m}\left[1+\left(\frac{L_m}{2}-1\right)t_d\right]$$

$$t_m = \frac{1}{L_m}\left[1+\left(\frac{L_m}{2}-1\right)t_d\right]$$

仍有：

$$F_m = L_m t_m$$

对比式(7-2-14)～式(7-2-16)可知，在镜像匹配的单通道接收情况下，噪声系数最大。实际上大部分雷达和通信接收机正是这种情况。

**3. 微波接收机前端的噪声系数**

图7-2-7和图7-2-8为常见的两种典型接收机前端电路框图。

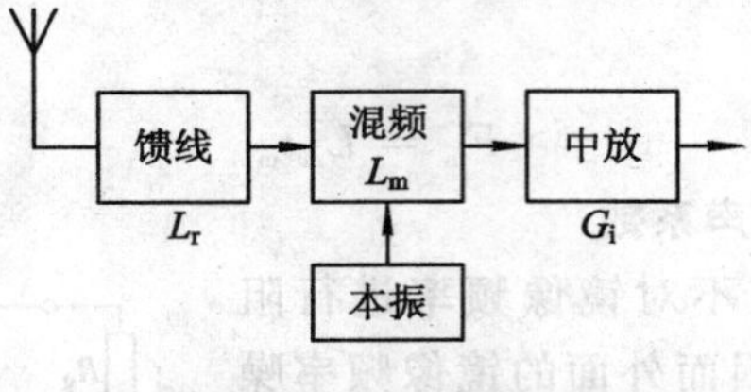


图7-2-7　无高频放大的接收机前端电路框图

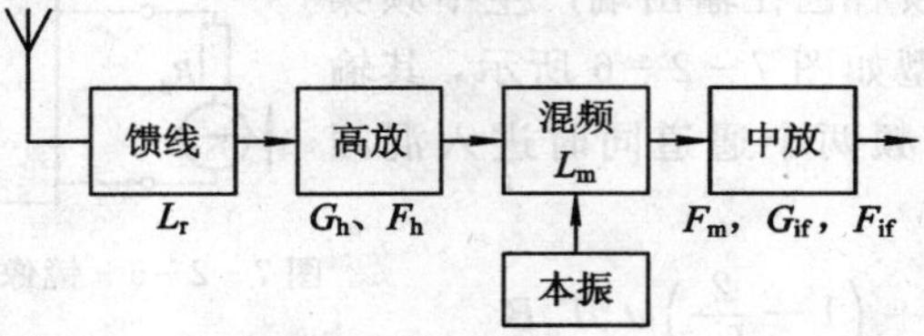


图7-2-8　有高频放大的微波接收机前端框图

许多接收设备和天线之间都有一段馈线，设该馈线的插入衰减为$L_r$，则这两种形式的总噪声系数分别为

$$F_1 = L_r L_m (t_m + F_{if} - 1) \tag{7-2-17}$$

$$F_2 = L_r (F_h - 1) + \frac{L_r}{G_h}(F_m - 1) + \frac{L_r L_m}{G_h}(F_{if} - 1) \tag{7-2-18}$$

为了降低总噪声，减少馈线损耗至关重要，对于要求灵敏度高的接收机，增加低噪声微波放大器最好。混频器的噪声系数和变频损耗都是越小越好，这对没有微波放大器的直接混频接收机尤其重要。由于中放的增益很多，因此后面电路的影响都可以忽略。

## 7.2.3　混频器的其他指标

**1. 端口隔离比**

非线性器件两端和本振、信号、中频都是耦合的，这三个频率信号应相互隔离，而且隔离度越大越好。好的混频器对最低隔离要提出指标要求。

**2. 动态范围**

微波接收信号的波动性很大，混频器应能保证在信号正常波动范围内良好工作，这就是混频器的动态范围。

**3. 输入驻波比**

在正常工作的频率范围内，该指标应有一个最高限度。

**4. 工作频带**

工作频带指混频器的所有指标都符合要求的频率范围。该指标与信号频带有关。电路上主要受输入、输出匹配电路的频率特性限制。

## 思考练习题

1. 微波混频器都有哪些指标？
2. 变频损耗由哪几部分组成？
3. 什么是净变频损耗？它与什么因素有关？
4. 寄生参数对变频损耗有什么影响？总变频损耗与本振功率有什么关系？
5. 混频器的噪声系数如何定义？如何降低混频器的噪声系数？
6. 微波接收机的前端噪声有什么影响？如何设计前端电路才能提高灵敏度？

# 7.3 微波混频器电路

混频器多用在接收机中，处理的信号电平较弱，电路形式以微带为主。本节将介绍几种典型的混频器电路。

## 7.3.1 单端混频器电路

图 7-3-1 所示为只有一个肖特基二极管的单端混频器的微带电路。该电路由输入电路、混频二极管、滤波输出电路和直流偏置电路等几部分组成。

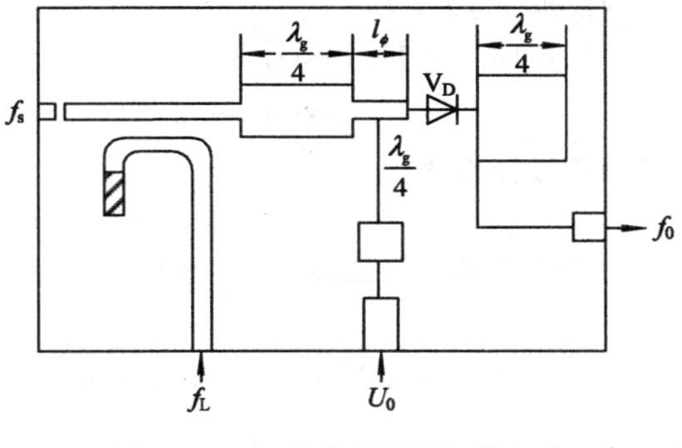


图 7-3-1 微带单端混频器电路

管子以前是输入电路，其作用有两个。第一是把信号和本振的混合信号加给混频器，由定向耦合器实现。定向耦合器的耦合度要合理确定，太小了本振功率浪费大，太大了信号损失大，一般在 10 dB 左右。输入电路的第二个作用是使信号与二极管输入阻抗匹配，管子的容性阻抗经相移段 $l_\phi$ 到波节点，再用一段 $\lambda_g/4$ 串联线与 50 Ω 信号端匹配。肖特基势垒二极管 $V_D$ 是核心非线性器件，通过 $i=f(u)$的非线性特性产生多种频率成分的电流。输出电路用一段 $\lambda_g/4$ 的低阻抗细线对信号和本振短路，对其他高次谐波呈接地大电容作用而将它们有效短路。唯有中频信号频率极低，不受影响，通过高阻抗细线输出。偏置电路由一段 $\lambda_g/4$ 的高阻抗线终端用电容片对地把信号本振短路，而将直流加于二极管上。该线段对信号本振呈开路而不影响它们，该电路同时也是中频回路的一部分。信号输入端的小间隙电容起隔直流的作用，防止直流进入源端，对高频信号没有影响。

单端混频器电路简单，但噪声较大，只能用于信号较强且要求不高的场合。

### 7.3.2　微波双管平衡混频器电路

用两只参数相同的肖特基势垒二极管构成的平衡混频器，由于其性能优越，线路也不复杂而被广泛应用。这种混频器能够将本振噪声和一半高次谐波分量在输出端完全自动抵消，本振和信号端口隔离度高，本振功率无浪费，信号无损失，动态范围大，管子抗烧毁能力也比单端混频器提高了一倍。

**1. 反相型平衡混频器**

图 7－3－2 为反相型平衡混频器电原理图。

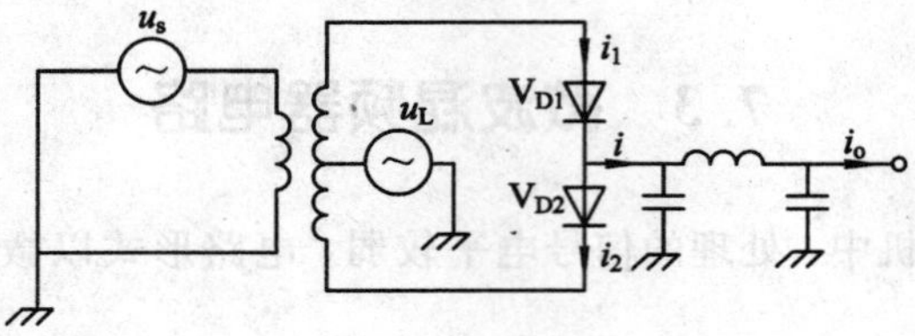


图 7－3－2　反相型平衡混频器电原理图

图 7－3－2 中，信号电压 $u_s$ 等幅同相加于 $V_{D1}$ 和 $V_{D2}$ 上，即

$$u_{s1}=u_{s2}=U_s\cos(\omega_s t) \tag{7-3-1}$$

本振电压 $u_L$ 等幅反相加于 $V_{D1}$ 和 $V_{D2}$ 上，即

$$\begin{cases}u_{L1}=U_L\cos(\omega_L t)\\ u_{L2}=U_L\cos(\omega_L t+\pi)\end{cases} \tag{7-3-2}$$

两管由 $u_L$ 所激励的变频跨导分别为

$$\begin{cases}g_1(t)=g_0+2\sum\limits_{n=1}^{\infty}g_n\cos(n\omega_L t)\\ g_2(t)=g_0+2\sum\limits_{n=1}^{\infty}g_n\cos(n\omega_L t+n\pi)\end{cases} \tag{7-3-3}$$

流过两管的电流分别为

$$\begin{cases}i_1(t)=g_1(t)u_{s1}=\left[g_0+2\sum\limits_{n=1}^{\infty}g_n\cos(n\omega_L t)\right]U_s\cos(\omega_s t)\\ \qquad =g_0U_s\cos(\omega_s t)+\sum\limits_{n=1}^{\infty}g_nU_s\cos[(n\omega_L\pm\omega_s)t]\\ i_2(t)=g_2(t)u_{s2}=\left[g_0+2\sum\limits_{n=1}^{\infty}g_n\cos(n\omega_L t+n\pi)\right]U_s\cos(\omega_s t)\\ \qquad =g_0U_s\cos(\omega_s t)+\sum\limits_{n=1}^{\infty}g_nU_s\cos[(n\omega_L\pm\omega_s)t+n\pi]\end{cases}$$

输出端总电流为

$$i(t)=i_1(t)-i_2(t)=\sum_{n=1,3,\cdots}2g_nU_s\cos[(n\omega_L\pm\omega_s)t]\qquad n\text{ 为奇数} \tag{7-3-4}$$

经滤波后，只剩下 $n=1$ 的中频输出电流为

$$i_o(t)=2g_1U_s\cos[(\omega_L-\omega_s)t] \tag{7-3-5}$$

随本振信号一起的 $\omega_L$ 附近频率的噪声经混频后变成中频附近的噪声。由于本振信号很强，因此该噪声影响很大，平衡混频器可使这种噪声在输出端自动抵消。设该输入噪声为 $u_{nL}$，它们加在两管子上的相位关系与本振信号相同，即

$$\begin{cases}u_{nL1}=U_{nL}\cos(\omega_{nL}t)\\u_{nL2}=U_{nL}\cos(\omega_{nL}t+\pi)\end{cases} \tag{7-3-6}$$

经混频后产生的中频噪声电流为

$$\begin{cases}i_{nL1}=g_1U_{nL}\cos[(\omega_{nL}-\omega_L)t]\\i_{nL2}=g_1U_{nL}\cos[\omega_{nL}-\omega_L)t]\end{cases} \tag{7-2-7}$$

对应的总输出中频噪声电流为

$$i_{nL}=i_{nL1}-i_{nL2}=0 \tag{7-3-8}$$

本振噪声对混频器噪声的影响在平衡混频器中完全消失了。

三种常见的反相型平衡混频器电路如图 7-3-3～图 7-3-5 所示。

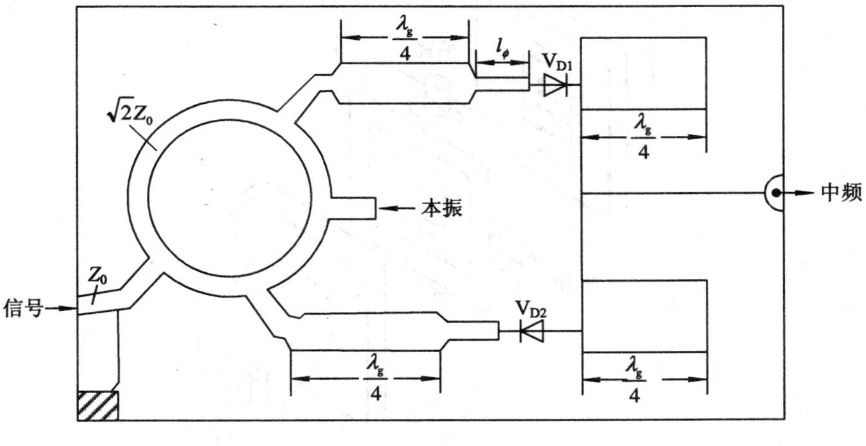


图 7-3-3 微带环行桥式本振反相型平衡混频器

图 7-3-3 和图 7-3-4 为微带电路。前者输入端为 3 dB 环形桥加$\frac{\lambda}{4}$阻抗匹配，后者为阻抗匹配 3 dB、90°分支桥加一个臂延伸$\frac{\lambda}{4}$，该电路优于环行桥之处是本振输入线不和桥路交叉。这两种电路的信号电压都等幅同相加于两管，本振信号电压则等幅反相加于两管，输出电路形式相同，都为$\frac{\lambda}{4}$低阻抗(大电容)滤波。

图 7-3-5 为波导正交场平衡混频器。信号和本振从相互垂直的两波导壁输入，隔离度极高。信号电压等幅同相作用于 $V_{D1}$ 和 $V_{D2}$，本振电场经垂直杆扰动后等幅反相作用于两管，中频信号从两管中间的垂直杆经同轴低阻抗或低通滤波器输出。这三种电路的信号关系与上述原理电路完全一致。

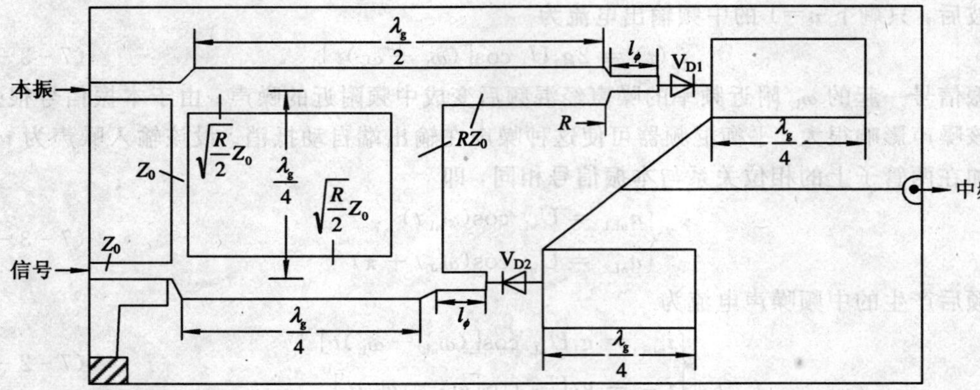


图 7-3-4　微带$\frac{\pi}{2}$移相桥延长臂反相平衡混频器

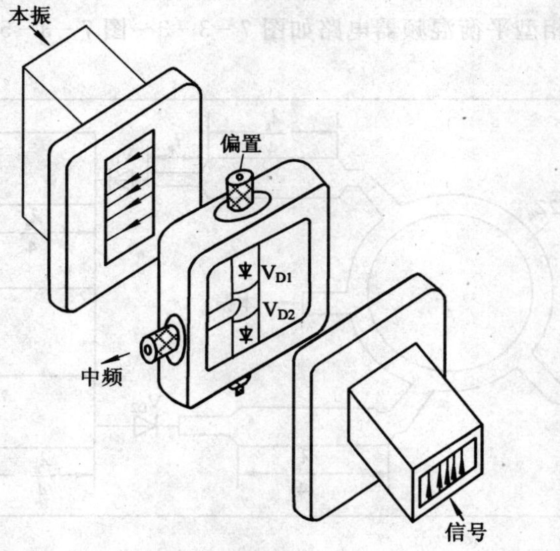


图 7-3-5　波导正交场反相平衡混频器

**2. $\frac{\pi}{2}$移相型平衡混频器**

图 7-3-6 为一种微带分支电桥$\frac{\pi}{2}$移相型平衡混频器电路。在该电路中，本振和信号等幅加在两管上，各有$\frac{\pi}{2}$的相位差，即

$$\begin{cases} u_{s1} = U_s \cos(\omega_s t) \\ u_{s2} = U_s \cos\left(\omega_s t - \frac{\pi}{2} + \pi\right) = U_s \cos\left(\omega_s t + \frac{\pi}{2}\right) \end{cases} \tag{7-3-9}$$

$$\begin{cases} u_{L1} = U_L \cos\left(\omega_L t - \frac{\pi}{2}\right) \\ u_{L2} = U_L \cos(\omega_L t + \pi) \end{cases} \tag{7-3-10}$$

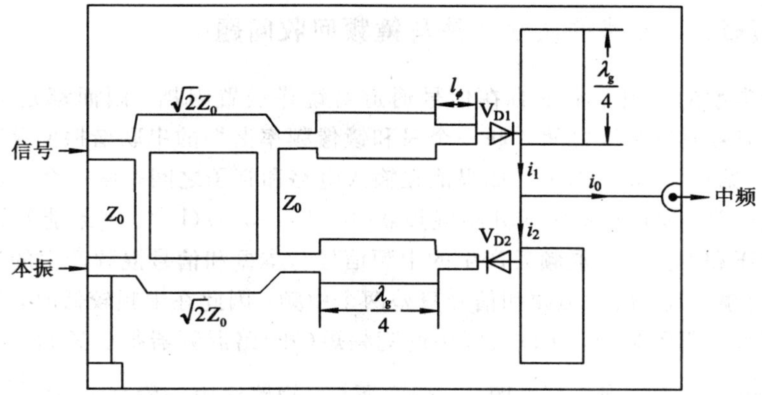


图 7-3-6　微带分支电桥$\frac{\pi}{2}$移相型平衡混频器

两管由 $u_L$ 激励的跨导为

$$\begin{cases} g_1(t) = g_0 + 2\sum_{n=1}^{\infty} g_n \cos\left(n\omega_L t - n\frac{\pi}{2}\right) \\ g_2(t) = g_0 + 2\sum_{n=1}^{\infty} g_n \cos(n\omega_L t + n\pi) \end{cases} \tag{7-3-11}$$

流过两管的混频电流为

$$\begin{aligned} i_1(t) &= \left[g_0 + 2\sum_{n=1}^{\infty} g_n \cos\left(n\omega_L t - n\frac{\pi}{2}\right)\right] U_s \cos(\omega_s t) \\ &= g_0 U_s \cos(\omega_s t) + \sum_{n=1}^{\infty} g_n U_s \cos\left[(n\omega_L \pm \omega_s)t - n\frac{\pi}{2}\right] \end{aligned} \tag{7-3-12}$$

$$\begin{aligned} i_2(t) &= \left[g_0 + 2\sum_{n=1}^{\infty} g_n \cos(n\omega_L t + n\pi)\right] U_s \cos\left(\omega_s t - \frac{\pi}{2}\right) \\ &= g_0 U_s \cos\left(\omega_s t - \frac{\pi}{2}\right) + \sum_{n=1}^{\infty} g_n U_s \cos\left[(n\omega_L \pm \omega_s)t + n\pi \mp \frac{\pi}{2}\right] \end{aligned} \tag{7-3-13}$$

经滤波相加后输出的中频电流为

$$\begin{aligned} i_o = i_{1o} - i_{2o} &= g_1 U_s \cos\left[(\omega_L - \omega_s)t - \frac{\pi}{2}\right] - g_1 U_s \cos\left[(\omega_L - \omega_s)t + \frac{\pi}{2}\right] \\ &= 2g_1 U_s \cos\left[(\omega_L - \omega_s)t - \frac{\pi}{2}\right] \end{aligned} \tag{7-3-14}$$

中频电流同样能叠加输出。本振噪声加在两管上的相位关系与本振电压相同，混频后的中频噪声像反相型平衡混频器一样完全抵消。

图 7-3-4 和图 7-3-6 的输入电路都为 90°分支 3 dB 电桥。图 7-3-4 中把管子的匹配功能综合在电桥中，因而不再需要后面的$\frac{\lambda}{4}$匹配段。图 7-3-6 中，电桥的四个端阻抗均为 $Z_0$，必须加一段$\frac{\lambda}{4}$匹配段才能和管子匹配。所以，图 7-3-4 所示的电路比较节省尺寸。

### 7.3.3　镜频短路、开路的实现方法与镜频回收问题

上面各种类型的混频器都没有在信号通道对镜像设置阻挡，因而都是镜像匹配混频器。如果能在信号通道和地之间并联一个只和镜像频率谐振的串联谐振回路，便可构成镜像短路混频器(见图 7-3-7(a))。如果能在输入电路和管子之间串联一个只对镜像频率谐振的并联谐振电路，便可构成镜像开路混频器(见图 7-3-7(b))。如果能使镜频短(开)路的反射镜频电压和本振二次混频后产生的中频信号与本振和信号混频产生的中频信号同相叠加，这就是镜频回收。由于镜频和信号只差两个中频，因此在中频较低时，只影响镜频谐振而不影响信号是很困难的，所以实际中的镜频短(开)路混频器很少见到，镜频回收就更少了。可能的短(开)路实现方案如图 7-3-7 所示。短路线由一段总长 $l<\frac{\lambda}{2}$ 的开路线等效电感耦合间隙为串联电容；开路则用一段总长 $l=\frac{\lambda}{2}$ 的开路线折弯，耦合段长为$\frac{\lambda}{4}$。

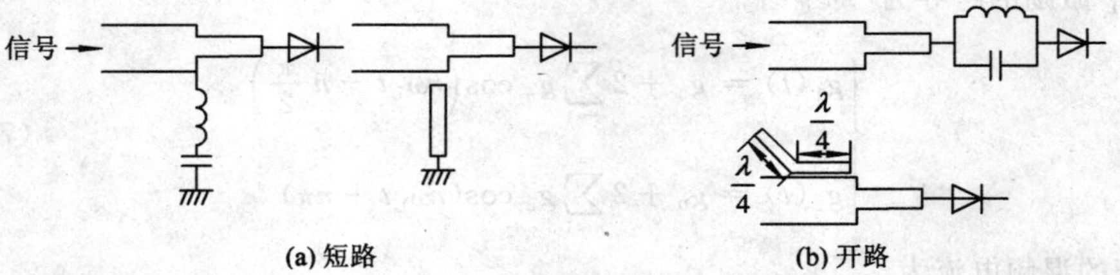


图 7-3-7　镜像短路、开路的实现

### 7.3.4　其他类型混频器

根据用途需要还可设计出四管双平衡混频器、低噪声(≤2 dB)混频器、宽频带混频器等。随着指标性能的提高，技术难度、电路复杂性也在提高，成本也随之上升。

绝大部分用途的混频器已被开发商制成标准系列产品，需要者可在市场上直接买到。只有某些特殊用途的混频器才需要进行特殊设计。

## 思考练习题

1. 微波混频器电路由哪几部分组成？各部分的功能是什么？

2. 平衡混频器有什么特点？

3. 将反相型平衡混频器的本振和信号交换位置，写出二者加于两管的相位关系，推导输出电流表示式，并证明本振噪声可否抵消。

4. 证明$\frac{\pi}{2}$移相型平衡混频器也能使本振噪声在输出端相互抵消。

# 第 8 章　上变频器与倍频器

混频器是把频率从高变低的频率变换器，主要用在接收系统和各种测量设备中。上变频器与倍频器则是把频率从低变高的频率变换器，主要用于发射与转发系统中，其核心非线性器件是变容二极管。阶跃管倍频器则可以实现高次倍频。

## 8.1　变容管上变频器与倍频器

### 8.1.1　变容二极管

变容二极管的管芯是一个 PN 结，在负偏状态下，结电压变化引起耗尽层电荷变化，结电容随之变化，封装后仍有寄生参数 $R_s$、$L_s$、$C_p$，等效电路如图 8-1-1 所示。由于变容管工作在负偏压状态，因此 $R_j$ 非常大，可以略去，主要参数有以下几个。

(1) 结电容：

$$C_j(u) = \frac{C_j(0)}{\left(1-\dfrac{u}{\phi_s}\right)^n} \tag{8-1-1}$$

其变化规律如图 8-1-2 所示。

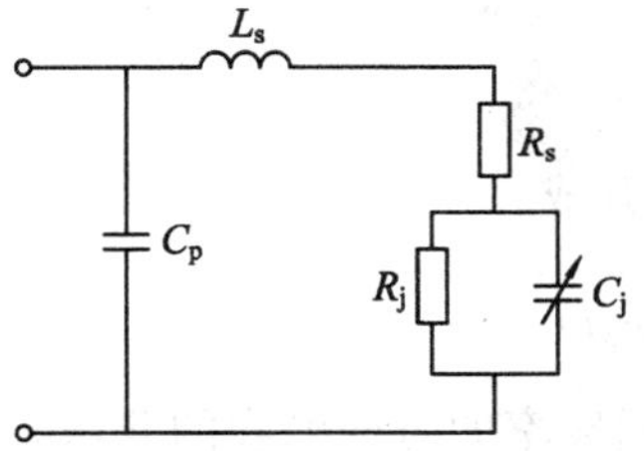


图 8-1-1　变容二极管等效电路

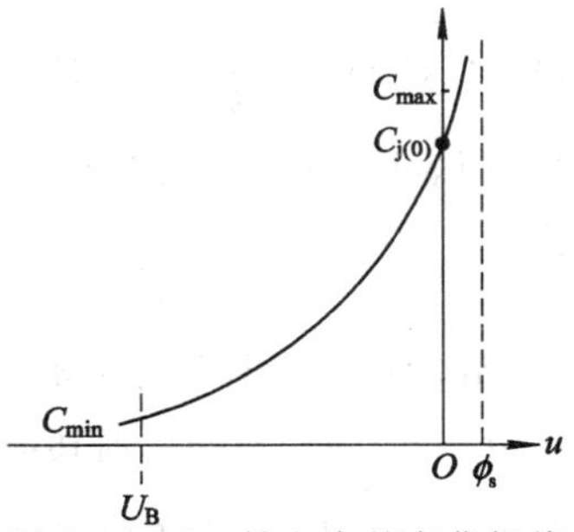


图 8-1-2　结电容的变化规律

图 8-1-2 中，$C_{max}$与 $u=\phi_s$ 对应，$C_{min}$与 $u=U_B$(击穿电压)对应。不同用途的变容管，结区掺杂浓度的变化规律与耗尽层电荷的变化规律不同，主要有以下几种：

① 突变结：$n=\frac{1}{2}$，主要用于倍频和上变频。

② 线性缓变结：$n=\frac{1}{3}$，主要用于倍频。

③ 阶跃恢复结：$n=\frac{1}{15}\sim\frac{1}{30}$，主要用于高次倍频。

④ 超突变结：$\frac{1}{2}<n<6$，主要用于电调谐。

(2) 截止频率：

$$f_c=\frac{1}{2\pi R_s C_j(0)} \tag{8-1-2}$$

(3) 品质因数：

$$Q=\frac{1}{2\pi f C_j(0) R_s} \tag{8-1-3}$$

(4) 反向击穿电压 $U_B$：对应 $I_B=1\ \mu A$，此时 $C=C_{min}$。

(5) 自谐振频率：

$$f_{sr}=\frac{1}{2\pi\sqrt{L_s C_j}} \tag{8-1-4}$$

$$f_{pr}=\frac{1}{2\pi\sqrt{L_s\dfrac{C_p C_j}{C_p+C_j}}}=f_{sr}\sqrt{1+\frac{C_j}{C_p}} \tag{8-1-5}$$

式中，$f_{sr}$ 为串频自谐振频率，$f_{pr}$ 为并联自谐振频率。

### 8.1.2 门雷-罗威关系式及其应用

**1. 泵浦作用下的结电容**

在加偏压 $U_0$ 和泵浦电压 $u_p=U_p\cos(\omega_p t)$ 后：

$$u=-[U_0+U_p\cos(\omega_p t)] \tag{8-1-6}$$

$$C_j(u)=C_j(0)\left[1+\frac{U_0+U_p\cos(\omega_p t)}{\phi_s}\right]^{-n}$$
$$=C_j(-U_0)[1+P\cos(\omega_p t)]^{-n} \tag{8-1-7}$$

式中，$C_j(U_0)=C_j(0)\left(1+\dfrac{U_0}{\phi_s}\right)^{-n}$，$P=\dfrac{U_p}{U_0+\phi_s}$。

式(8-1-7)表明，$C_j(u)$ 为时间的周期偶函数，可展开成：

$$C_j(t)=C_0+2\sum_{n=1}^{\infty}C_n\cos(n\omega_p t) \tag{8-1-8}$$

式(8-1-8)表明，泵浦作用下的结电容等效为一系列不同频率的时变电容的并联。如果再加上信号电压 $u_s=U_s\cos(\omega_s t)$，则其电流为

$$i=\frac{dq}{dt}=\frac{d}{dt}[C(t)u_s]$$
$$=-U_s\omega_s\cos(\omega_s t)-U_s(\omega_p\pm\omega_s)\cos[(\omega_p\pm\omega_s)t]+\cdots \tag{8-1-9}$$

电流的频谱成分为 $m\omega_p\pm n\omega_s$ 或 $f_{mn}=mf_p+nf_s$。

**2. 门雷-罗威关系式**

门雷和罗威研究了理想非线性电抗上的能量-频率分配关系。利用图 8-1-3 所示的模型电路和能量守恒关系可导出门雷-罗威关系式。设有频率为 $f_p$ 和 $f_s$ 的微波信号功率加于非线性电抗 $C(t)$ 上，各分支支路用理想滤波器只准一个特定频率的电流流过。由于理想电抗不消耗功率，因此若向非线性电抗提供的功率为正，消耗支路功率为负，则必有：

$$\sum_m\sum_n P_{mn}=0 \tag{8-1-10}$$

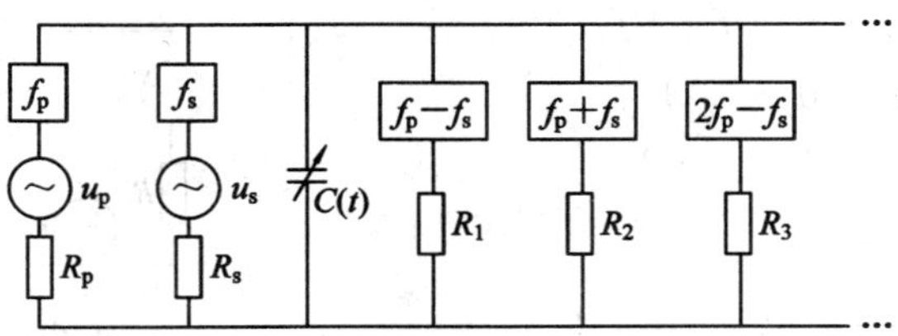


图 8-1-3　理想非线性电抗上的功率分配

给式(8-1-10)乘以$\frac{mf_p+nf_s}{mf_p+nf_s}$并分项后为 $\sum_m\sum_n \frac{mf_p}{mf_p+nf_s}P_{mn}+\sum\frac{nf_s}{mf_p+nf_s}=0$，$f_p$ 和 $f_s$ 是任意的不为零数，故有

$$\begin{cases}\sum_m\sum_n\frac{mP_{mn}}{mf_p+nf_s}=0\\ \sum_m\sum_n\frac{nP_{mn}}{mf_p+nf_s}=0\end{cases}\tag{8-1-11}$$

式(8-1-11)就是著名的门雷-罗威关系式，该关系式是利用非线性电抗进行变频、倍频和放大微波信号的理论基础。下面举例说明门雷-罗威关系式的具体应用。

(1) 和频上变频：给非线性电抗上加频率为 $f_s$ 和 $f_p$ 的微波信号功率并提供一个 $f_p+f_s$ 的负载回路，设 $f_p\gg f_s$，如图 8-1-4 所示，将门雷-罗威关系式(8-1-11)应用于该电路，则有：

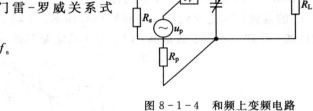

| | $f_p$ | $f_s$ | $f_p+f_s$ |
|---|---|---|---|
| $m$ | 1 | 0 | 1 |
| $n$ | 0 | 1 | 1 |

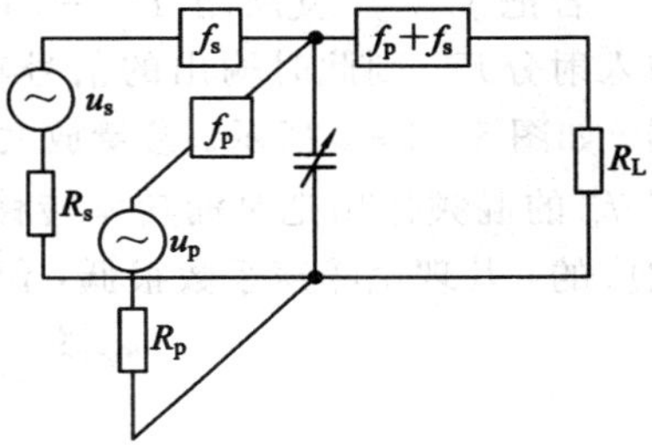


图 8-1-4　和频上变频电路

可得出：

$$\begin{cases}\frac{P_{10}}{f_p}+\frac{P_{11}}{f_p+f_s}=0\\ \frac{P_{01}}{f_s}+\frac{P_{11}}{f_p+f_s}=0\end{cases}\tag{8-1-12}$$

$P_{11}$为产生的新频率 $f_p+f_s$ 的功率，必有 $P_{11}<0$，由式(8-1-11)可知，$P_{10}=P_p>0$，$P_{01}=P_s>0$。该关系式表明：如果将泵浦 $f_p$ 和信号 $f_s$ 的功率 $P_p$ 和 $P_s$ 加于变容管上，则该电路可提供频率 $f_p+f_s$ 的功率输出 $P_{11}$。由于 $f_p\gg f_s$，因此有 $f_p+f_s\gg f_s$。可将信号频率提高，实现上变频。$f_s+f_p$ 在 $f_p$ 的上侧，故该变频器称为上边带上变频器。$f_p$ 和 $f_s$ 支路均有净功率提供给变容管，信号和泵浦支路均呈正阻抗，不会自激振荡，故电路绝对稳定。变频增益为

$$G_+=\frac{P_{11}}{P_s}=1+\frac{f_p}{f_s}\tag{8-1-13}$$

由于 $f_p\gg f_s$，因此该类变频器有较多增益且工作稳定，在各类转发装置中得到了广泛应用。

(2) 差频上变频和参数放大：把变频的输出支路频率变成 $f_p-f_s$，如图 8-1-5 所示，则门雷-罗威关系为

| | $f_p$ | $f_s$ | $f_p-f_s$ |
|---|---|---|---|
| $m$ | 1 | 0 | 1 |
| $n$ | 0 | 1 | $-1$ |

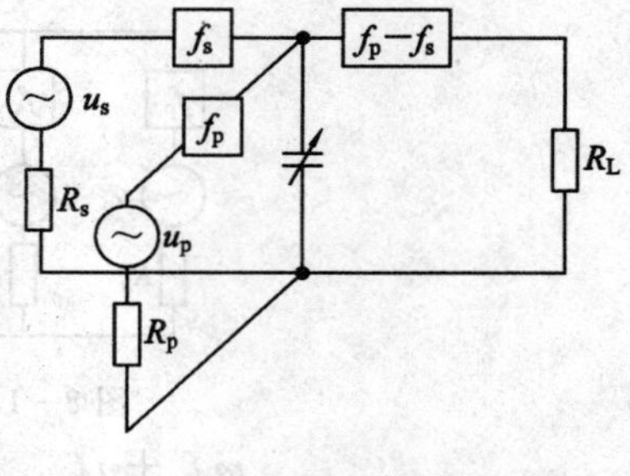

图 8-1-5　差频上变频器

可得：

$$\begin{cases}\dfrac{P_{10}}{f_p}+\dfrac{P_{1,-1}}{f_p-f_s}=0\\ \dfrac{P_{01}}{f_s}-\dfrac{P_{1,-1}}{f_p-f_s}=0\end{cases} \tag{8-1-14}$$

在该电路中，$f_p-f_s$ 是无源支路，必有 $P_{1,-1}<0$，故 $P_p=P_{10}>0$，$P_{01}=P_s<0$。$P_s<0$ 说明信号支路从非线性电抗得到的功率比信号源提供的功率更多。若 $f_p-f_s$ 支路为输出端，则在 $f_p\gg f_s$ 的条件下仍有 $f_p-f_s>f_s$，输出频率被升高了，仍然是上变频器。此种上变频为下边带上变频。其增益为 $G=\dfrac{P_{1,-1}}{P_s}=\dfrac{f_p}{f_s}-1$，只要 $f_p\gg f_s$，就仍有较高增益。但该类变频器的信号支路反射大于入射，存在负阻，容易产生自激振荡而不稳定，故在实际中很少使用。

若把 $f_p-f_s$ 支路用 $|\Gamma_l|=1$ 的负载封闭，在信号端口用环流器把反射的信号频率功率与入射分开，则此时输出的信号功率比信号源功率增大了，这就是负阻反射式参量放大器，如图 8-1-6 所示。参量放大器的 $f_p-f_s$ 支路称为空闲回路，它的作用是通过 $f_p-f_s$ 与 $f_p$ 的混频作用把泵浦功率转移给信号频率。参量放大器是利用非线性电抗来实现负阻效应的，其理论噪声系数很低，但工作不稳定是其致命弱点。

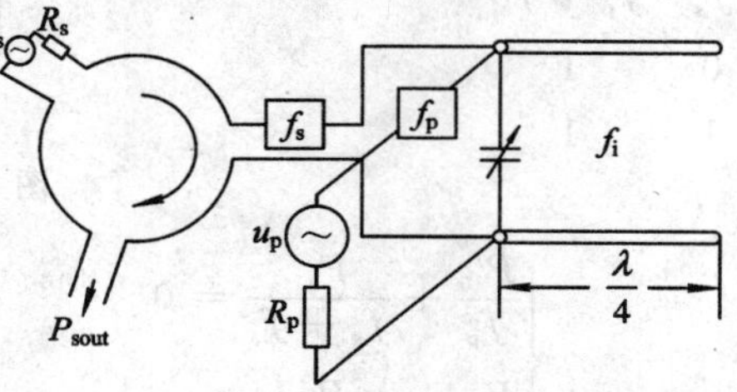

图 8-1-6　参量放大器

## 8.1.3　参量上变频器的实际电路

把图 8-1-5 所示的上变频器用微带电路实现的电路如图 8-1-7 所示。以变容管为中心，和它耦合的三个支路为 $f_s$、$f_p$ 和 $f_p+f_s$。各支路的滤波器均兼有阻抗匹配作用。信号支路和泵浦支路为输入功率支路，只有和频支路输出被提高了频率的功率。

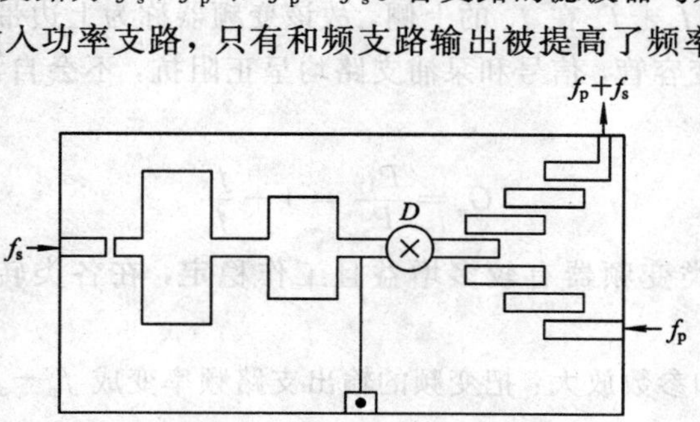

图 8-1-7　微带上变频器

### 8.1.4 变容管倍频器

在门雷-罗威关系式中，令 $f_p=0$，便有：

$$\frac{P_s}{f_s}+\frac{nP_n}{nf_s}=0 \qquad P_n<0，P_s>0 \tag{8-1-15}$$

说明利用非线性电抗可以实现倍频。

利用变容管进行倍频时，运用电荷分析法可以导出设计倍频器电路的有关重要数据的信息。

(1) 假定变容管的结电荷经激励后为

$$Q(t)=Q_0+Q_s(\omega_s)+Q_i(\omega_i)+Q_n(\omega_n) \tag{8-1-16}$$

(2) 由 $i=\frac{\mathrm{d}Q}{\mathrm{d}t}$确定电流

$$i_c=(Q_B-Q_\phi)\frac{\mathrm{d}\tilde{q}}{\mathrm{d}t} \tag{8-1-17}$$

(3) 由关系 $g(u)=\int C_j(u)\mathrm{d}u$，可求出 $u$ 与 $Q$ 的关系：

$$\tilde{u}_{C_j}=Af(\tilde{q})=A\tilde{q}^{\frac{1}{1-n}} \tag{8-1-18}$$

式中，$\tilde{u}=\frac{\phi-u}{\phi-U_B}$，$\tilde{q}=\frac{Q_\phi-q}{Q_\phi-Q_B}$分别为归一化电压和电荷。$U_B$ 为击穿电压，$Q_B$ 为 $u=U_B$ 时的电荷，$Q_\phi$ 为 $u=\phi$ 时的电荷。

(4) 由变容管两端的电压和电流关系式 $u-\phi=R_s i_c+u_{C_j}$ 可得到：

$$u_{C_j}-\phi=(U_B-\phi)f(\tilde{q})+R_s(Q_B-Q_\phi)\frac{\mathrm{d}\tilde{q}}{\mathrm{d}t} \tag{8-1-19}$$

输入信号为 $u_s=U_s\cos(\omega_s t)$时，$u_{C_j}-\phi$、$f(\tilde{q})$、$\frac{\mathrm{d}\tilde{q}}{\mathrm{d}t}$都是 $t$ 的周期函数。把它们全部展开成傅里叶级数。利用相同频率分量系数间的关系可计算出变容管倍频器的设计表格(见表 8-1-1～表8-1-8)。

**表 8-1-1　二 倍 频 器(n=2)**

| | $n=0$ | | $n=\frac{1}{3}$ | | | $n=\frac{1}{2.5}$ | | | $n=\frac{1}{2}$ | |
|---|---|---|---|---|---|---|---|---|---|---|
| $D$ | 1.5 | 2.0 | 1.0 | 1.3 | 1.6 | 1.0 | 1.3 | 1.6 | 1.3 | 1.6 |
| $\alpha$ | 6.7 | 4.7 | 12.6 | 8.0 | 6.9 | 11.1 | 8.0 | 7.2 | 8.3 | 8.3 |
| $\beta$ | 0.0222 | 0.0626 | 0.0118 | 0.0329 | 0.0587 | 0.0168 | 0.0406 | 0.0678 | 0.0556 | 0.0835 |
| $A$ | 0.117 | 0.213 | 0.0636 | 0.101 | 0.126 | 0.073 | 0.102 | 0.118 | 0.098 | 0.0977 |
| $B$ | 0.204 | 0.211 | 0.0976 | 0.158 | 0.172 | 0.112 | 0.157 | 0.161 | 0.151 | 0.151 |
| $S_{01}/S_{max}$ | 0.73 | 0.50 | 0.68 | 0.52 | 0.40 | 0.61 | 0.45 | 0.35 | 0.37 | 0.28 |
| $S_{02}/S_{max}$ | 0.60 | 0.50 | 0.66 | 0.48 | 0.41 | 0.59 | 0.44 | 0.38 | 0.40 | 0.34 |
| $U_{norm}$ | 0.35 | 0.25 | 0.41 | 0.33 | 0.27 | 0.39 | 0.31 | 0.26 | 0.28 | 0.24 |

**表 8-1-2　1-2-3 三倍频器($n$=3, $i$=2)**

| | $n=0$ | $n=\frac{1}{3}$ | | | $n=\frac{1}{2.5}$ | | | $n=\frac{1}{2}$ | |
|---|---|---|---|---|---|---|---|---|---|
| $D$ | 1.5 | 1.0 | 1.3 | 1.6 | 1.0 | 1.3 | 1.6 | 1.3 | 1.6 |
| $\alpha$ | 7.0 | 14.2 | 9.0 | 8.1 | 12.5 | 8.6 | 8.6 | 9.4 | 9.8 |
| $\beta$ | 0.0212 | 0.0101 | 0.0281 | 0.049 | 0.0144 | 0.0345 | 0.0563 | 0.0475 | 0.070 |
| $P_{max}/P_{norm}$ | $7.5\times10^{-4}$ | $1.8\times10^{-4}$ | $8\times10^{-4}$ | $1.4\times10^{-3}$ | $3\times10^{-4}$ | $9.6\times10^{-4}$ | $1.5\times10^{-3}$ | $1.2\times10^{-3}$ | $1.7\times10^{-3}$ |
| $\omega_{max}/\omega_c$ | $10^{-1}$ | $7\times10^{-2}$ | $10^{-1}$ | $10^{-1}$ | $8\times10^{-2}$ | $10^{-1}$ | $10^{-1}$ | $10^{-1}$ | $10^{-1}$ |
| $A$ | 0.185 | 0.104 | 0.170 | 0.214 | 0.120 | 0.172 | 0.200 | 0.166 | 0.172 |
| $B$ | 0.0878 | 0.0471 | 0.0573 | 0.0871 | 0.0542 | 0.0755 | 0.0818 | 0.0728 | 0.0722 |
| $S_{01}/S_{max}$ | 0.80 | 0.69 | 0.54 | 0.41 | 0.62 | 0.47 | 0.35 | 0.36 | 0.26 |
| $S_{02}/S_{max}$ | 0.54 | 0.67 | 0.50 | 0.40 | 0.60 | 0.45 | 0.37 | 0.38 | 0.31 |
| $S_{03}/S_{max}$ | 0.72 | 0.67 | 0.52 | 0.42 | 0.61 | 0.46 | 0.37 | 0.38 | 0.30 |
| $U_{norm}$ | 0.32 | 0.39 | 0.29 | 0.22 | 0.37 | 0.27 | 0.20 | 0.24 | 0.18 |

**表 8-1-3　1-2-4 倍频器($n$=4, $i$=2)**

| | $n=0$ | | $n=\frac{1}{3}$ | | | $n=\frac{1}{2.5}$ | | | $n=\frac{1}{2}$ | |
|---|---|---|---|---|---|---|---|---|---|---|
| $D$ | 1.5 | 2.0 | 1.0 | 1.3 | 1.6 | 1.0 | 1.3 | 1.6 | 1.3 | 1.6 |
| $\alpha$ | 11.1 | 10.3 | 19.3 | 12.6 | 12.2 | 17.1 | 12.9 | 12.9 | 13.6 | 14.1 |
| $\beta$ | 0.0154 | 0.0298 | 0.0082 | 0.0224 | 0.0351 | 0.0116 | 0.0271 | 0.0410 | 0.0368 | 0.0530 |
| $P_{max}/P_{norm}$ | $1.8\times10^{-4}$ | $4.0\times10^{-4}$ | $6.2\times10^{-5}$ | $2.3\times10^{-4}$ | $4.0\times10^{-4}$ | $1.0\times10^{-4}$ | $2.9\times10^{-4}$ | $4.3\times10^{-4}$ | $3.7\times10^{-4}$ | $5.3\times10^{-4}$ |
| $\omega_{max}/\omega_c$ | $3.2\times10^{-2}$ | $3.1\times10^{-2}$ | $2.3\times10^{-2}$ | $3.3\times10^{-2}$ | $3.3\times10^{-2}$ | $2.4\times10^{-2}$ | $3.0\times10^{-2}$ | $3.3\times10^{-2}$ | $3.0\times10^{-2}$ | $2.4\times10^{-2}$ |
| $A$ | 0.230 | 0.281 | 0.115 | 0.188 | 0.215 | 0.132 | 0.188 | 0.202 | 0.180 | 0.176 |
| $B$ | 0.0754 | 0.101 | 0.0409 | 0.0623 | 0.0719 | 0.0456 | 0.0627 | 0.0688 | 0.0605 | 0.0613 |
| $S_{01}/S_{max}$ | 0.72 | 0.50 | 0.68 | 0.53 | 0.40 | 0.61 | 0.46 | 0.35 | 0.36 | 0.27 |
| $S_{02}/S_{max}$ | 0.73 | 0.50 | 0.68 | 0.53 | 0.40 | 0.61 | 0.46 | 0.35 | 0.37 | 0.24 |
| $S_{04}/S_{max}$ | 0.87 | 0.50 | 0.69 | 0.56 | 0.41 | 0.62 | 0.48 | 0.34 | 0.36 | 0.24 |
| $U_{norm}$ | 0.33 | 0.25 | 0.40 | 0.31 | 0.25 | 0.38 | 0.29 | 0.23 | 0.26 | 0.21 |

**表 8-1-4　1-2-3-4 四倍频器($n$=4, $i$=2, 3)**

| | $D$ | $\alpha$ | $\beta$ | $P_{max}/P_{norm}$ | $\omega_{1max}/\omega_c$ | $A$ | $B$ | $S_{01}/S_{max}$ | $S_{02}/S_{max}$ | $S_{03}/S_{max}$ | $S_{04}/S_{max}$ | $U_{norm}$ |
|---|---|---|---|---|---|---|---|---|---|---|---|---|
| $n=\frac{1}{3}$ | 1.0 | 14.1 | 0.0094 | $1.1\times10^{-4}$ | $3.0\times10^{-2}$ | 0.0719 | 0.0489 | 0.69 | 0.66 | 0.67 | 0.67 | 0.40 |
| | 1.3 | 8.9 | 0.0260 | $4.8\times10^{-4}$ | $6.4\times10^{-2}$ | 0.1180 | 0.0797 | 0.55 | 0.48 | 0.51 | 0.50 | 0.30 |
| | 1.6 | 8.1 | 0.0438 | $8.2\times10^{-4}$ | $6.3\times10^{-2}$ | 0.1550 | 0.0927 | 0.40 | 0.41 | 0.42 | 0.40 | 0.23 |
| $n=\frac{1}{2}$ | 1.3 | 9.4 | 0.0439 | $7.4\times10^{-4}$ | $5.2\times10^{-2}$ | 0.1200 | 0.0748 | 0.36 | 0.36 | 0.38 | 0.38 | 0.25 |
| | 1.6 | 9.7 | 0.0647 | $1.1\times10^{-4}$ | $6.0\times10^{-2}$ | 0.1220 | 0.0729 | 0.25 | 0.34 | 0.31 | 0.30 | 0.20 |

**表 8-1-5　1-2-4-5 五倍频器($n=5$，$i=2$，4)**

| | $D$ | $\alpha$ | $\beta$ | $P_{max}/P_{norm}$ | $\omega_{1max}/\omega_c$ | $A$ | $B$ | $S_{01}/S_{max}$ | $S_{02}/S_{max}$ | $S_{04}/S_{max}$ | $S_{05}/S_{max}$ | $U_{norm}$ |
|---|---|---|---|---|---|---|---|---|---|---|---|---|
| $n=\frac{1}{3}$ | 1.0 | 21.4 | 0.0072 | $4.2\times10^{-5}$ | $1.4\times10^{-2}$ | 0.104 | 0.0315 | 0.69 | 0.69 | 0.68 | 0.67 | 0.40 |
| | 1.3 | 14.5 | 0.0198 | $1.6\times10^{-4}$ | $2.2\times10^{-2}$ | 0.170 | 0.0524 | 0.54 | 0.54 | 0.53 | 0.49 | 0.29 |
| | 1.6 | 14.3 | 0.0310 | $2.4\times10^{-4}$ | $2.0\times10^{-2}$ | 0.203 | 0.0592 | 0.39 | 0.40 | 0.41 | 0.40 | 0.23 |
| $n=\frac{1}{2}$ | 1.3 | 15.8 | 0.0326 | $2.5\times10^{-4}$ | $2.2\times10^{-2}$ | 0.167 | 0.0485 | 0.36 | 0.36 | 0.37 | 0.38 | 0.24 |
| | 1.6 | 16.6 | 0.0470 | $3.4\times10^{-4}$ | $2.2\times10^{-2}$ | 0.163 | 0.0470 | 0.25 | 0.26 | 0.28 | 0.32 | 0.19 |

**表 8-1-6　1-2-4-6 六倍频器($n=6$，$i=2$，4)**

| | $D$ | $\alpha$ | $\beta$ | $P_{max}/P_{norm}$ | $\omega_{1max}/\omega_c$ | $A$ | $B$ | $S_{01}/S_{max}$ | $S_{02}/S_{max}$ | $S_{04}/S_{max}$ | $S_{06}/S_{max}$ | $U_{norm}$ |
|---|---|---|---|---|---|---|---|---|---|---|---|---|
| $n=\frac{1}{3}$ | 1.0 | 19.6 | 0.0086 | $4.1\times10^{-5}$ | $1.4\times10^{-2}$ | 0.0877 | 0.0179 | 0.69 | 0.68 | 0.69 | 0.68 | 0.40 |
| | 1.3 | 13.0 | 0.0239 | $1.7\times10^{-4}$ | $2.3\times10^{-2}$ | 0.145 | 0.0290 | 0.54 | 0.52 | 0.56 | 0.53 | 0.32 |
| | 1.6 | 11.3 | 0.0419 | $3.3\times10^{-4}$ | $2.0\times10^{-2}$ | 0.177 | 0.0314 | 0.40 | 0.40 | 0.41 | 0.41 | 0.26 |
| $n=\frac{1}{2}$ | 1.3 | 13.4 | 0.0405 | $2.7\times10^{-4}$ | $2.5\times10^{-2}$ | 0.140 | 0.0271 | 0.36 | 0.36 | 0.36 | 0.37 | 0.27 |
| | 1.6 | 13.7 | 0.0598 | $4.0\times10^{-4}$ | $2.3\times10^{-2}$ | 0.140 | 0.0259 | 0.26 | 0.28 | 0.24 | 0.28 | 0.22 |

**表 8-1-7　1-2-4-8 八倍频器($n=8$，$i=2$，4)**

| | $D$ | $\alpha$ | $\beta$ | $P_{max}/P_{norm}$ | $\omega_{1max}/\omega_c$ | $A$ | $B$ | $S_{01}/S_{max}$ | $S_{02}/S_{max}$ | $S_{04}/S_{max}$ | $S_{08}/S_{max}$ | $U_{norm}$ |
|---|---|---|---|---|---|---|---|---|---|---|---|---|
| $n=\frac{1}{3}$ | 1.0 | 28.4 | 0.0071 | $1.7\times10^{-5}$ | $5.0\times10^{-3}$ | 0.0795 | 0.0156 | 0.68 | 0.68 | 0.68 | 0.68 | 0.41 |
| | 1.3 | 17.8 | 0.0205 | $7.2\times10^{-5}$ | $1.1\times10^{-2}$ | 0.129 | 0.0220 | 0.53 | 0.53 | 0.52 | 0.52 | 0.33 |
| | 1.6 | 13.9 | 0.0380 | $1.6\times10^{-4}$ | $1.1\times10^{-2}$ | 0.153 | 0.0255 | 0.40 | 0.41 | 0.41 | 0.39 | 0.28 |
| $n=\frac{1}{2}$ | 1.3 | 17.7 | 0.0355 | $1.2\times10^{-4}$ | $8.0\times10^{-2}$ | 0.125 | 0.0217 | 0.37 | 0.37 | 0.37 | 0.37 | 0.28 |
| | 1.6 | 17.5 | 0.0537 | $1.9\times10^{-4}$ | $9.0\times10^{-2}$ | 0.124 | 0.0212 | 0.27 | 0.28 | 0.28 | 0.30 | 0.24 |

**表 8-1-8　无空闲回路的倍频器($i=0$，$m=4$，6，8)**

| 倍频次数 | $\alpha$ | $\beta$ | $P_{max}/P_{norm}$ | $\omega_{1max}/\omega_c$ | $A$ | $B$ | $S_{01}/S_{max}$ | $S_{0n}/S_{max}$ | $U_{norm}$ |
|---|---|---|---|---|---|---|---|---|---|
| 4 | 11.8 | 0.0144 | $2.2\times10^{-4}$ | $1.0\times10^{-1}$ | 0.0415 | 0.0430 | 0.50 | 0.50 | 0.27 |
| 6 | 17.6 | 0.0063 | $4.1\times10^{-5}$ | $1.0\times10^{-1}$ | 0.0175 | 0.0189 | 0.50 | 0.50 | 0.28 |
| 8 | 21.7 | 0.0034 | $1.3\times10^{-5}$ | $3.0\times10^{-2}$ | 0.0098 | 0.0106 | 0.50 | 0.50 | 0.29 |

表中，$\omega_1$ 为输入信号频率，$n$ 为最终倍频倍数，$i$ 为空闲回路频率倍数。由这些表格中的数据可以进行倍频器电路设计。设计步骤如下：

(1) 选定变容管后可确定参数 $n$、$R_s$、$U_B$、$\phi$、$C_{min}$ 等。

(2) 根据确定的倍频次数和空闲频率从相应的表格中可以查出 $\alpha$、$\beta$、$A$、$B$、$\frac{S_{01}}{S_{max}}\left(\frac{C_{min}}{C_{01}}\right)$、$U_{norm}$ 等。表中的激励系数

$$D=\frac{q_{max}-q_{min}}{Q_B-Q_\phi} \qquad (8-1-20)$$

它是一个为达到设计指标应加于管子上的输入电压相对于管子($Q_B-Q_\phi$)而确定的值。

(3) 根据设计表格中查出的数据可计算得出以下数据。

① 倍频效率：

$$\eta = \exp \frac{-\alpha\omega_n}{\omega_c} \tag{8-1-21}$$

② 输出功率：

$$\begin{cases} P_{out} = P_{norm}\beta\left(\dfrac{\omega_1}{\omega_c}\right) \\ P_{norm} = \dfrac{(U_B - \phi)^2}{R_s} \end{cases} \tag{8-1-22}$$

③ 输入电阻：

$$R_{in} = R_s A \frac{\omega_c}{\omega_1} \tag{8-1-23}$$

④ 输出电阻：

$$R_{out} = R_s \beta \frac{\omega_c}{\omega_1} \tag{8-1-24}$$

⑤ 输入电容：

$$C_{01} = \frac{1}{S_{01}} = C_{min}\frac{S_{01}}{S_{max}} \tag{8-1-25}$$

⑥ 偏压：

$$U_o = U_{norm} \cdot (U_B - \phi) + \phi \tag{8-1-26}$$

上面公式中的 $\omega_c$ 为变容管的截止频率，$\omega_1 = \omega_s$，$\omega_n = n\omega_s$。以上面算出的数据为依据可进行变频器电路设计。

为了提高倍频效率，可采取的措施如下：

① 选 $n=\dfrac{1}{3}$ 的线性缓变结变容管。

② 采用激励系数 $D>1$ 的过激励以提高高次谐波成分。

③ 增设空闲回路，以提高谐波利用率。

图 8-1-8 为一种输入频率 $f_s = 2.25$ GHz、空闲频率 $f_i = 4.5$ GHz、输出频率 $f_n = 9$ GHz 的变容管微带 1-2-4 倍频器电路。

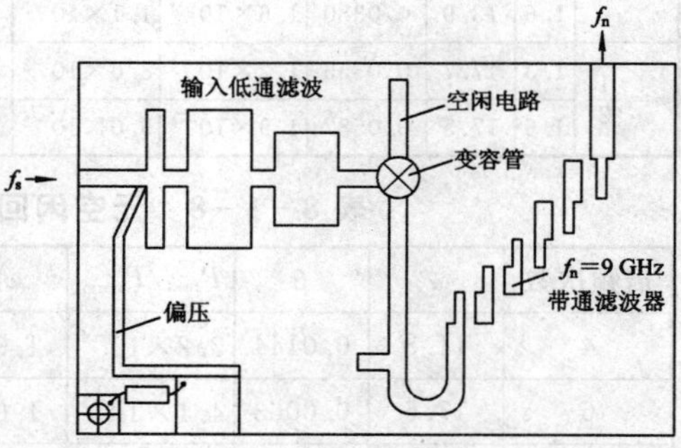


图 8-1-8　变容管微带 1-2-4 倍频器电路

图 8-1-8 中的低通滤波器和带通滤波器都同时兼具阻抗匹配作用。管子到输出带通滤波器这一段专为隔离输入信号(并联谐振)而设计。空闲电路为 $\lambda_i/4$ 长的开路线。

## 思考练习题

1. 变容管有哪些应用？对 PN 结掺杂各有什么要求？
2. 泵浦激励下的变容管有什么特性？
3. 门雷-罗威关系式是什么意思？有哪些应用？
4. 上变频器电路由哪几部分组成？
5. 掌握用设计表格设计倍频器的步骤和方法。

# 8.2 阶跃管倍频器

阶跃管倍频器一次可将频率提高 6 倍乃至十几倍，是一种高次倍频器，其核心非线性器件是阶跃二极管，它可产生丰富的高次谐波。

## 8.2.1 阶跃恢复二极管

阶跃恢复二极管是一种特殊的变容管，参数 $n\approx 0$，其基本特性是管子两端电压为正半周时导通，电压变负时仍导通，把正半周储存在结区的电荷抽完后突然截止(见图 8-2-1)。实现这一特性的芯片结构及其掺杂浓度分布如图 8-2-2 所示。$P^+$ 和 $N^+$ 中间夹一薄层(厚 0.5～0.7 μm)N 层，导通时 $P^+$ 区空穴大量注入 N 区，$NN^+$ 交界面 $N^+$ 一侧耗尽层的正电荷使注入 N 区的空穴几乎全部堆积在 N 区。电压反向后该区储存的空穴很快被全部抽回而使管子突然截止。所以正向导通时管子等效为一个大电容和 $R_s$ 串联，截止时则等效为一个小电容(见图 8-2-3)。管子特性接近理想的电抗开关。

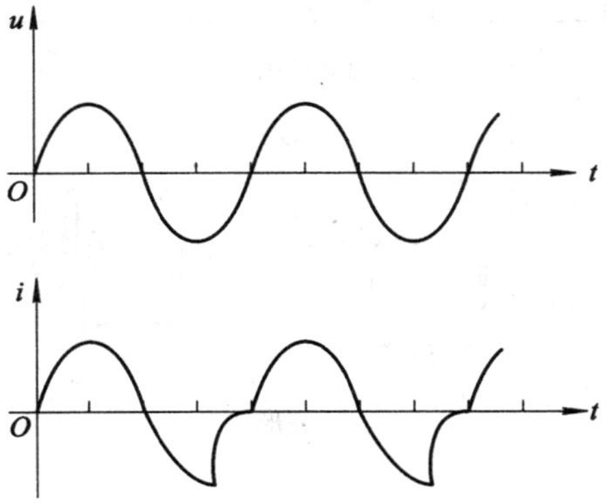


图 8-2-1　阶跃管电压-电流波形

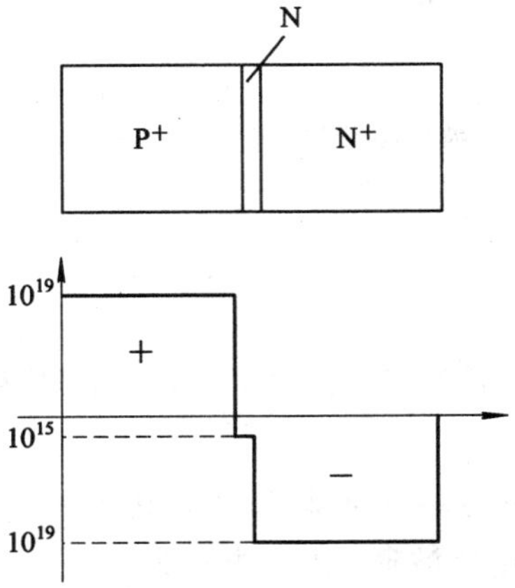


图 8-2-2　阶跃管芯结构与电荷掺杂浓度分布

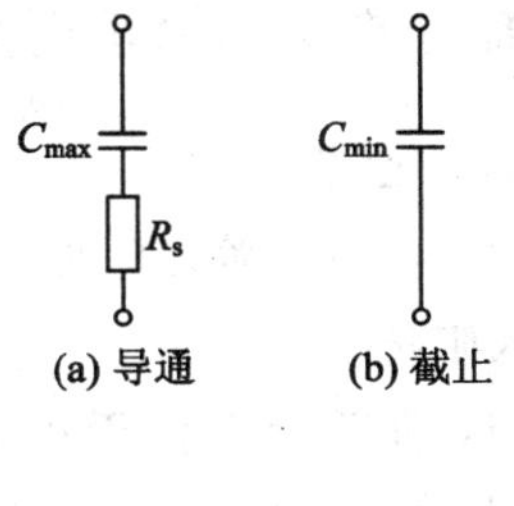


图 8-2-3　阶跃管等效电路

阶跃管的主要参数如下：

(1) 存储时间 $t_s$：反向电流开始抽回存储电荷到该电荷完全被抽回所需的时间。该时间与载流子的寿命有关。

(2) 阶跃时间 $t_t$：电荷抽完后电流很快截止，该反向电流由最大值的 0.8 下降到 0.2 (或从 0.9 下降到 0.1)所需的时间。该时间越短越好。

其他指标有少数载流子寿命 $\tau$、反偏电容 $C_j$、截止频率 $f_c=\dfrac{1}{2\pi R_s C_j}$、反向击穿电压 $V_B$ 及耗散功率 $P_{max}$ 等。

## 8.2.2　阶跃管倍频器的工作原理

将低频信号 $f_1=f_s$ 输入到包括阶跃管在内的窄脉冲发生器。每周期管子突然截止，产生的尖负脉冲含有极丰富的谐波分量。该窄脉冲激励后面的谐振电路产生高频阻尼振荡，使能量向 $nf_1$ 频率集中。最后经过一个带通滤波器把 $nf_1$ 频率输送给后面的负载。整个倍频过程的原理框图、波形变换及频谱变化如图 8-2-4 所示。

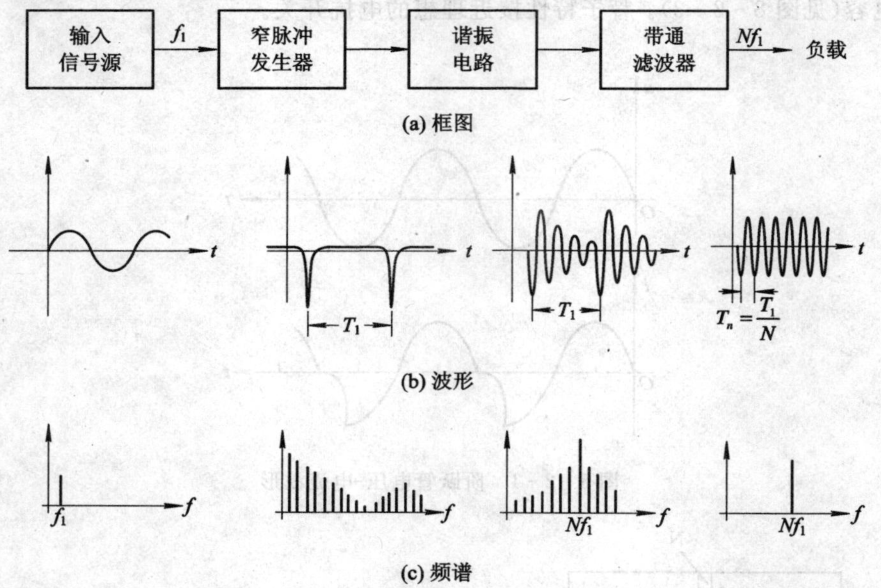


图 8-2-4　阶跃倍频器的原理框图、波形图及频谱图

## 8.2.3　各部分电路的原理简介

### 1. 窄脉冲产生器

在输入信号和阶跃管之间加一个激励电感 $L$，如图 8-2-5(a)所示，图中 $R_l'$ 为后面谐振电路的输入阻抗。

在导通期，阶跃管嵌位于小直流电压中，$R_l'$ 被短路而不起作用，其等效电路如图 8-2-5(b) 所示，图 8-2-6(a)所示为阶跃管上的电压波形。电路方程为

$$L\frac{\mathrm{d}i}{\mathrm{d}t}=U_1\sin(\omega_1 t+\theta)-U_0-\phi \tag{8-2-1}$$

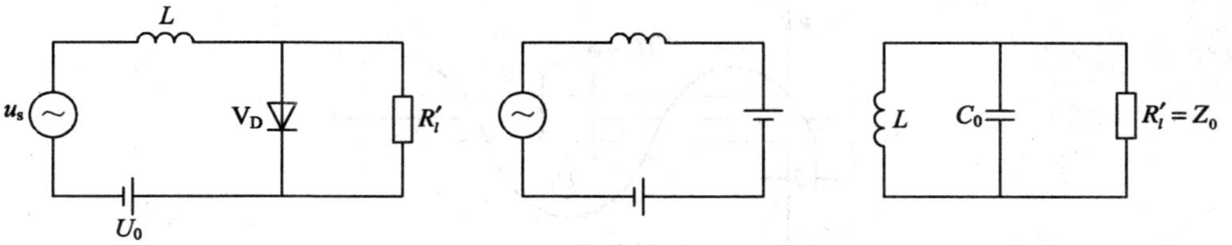


(a) 原理电路　(b) 导通期等效电路　(c) 截止期等效电路

图 8-2-5　窄脉冲产生器电路

回路中的电流为

$$i(t) = I_0 + \frac{U_1}{\omega L}[\cos\theta - \cos(\omega_1 t + \theta)] - \frac{U_0 + \phi}{L}t \tag{8-2-2}$$

$$I_0 = i(t)\mid_{t=0} = i(0)$$

当管子两端电压反向后，反向电流继续存在，在 $t=t_0$ 时刻存储电荷被抽完而进入截止期。电流波形如图 8-2-6(b)所示，截止期起点发生在 $\left.\frac{di}{dt}\right|_{t=t_0}=0$，这时 $I=-I_1$。管子截止后等效电路变成了图 8-2-5(c)，此时：

$$L\frac{di}{dt} = 0 = U_1\sin(\omega_1 t_0 + \theta) - U_0 - \phi \tag{8-2-3}$$

由于 $\phi\approx 0$，因此有：

$$U_1\sin(\omega_1 t_0 + \theta) = U_0 \tag{8-2-4}$$

截止期的等效电路如图 8-2-5(c)所示，其电路方程为

$$i_L + C_0\frac{d\left(L\frac{di}{dt}\right)}{dt} + \frac{L\frac{di}{dt}}{R_l'} = 0$$

乘以 $R_l'$后变成

$$R_l' i_L + C_0 R_l' L\frac{d^2 i_L}{dt^2} + L\frac{di_L}{dt} = 0 \tag{8-2-5}$$

解为

$$i_L = -I_1 e^{-\alpha t}\left[\cos(\omega_N t) - \frac{\alpha}{\omega_N}\sin(\omega_N t)\right] \tag{8-2-6}$$

式中：

$$\begin{cases} \alpha = \dfrac{1}{2R_l' C_0} = \dfrac{\xi\omega_N}{\sqrt{1-\xi^2}} \\ \omega_N = \dfrac{\sqrt{1-\xi^2}}{LC_0} \\ \xi = \dfrac{1}{2R_l}\sqrt{\dfrac{L}{C_0}} \end{cases} \tag{8-2-7}$$

管子两端的电压为

$$u_0(t) = \frac{1}{C_0}\int i\,dt = -I_1\exp\left[-\frac{\xi\omega_N}{\sqrt{1-\xi^2}}t\right]\frac{\sqrt{\frac{L}{C_0}}}{\sqrt{1-\xi^2}}\sin(\omega_N t) \tag{8-2-8}$$

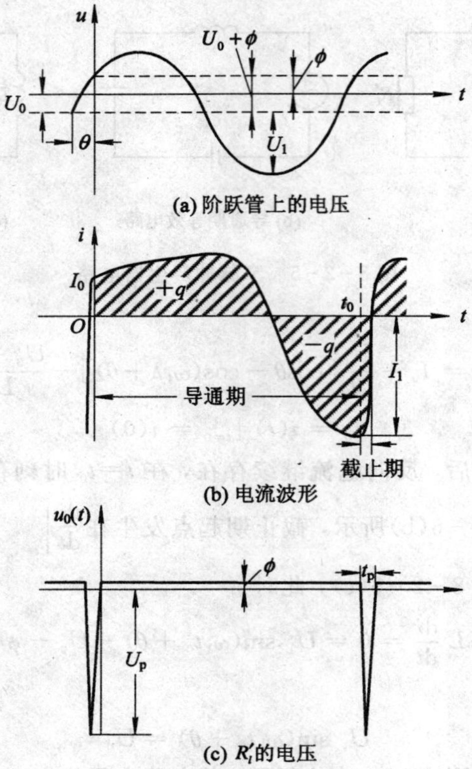


图 8-2-6　窄脉冲产生原理

这是一个衰减的高频振荡，角频率为 $\omega_N$。该振荡只能持续半个周期，到了正半周管子就导通了，所以尖脉冲就是半个周期的 $\omega_N$ 频率振荡。这就是输给后面谐振电路的窄脉冲电压。脉冲宽度为

$$t_p = \frac{T_N}{2} = \frac{1}{2}\frac{2\pi}{\omega_N} = \pi\sqrt{\frac{LC_0}{1-\xi^2}} \tag{8-2-9(a)}$$

实践中取

$$\xi = 0.3 \sim 0.5, \quad t_p \approx \pi\sqrt{LC_0} \tag{8-2-9(b)}$$

窄脉冲幅度为

$$U_p \approx I_1\sqrt{\frac{L}{C_0}} \tag{8-2-10}$$

直流偏压可由式(8-2-4)确定。将导通期电流(见式(8-2-2))分解为傅里叶级数来求出 $\omega_1$ 项系数，即可求出窄脉冲发生器对源的输入阻抗为

$$\begin{cases} Z_{in} = R_{in} + jX_{in} \\ R_{in} = \omega_1 LR(N) \\ X_{in} = \omega_1 LX(N) \end{cases} \tag{8-2-11}$$

当 $\xi=0.3$ 时，在 $N$ 值很宽的范围内，$R(N)=1.4$，$X(N)=1$。

**2. 谐振电路**

谐振电路的形式与传输线路结构有关，一般为一段 $l\approx\frac{\lambda_g}{4}$ 的开路线。开路线终端用一

耦合电容和后面的负载联接，电压为

$$u_0'(t) = -(1+\Gamma)U_{\mathrm{p}}\,\mathrm{e}^{-\alpha_1 t}\sin(\omega_N t) \tag{8-2-12}$$

尖脉冲在负载上反射的同时传给负载一部分能量，反射波回到始端时管子已导通而短路，又把波反射到终端，……，所以谐振电路的输出电压波形为衰减的高频振荡。衰减常数 $\alpha_1$ 取决于开路线和负载的耦合强弱，用耦合电容 $C_{\mathrm{c}}$ 调节。合适的 $\alpha_1$ 值使下一个窄脉冲产生时高频振荡把绝大部分能量传递给负载，对应谐振电路的品质因数 $Q_{\mathrm{L}}=\frac{\pi N}{2}\sim N$，即

$$Q_{\mathrm{L}} = \frac{\pi X_{\mathrm{c}}^2}{4R_l Z_0} = \frac{\pi N}{2} \sim N \tag{8-2-13}$$

取 $Q_{\mathrm{L}}=\frac{\pi N}{2}$时，耦合电容值应为

$$C_{\mathrm{c}} = \frac{1}{\omega_N \sqrt{2NR_l Z_0}} \tag{8-2-14}$$

一般用一小段开路线等效耦合电容，其长度为

$$\Delta l = \frac{\lambda_N}{2\pi}\mathrm{arccot}(\omega_N C_{\mathrm{c}}) \tag{8-2-15}$$

所以，实际谐振开路线应为

$$l = \frac{\lambda_{\mathrm{g}}}{4} - \Delta l \tag{8-2-16}$$

开路线的特性阻抗 $Z_0$ 就是窄脉冲发生器的负载 $R_l'$。由式(8-2-7)可知，当 $\xi=0.3\sim0.5$ 时：

$$Z_0 = (1\sim1.67)\sqrt{\frac{L}{C_0}} \tag{8-2-17}$$

激励电感 $L$ 的值可由式(8-2-8)确定。

**3. 带通滤波器**

带通滤波器的输入阻抗就是谐振电路经耦合电容 $C_{\mathrm{c}}$ 后面接的负载，一般用 50 Ω 阻抗。带通滤波器的中心频率 $f_N=Nf_1$，通带宽度 $\Delta f<2f_1$。

## 8.2.4　设计参数与实际电路

设计阶跃管倍频器时，首先要挑选合适的阶跃管。选择阶跃管的依据是：

(1) $t_{\mathrm{t}}<\frac{1}{f_N}$。

(2) 载流子寿命 $\tau\gg\frac{1}{2\pi f_1}(2\pi f_1\tau\geqslant5\sim10)$。

(3) 截止时的电容 $C_0$ 要合适。

管子选定后，其他有用参数为：

(1) 窄脉冲宽度 $t_{\mathrm{p}}\approx\frac{T_N}{2}$。

(2) 阻尼系数 $\xi\approx0.3$。

(3) 激励电感由 $t_{\mathrm{p}}=\pi\sqrt{LC_0(1-\xi^2)}$确定。

(4) $R_{in}=1.4\omega_1 L$，$X_{in}=\omega_1 L$，由 $X_{in}$ 确定中和电容 $C_T$，再用匹配网络把 $R_{in}$ 和 50 Ω 匹配。

(5) 谐振电路 $Z_0=\sqrt{\dfrac{L}{C_0}}\times 1.67$，$C_c=\dfrac{1}{\omega_N\sqrt{2NR_lZ_0}}$，$l=\dfrac{\lambda_N}{4}-\Delta l$，$\Delta l=\dfrac{\lambda_N}{2\pi}\text{arccot}(\omega_N C_c)$。

(6) 带通滤波器的输入阻抗 $R_l=50\ \Omega$，$f_0=Nf_1$，$\Delta f<2f_1$。

依据以上数据可以把实际电路完全确定。图 8-2-7 为一微带六倍频器的实际电路。

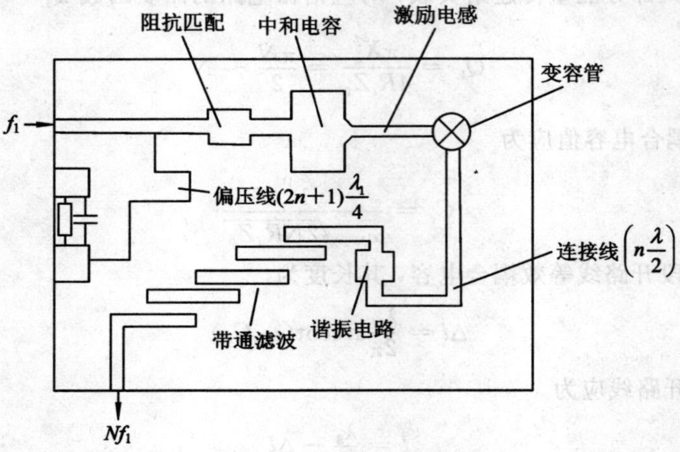


图 8-2-7　微带阶跃管六倍频器

# 思考练习题

1. 说明阶跃管倍频器的工作原理。
2. 设计阶跃管倍频器的步骤和依据参数 $t_p$、$\xi$、$L$、$Z_{in}$、$Z_0$、$C_c$、$\Delta f$ 等如何决定？

# 第 9 章　微波晶体管放大器

晶体管放大器因其噪声低、稳定性好而取代参放成为微波小信号放大器的主力。本章将主要介绍几种常用器件、晶体管的 $S$ 参数，放大器的增益、稳定性与噪声，以及小信号微波放大器的设计方法。

## 9.1　晶体管放大器的器件、$S$ 参数与增益

### 9.1.1　几种用于微波放大的半导体器件

**1. 双极晶体管**

双极晶体管是低频电路中 PNP 和 NPN 三极管向微波频段的扩展。为了使器件内部的载流子运动与频率同步变化，除半导体材料改用电子迁移率较高的砷化镓外，在结构上也作了几点改进：① 尽量减少基区厚度以减少电子由发射极到集电极的渡越时间，一般基区厚度只有几到十几微米；② 发射极和基极引线采用交指结构(见图 9－1－1(a))，以减少发射极面积并克服集边效应使发射极电容减少。图 9－1－1(b)所示的芯片结构为在几十微米的 $N^+$ 衬底上外延一薄层 N 型砷化镓作为集电极。在 N 型砷化镓上面积淀一层 P 型砷化镓作为基区。在基区上面做成交指型的 N 发射极和基极金属引线。最后将芯片封装成只有引线外露的金属屏蔽结构。双极晶体管的参数有以下几个。

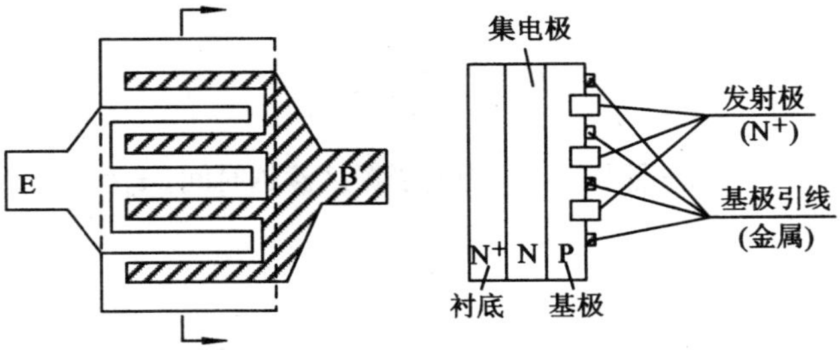


(a) 交指结构　　(b) 剖面

图 9－1－1　双极晶体管芯片结构

1）特征频率

双极晶体管的特征频率为

$$f_{\mathrm{T}}=\frac{1}{2\pi\tau_{\mathrm{ec}}} \tag{9-1-1}$$

式中，$\tau_{ec}$ 为发射板电子渡越到集电极的总渡越时间。该时间由发射结电容充电时间 $\tau_e$、基区渡越时间 $\tau_b$、集电结电容充电时间 $\tau_c$ 和电子穿越集电极耗尽层的时间 $\tau_{c'}$ 四部分组成。这些时间越小，则特征频率越高，管子的高频性能越好。

2）噪声系数 $F$

管子的最小噪声系数为

$$F_{\min}=1+h\left(1+\sqrt{1+\frac{2}{h}}\right) \qquad (9-1-2)$$

式中，$h=\frac{qI_c r_b'}{kT}\left(\frac{\omega}{\omega_c}\right)^2$，当 $T=290\text{K}$ 时，$h=0.04I_c r_b'\left(\frac{f}{f_T}\right)^2$；$I_c$ 为集电极的工作点电流，其单位为 mA；$r_b'$为栅极电阻，其单位为 Ω。为了降低放大器噪声，应选 $f_T$ 高和基极电阻 $r_b'$小的管子。

**2. 场效应管**

微波放大用的场效应管为 MESFET(见图 9-1-2)。栅极和沟道的结是金属-半导体结。该类结便于栅极灵活控制沟道。栅极宽度越小，电子从源极到漏极的渡越时间越短，管子运用频率越高。栅宽 $L$ 和沟道 $a$ 的合理比例为$\frac{L}{a}\geqslant 3$，以保持栅极电压对沟道电子运动的完全控制。目前栅宽的最小尺寸为 $L\approx 0.25\ \mu\text{m}$。

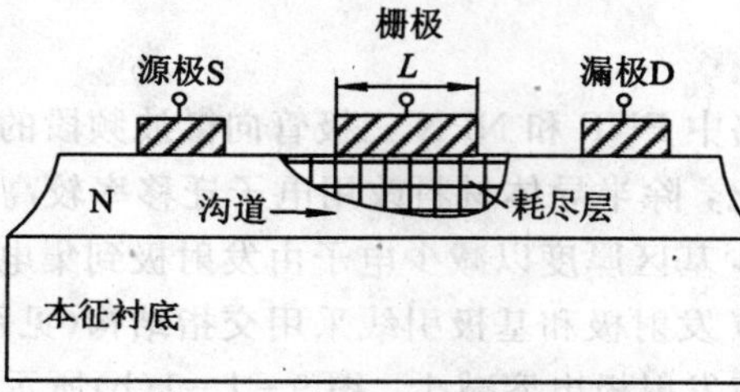


图 9-1-2　MESFET 结构示意图

场效应管的主要参数有以下几个。

1）特征频率 $f_T$

特征频率为

$$f_T=\frac{g_m}{2\pi C_{gs}}\propto\frac{1}{\tau_g} \qquad (9-1-3)$$

式中，$g_m$ 为栅极跨导，$C_{gs}$为栅-漏电容，$\tau_g$ 为电子栅区渡越时间，$\tau_g=\frac{L}{U_s}$，$U_s$ 为电子饱和速度。

2）最高振荡频率 $f_{\max}$

最高振荡频率为

$$f_{\max}=\frac{f_T}{2}\sqrt{\frac{R_{ds}}{R_g+R_{gs}+R_s}} \qquad (9-1-4)$$

式中，$R_g$ 和 $R_s$ 分别为栅极电阻和源极电阻，$R_{ds}$为源-漏电阻，$R_{gs}$为栅-源电阻。管子工作时的增益为

$$G_u=\left(\frac{f_{\max}}{f}\right)^2 \qquad (9-1-5)$$

3）最小噪声系数 $F_{\min}$

最小噪声系数为

$$F_{\min}=1+2\sqrt{RT(1-C^2)}\ \frac{f}{f_T} \qquad (9-1-6)$$

式中，$R$、$T$、$C$ 为结构常数。

管子的特征频率越高，实际工作频率越低，其噪声系数越低。

**3. 异质结双极晶体管**

PN 结两边的半导体材料相同，仅掺杂性质不同，称为同质结。同质结两边的电子和空穴能级差相等，两种载流子同时参与导电过程。若 PN 结两边为材料不同的异质结，则电子能级差变小，空穴能极差变大，如图 9－1－3 所示。这种反型异质结只有电子掺与导电，反应速度快。另外，采用减少发射区掺杂浓度的办法来减小 $C_e$，通过增加基区掺杂浓度来减少 $r_b'$，可使管子的特征频率 $f_T$ 升高到 65 GHz以上，使双极晶体管的工作频率上限大为提高。

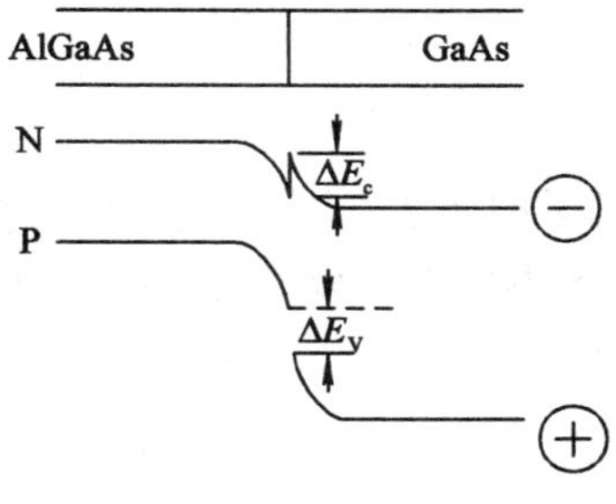


图 9－1－3　异质结

**4. 高电子迁移率场效应管(HEMT 器件)**

该器件的结构如图 9－1－4 所示，为异质结 MESFET，在沟道材料和栅极之间为金属-半导体结。沟道材料为 AlGaAs，其下面是不含杂质的 GaAs，在 AlGaAs 和 GaAs 之间是异质结，此结的 GaAs 一侧有一薄层势阱区，该势阱中的电子数受栅极电压控制，在由 S 极到 D 极方向上的运动受 S－D 间电压控制。由于 GaAs 未掺杂质，其晶格排列整齐，因此电子运动时受阻力极小，迁移率大为提高，称为二维电子气(2DEG)。由于这一特性，该类型器件称为高电子迁移率晶体管，可一直工作到毫米波频段。

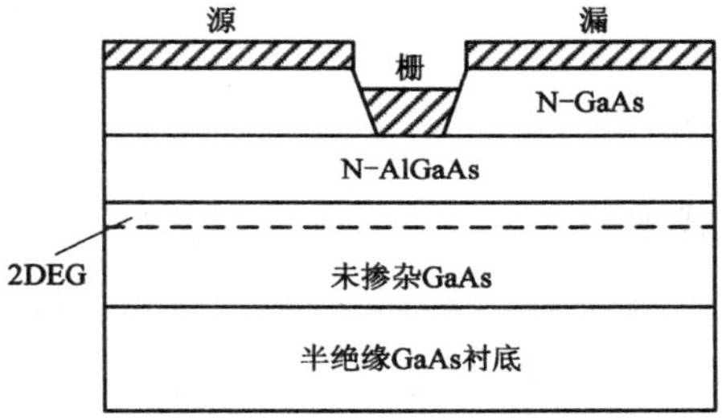


图 9－1－4　HEMT 的结构

这四种器件中，前两种已普遍使用，后两种为新开发产品，正陆续投入使用。

## 9.1.2　微波三极器件的 $S$ 参数

由于微波放大器使用的半导体三极器件的尺寸精密，制造难度大，器件一致性差，因此很难用从统一的物理模型得出的等效参数获得满意的设计效果。所以，微波放大器普遍使用实测的管子 $S$ 参数进行设计。规定管子的等效二端口(见图 9－1－5)网络的输入、输出特性阻抗均为 50 Ω，定义：

$$\begin{cases} a_1 = \dfrac{U_{i1}}{\sqrt{Z_0}} \\ b_1 = \dfrac{U_{r1}}{\sqrt{Z_0}} \\ a_2 = \dfrac{U_{i2}}{\sqrt{Z_0}} \\ b_2 = \dfrac{U_{r2}}{\sqrt{Z_0}} \end{cases} \qquad (9-1-7)$$

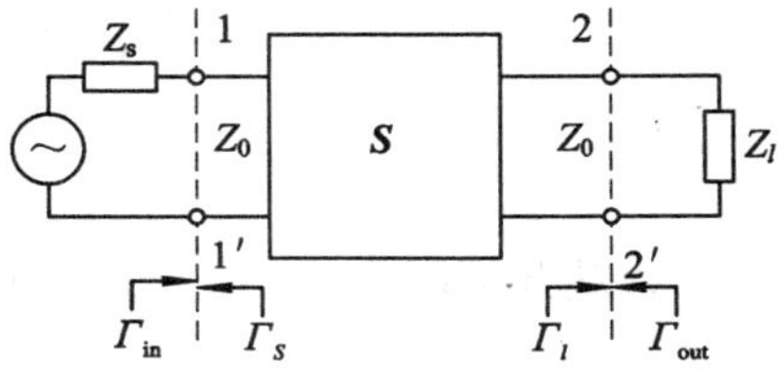


图 9－1－5　微波三极器件的 $S$ 参数

管子的 $\boldsymbol{S}$ 矩阵为

$$\boldsymbol{S}=\begin{bmatrix}S_{11} & S_{12}\\ S_{21} & S_{22}\end{bmatrix} \tag{9-1-8}$$

则有：

$$\begin{bmatrix}b_1\\ b_2\end{bmatrix}=\begin{bmatrix}S_{11} & S_{12}\\ S_{21} & S_{22}\end{bmatrix}\begin{bmatrix}a_1\\ a_2\end{bmatrix} \tag{9-1-9}$$

管子的 $S$ 参数可在多个频率点上测出。晶体管的等效二端口网络是一个非互易的有源网络。$S$ 参数都是复数且 $|S_{21}|>1$，$|S_{12}|$ 较小。它们都是频率的函数。

设负载为 $Z_l$，源内阻为 $Z_s$，在一端口和二端口分别有

$$\begin{cases}\Gamma_{in}=\dfrac{Z_{in}-Z_0}{Z_{in}+Z_0}\\[2ex] \Gamma_s=\dfrac{Z_s-Z_0}{Z_s+Z_0}\end{cases} \tag{9-1-10}$$

$$\begin{cases}\Gamma_{out}=\dfrac{Z_{out}-Z_0}{Z_{out}+Z_0}\\[2ex] \Gamma_l=\dfrac{Z_l-Z_0}{Z_l+Z_0}\end{cases} \tag{9-1-11}$$

式中：

$$\begin{cases}\Gamma_{in}=S_{11}+\dfrac{S_{12}S_{21}\Gamma_l}{1-S_{22}\Gamma_l}\\[2ex] \Gamma_{out}=S_{22}+\dfrac{S_{12}S_{21}\Gamma_S}{1-S_{11}\Gamma_S}\end{cases} \tag{9-1-12}$$

$$\begin{cases}Z_{in}=Z_0\,\dfrac{1+\Gamma_{in}}{1-\Gamma_{in}}\\[2ex] Z_{out}=Z_0\,\dfrac{1+\Gamma_{out}}{1-\Gamma_{out}}\end{cases} \tag{9-1-13}$$

### 9.1.3 晶体管放大器的增益

增益的定义为

$$G=\frac{P_l}{P_{in}} \tag{9-1-14}$$

在输入端：

$$\begin{aligned}P_{in}&=P_1^+-P_1^-=\frac{1}{2}(a_1^2-b_1^2)\\ &=\frac{1}{2}a_1^2(1-|\Gamma_{in}|^2)\end{aligned} \tag{9-1-15}$$

当输入端共轭匹配时，$\Gamma_{in}=\Gamma_S^*$，这时为输入资用功率：

$$P_{1a}=P_{in}\,|_{\Gamma_{in}=\Gamma_S^*}=\frac{1}{2}a_1^2(1-|\Gamma_S|^2) \tag{9-1-16}$$

由于：

$$\begin{cases} a_1 = a_S + \Gamma_S b_1 = a_S + \Gamma_S \Gamma_{in} a_1 \\ a_1 = \dfrac{a_S}{1 - \Gamma_{in}\Gamma_S} \end{cases} \tag{9-1-17}$$

在输出端：

$$P_l = \frac{1}{2}(b_2^2 - a_2^2) = \frac{1}{2}b_2^2(1 - |\Gamma_l|^2) \tag{9-1-18}$$

根据端口匹配情况不同，微波放大器可定义三种不同的功率功益。

**1. 实际功率增益 $G_p$**

不管输入和输出端口是否匹配，实际功率增益均为

$$\begin{aligned} G_p &= \frac{P_l}{P_{in}} = \frac{b_2^2}{a_1^2}\frac{(1 - |\Gamma_l|^2)}{(1 - |\Gamma_{in}|^2)} \\ &= \frac{S_{21}^2}{(1 - S_{22}\Gamma_l)^2}\frac{1 - |\Gamma_l|^2}{\left[1 - \left(S_{11} + \dfrac{S_{12}S_{21}\Gamma_l}{1 - S_{22}\Gamma_l}\right)^2\right]} \\ &= \frac{|S_{21}|^2(1 - |\Gamma_l|^2)}{1 - |S_{11}|^2 + |\Gamma_l|^2(|S_{22}|^2 - |\Delta|^2) - 2\mathrm{Re}(\Gamma_l C_2)} \end{aligned} \tag{9-1-19}$$

其中：

$$\Delta = S_{11}S_{22} - S_{12}S_{21}$$

$$C_2 = S_{22} - S_{11}^*\Delta$$

式(9-1-19)表明，实际功率增益只与晶体管的 $S$ 参数和负载的反射系数 $\Gamma_l$ 有关。

**2. 转换功率增益 $G_T$**

规定在输入端共轭匹配条件下的增益为转换功率增益，即

$$G_T = \left.\frac{P_l}{P_{in}}\right|_{\Gamma_S = \Gamma_{in}^*}$$

所以

$$\begin{aligned} G_T &= \frac{P_l}{P_{1a}} = \left(\frac{b_2}{a_S}\right)^2(1 - |\Gamma_l|^2)(1 - |\Gamma_S|^2) \\ &= \left(\frac{b_2}{a_1}\right)^2\left(\frac{a_1}{a_S}\right)^2(1 - |\Gamma_l|^2)(1 - |\Gamma_S|^2) \\ &= \frac{|S_{21}|^2}{(1 - S_{22}\Gamma_l)^2}\frac{1}{(1 - \Gamma_{in}\Gamma_S)^2}(1 - |\Gamma_l|^2)(1 - |\Gamma_S|^2) \\ &= \frac{|S_{21}|^2(1 - |\Gamma_l|^2)(1 - |\Gamma_S|^2)}{[(1 - S_{11}\Gamma_S)(1 - S_{22}\Gamma_l) - S_{12}S_{21}\Gamma_S\Gamma_l]^2} \end{aligned} \tag{9-1-20}$$

若 $S_{12}=0$，则称为单向转换功率增益 $G_{TU}$，其计算公式为

$$G_{TU} = |S_{21}|^2\frac{1 - |\Gamma_S|^2}{(1 - S_{11}\Gamma_S)^2}\frac{1 - |\Gamma_l|^2}{(1 - S_{22}\Gamma_l)^2} = G_0 G_1 G_2 \tag{9-1-21}$$

式中，$G_0 = |S_{21}|^2$，为管子贡献；$G_1 = \dfrac{1-|\Gamma_S|^2}{(1-S_{11}\Gamma_S)^2}$，为输入匹配网络贡献；$G_2 = \dfrac{1-|\Gamma_l|^2}{(1-S_{22}\Gamma_l)^2}$，为输出匹配网络贡献。

转换功率增益与晶体管 $S$ 参数、输入端源反射系数、输出端负载反射系数都有关系。

**3. 资用功率增益 $G_a$**

输入和输出端口都匹配条件的功率增益为放大器的资用功率增益，其计算公式为

$$G_a = \frac{P_{la}}{P_{1a}} = \frac{|S_{21}|^2(1-|\Gamma_S|^2(1-|\Gamma_{out}|^2)}{[(1-S_{11}\Gamma_S)(1-S_{22}\Gamma_l)-S_{12}S_{21}\Gamma_S\Gamma_{out}^*]^2}$$

$$= \frac{|S_{21}|^2(1-|\Gamma_S|^2)}{1-|S_{22}|^2+|\Gamma_S|^2(|S_{11}|^2-|\Delta|^2)-2\mathrm{Re}(\Gamma_S C_1)}$$

其中：

$$C_2 = S_{11} - S_{22}^*\Delta \tag{9-1-22}$$

式(9-1-22)表明，资用功率增益只与晶体管的 $S$ 参数和源反射系数 $\Gamma_S$ 有关。

这三种功率增益的关系为

$$\begin{cases} G_T = \dfrac{P_l}{P_{1a}} = \dfrac{P_l}{P_{in}}\dfrac{P_{in}}{P_{1a}} = G_P M_1 \\ M_1 = \dfrac{(1-|\Gamma_{in}|^2)(1-|\Gamma_s|^2)}{(1-\Gamma_{in}\Gamma_s)^2} < 1 \end{cases} \tag{9-1-23}$$

$$\begin{cases} G_T = \dfrac{P_l}{P_{1a}} = \dfrac{P_l}{P_{la}}\dfrac{P_a}{P_{1a}} = M_2 G_a \\ M_2 = \dfrac{(1-|\Gamma_l|^2)(1-|\Gamma_{out}|^2)}{(1-\Gamma_{out}\Gamma_l)^2} < 1 \end{cases} \tag{9-1-24}$$

式中，$M_1$ 和 $M_2$ 分别为输入、输出端的失配系数。当 $G_T < G_P$，$G_T < G_a$，双共轭匹配时，$M_1 = M_2 = 1$，$G_T = G_P = G_a = G_{max}$。

## 思考练习题

1. 用于微波放大的三端口半导体器件有哪几种？主要指标有哪些？

2. 为什么要用 $S$ 参数而不用物理模型提取的参数来设计晶体管放大器？晶体管的 $S$ 参数有什么特点？

3. 晶体管放大器有几种功率增益？它们的定义是什么？

4. 单向转换功率增益的表示式是什么？它的几个部分各代表什么？

## 9.2　微波放大器的稳定性和噪声

放大器能够正常工作的条件是稳定，在频带指标范围内，输出信号和输入信号保持线性关系且增益符合要求。如果放大器产生自激振荡，则虽仍有输出信号，但和输入信号无关，称为不稳定，此时已失去放大功能。

### 9.2.1　微波小信号晶体管放大器的稳定条件

产生自激振荡的条件是放大器端口呈负阻抗特性，对应端口的反射系数为 $|\Gamma| \geqslant 1$，所以稳定工作的条件应为

$$\begin{cases} |\Gamma_{\text{in}}| < 1 \\ |\Gamma_{\text{out}}| < 1 \end{cases} \tag{9-2-1}$$

由此可导出放大器的稳定条件为

$$\Gamma_{\text{in}} = S_{11} + \frac{S_{12}S_{21}\Gamma_l}{1 - S_{22}\Gamma_l} = \frac{S_{11} - \Delta\Gamma_l}{1 - S_{22}\Gamma_l} \tag{9-2-2}$$

对式(9-2-2)进行一系列恒等变换可得：

$$\Gamma_l = \frac{S_{22}^* - S_{11}\Delta^*}{S_{22}^2 - \Delta^2} + \frac{S_{12}S_{21}}{S_{22}^2 - \Delta^2}\,\frac{S_{22}^* - \Gamma_{\text{in}}\Delta^*}{\Delta - S_{22}\Gamma_{\text{in}}}$$

令

$$\rho_2 = \frac{S_{22}^* - S_{11}\Delta^*}{S_{22}^2 - \Delta^2}$$

$$r_2 = \left|\frac{S_{12}S_{21}}{S_{22}^2 - \Delta^2}\right|$$

$$h_e = \left|\frac{S_{22}^* - \Gamma_{\text{in}}\Delta^*}{\Delta - S_{22}\Gamma_{\text{in}}}\right|$$

则有：

$$\Gamma_l = \rho_2 + r_2 h_e e^{j\theta_e} \tag{9-2-3}$$

式中：

$$\theta_e = \arg\frac{S_{12}S_{21}}{S_{22}^2 - \Delta^2}\,\frac{S_{22}^* - \Gamma_{\text{in}}\Delta^*}{\Delta - S_{22}\Gamma_{\text{in}}}$$

式(9-2-3)说明，输入端反射系数 $\Gamma_{\text{in}}$ 变换到负载反射系数 $\Gamma_l$ 平面上是一个圆心为 $\rho_2$、半径为 $r_2 h_2$ 的圆。如果 $\Gamma_{\text{in}}=1$，则

$$h_e = \left|\frac{S_{22}^* - \Delta^*}{\Delta - S_{22}}\right| = 1$$

$\Gamma_{\text{in}}=1$ 的圆对应于 $\Gamma_l$ 平面上，即

$$\Gamma_l = \rho_2 + r_2 e^{j\theta_e} \tag{9-2-4}$$

这是一个特殊的临界圆，这个临界圆把 $\Gamma_l$ 平面分成圆内和圆外两个区域。如果圆内对应 $|\Gamma_{\text{in}}|<1$，则圆外必对应 $|\Gamma_{\text{in}}|>1$；如果圆内对应 $|\Gamma_{\text{in}}|>1$，则圆外必对应 $|\Gamma_{\text{in}}|<1$。$|\Gamma_{\text{in}}|>1$ 说明负载反射系数取在该区域时放大器的输入端口呈负阻，因而是不稳定的。为了判断出到底是临界圆内还是临界圆外是稳定的，应先看 $\Gamma_l=0$ 的原点是在临界圆内还是圆外，因为 $\Gamma_l=0$ 时，$|\Gamma_{\text{in}}|=|S_{11}|<1$，必为稳定点。由此可以断定：

(1) $|\Gamma_{\text{in}}|=1$ 的临界圆包含原点，则圆内为稳定区，圆外为不稳定区。

(2) $|\Gamma_{\text{in}}|=1$ 的临界圆不包含原点，则圆内为不稳定区，圆外为稳定区。

因 $\Gamma_l$ 对应无源负载，故必有 $|\Gamma_l|\leqslant 1$，$\Gamma_l$ 的取值范围一定在单位圆内。单位圆与临界圆的关系可能有以下几种情况：

① 单位圆全部包含在临界圆内；

② 单位圆部分包含在临界圆内；

③ 单位圆全部位于临界圆内；

④ 单位圆大部分在临界圆外。

图 9-2-1(a)、(b)、(c)、(d)分别对应这四种情况，图中的阴影部分对应$|\Gamma_{in}|>1$的不稳定区。

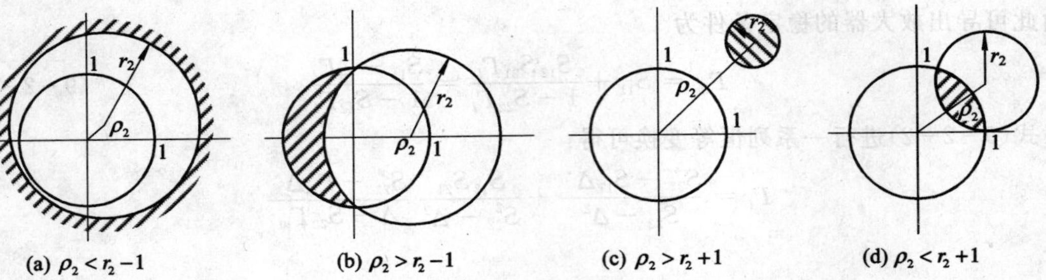


图 9-2-1　$\Gamma_l$ 平面上$|\Gamma_{in}|=1$的临界圆与单位圆的关系

这四种情况中，只有$\rho_2<r_2-1$和$\rho_2>r_2+1$两种情况下，单位圆全部处在稳定区。这时不论接什么负载，放大器都是稳定的，称为绝对稳定。在$\rho_2<r_2-1$情况下，还必须有$r_2\geqslant1$，否则单位圆也只有一部分是稳定区。输入端口绝对稳定的条件归结为

$$\begin{cases}\rho_2 < r_2-1 \quad 和 \quad r_2>1 \\ \rho_2 > r_2+1\end{cases} \tag{9-2-5}$$

同理可导出，输出端口绝对稳定的条件为$\Gamma_S$平面上有：

$$\begin{cases}\rho_1 < r_1-1 \quad 和 \quad r_1>1 \\ \rho_1 > r_1+1\end{cases} \tag{9-2-6}$$

由这些条件可进一步计算出 $S$ 参数满足绝对稳定的条件是：

$$\begin{cases}K_S=\dfrac{1-|S_{11}|^2-|S_{22}|^2+|\Delta|^2}{2|S_{12}S_{21}|}>1 \\ 1-|S_{11}|^2>|S_{12}S_{21}| \\ 1-|S_{22}|^2>|S_{12}S_{21}|\end{cases} \tag{9-2-7}$$

如果管子的 $S$ 参数不满足上述绝对稳定条件，则$\Gamma_S$和$\Gamma_l$平面上单位圆有一部分处在不稳定区。$\Gamma_S$或$\Gamma_l$落在不稳定区，不能保证放大器稳定工作，称为条件稳定或潜在不稳定。在这种情况下设计放大器时，必须将$\Gamma_S$和$\Gamma_l$取在稳定区，才能设计出稳定工作的放大器。

## 9.2.2 微波小信号放大器的噪声

噪声系数是位于接收机最前端的微波放大器的最主要指标之一。微波晶体管放大器正是由于其优越的噪声特性而快速发展起来的。下面用有源二端口网络的噪声分析模型找出获得低噪声放大的设计方法。

### 1. 分析模型与噪声系数的计算

图 9-2-2 为放大器等效为有噪声的二端口网络的分析模型。图(a)、(b)、(c)表示把有源二端口网络内部产生的噪声等效到网络输入端的等效噪声电压源$\overline{u_n^2}$和等效噪声电流源$\overline{i_n^2}$上，再分析计算噪声系数的过程。因为图 9-2-2(b)所示的无噪声理想网络对信号和噪声进行同样的处理，所以不会影响信噪比，和噪声系数无关。用图 9-2-2(c)所示的等效噪声电路就可以计算放大器的噪声系数。

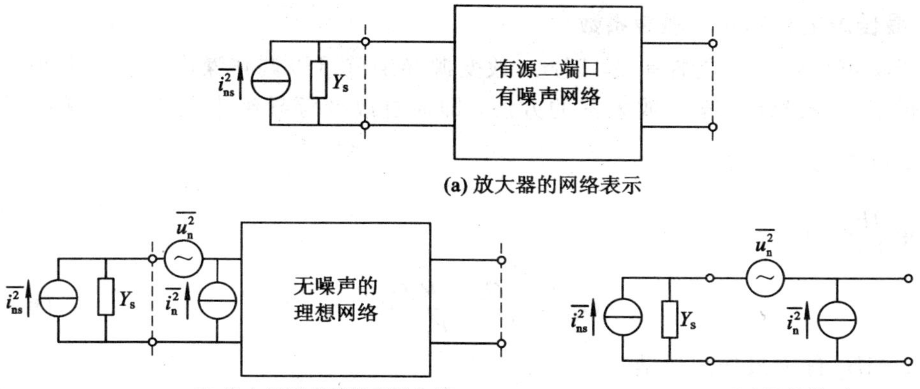


(a) 放大器的网络表示

(b) 将内部噪声等效到输入端　　(c) 噪声计算模型

图 9-2-2　等效噪声电路

电源从输入端给二端口网络输入的噪声由源导纳 $Y_s$ 产生，其等效噪声电流源的均方值为

$$\overline{i_{ns}^2} = 4kTG_sB \tag{9-2-8}$$

总输出的噪声为

$$\overline{i_{no}^2} = \overline{i_{nso}^2} + \overline{|i_n + Y_su_n|^2} \tag{9-2-9}$$

式中，$i_n$ 为网络等效噪声电流源的电流，$u_n$ 为等效噪声电压源的电压。它们是同一放大管的两个等效噪声源，因此是相关的。设 $i_n$ 中有一部分与 $u_n$ 有关，另一部分与 $u_n$ 无关，则相关部分可表示为

$$\overline{|i_n - i_u|^2} = Y_u^2u_n^2 \tag{9-2-10}$$

式中，$i_u$ 为与 $u_n$ 无关的分量；$Y_u = G_u + B_u$ 为相关导纳，它是相关电流 $i_n - i_u$ 与电压 $u_n$ 的比例系数。

设

$$\overline{i_u^2} = 4kTG_nB \tag{9-2-11}$$

$$\overline{u_n^2} = 4kTR_nB \tag{9-2-12}$$

式中，$G_n$ 称为网络的等效噪声电导，$R_n$ 称为网络的等效网络电阻。

网络内部产生的总噪声折算到输入端应为

$$\begin{aligned}\overline{|i_n + Y_su_n|^2} &= \overline{i_n^2} + Y_s^2\,\overline{u_n^2} = \overline{i_n^2} + \overline{|i_n - i_u|^2} + Y_s\,\overline{u_n^2}\\ &= 4kTG_nB + 4kTR_nB(Y_u^2 + Y_s^2)\end{aligned}$$

总噪声为

$$\overline{i_{nso}^2} + \overline{|i_n + Y_su_n|^2} = 4kTB[G_s + G_n + R_n(Y_s^2 + Y_u^2)]$$

噪声系数为

$$F = \frac{\overline{i_{nso}^2} + \overline{|i_n + Y_su_n|^2}}{\overline{i_{nso}^2}} = 1 + \frac{G_n}{G_s} + \frac{R_n}{G_s}[(G_s + G_u)^2 + (B_s + B_u)^2] \tag{9-2-13}$$

式(9-2-13)表明，二端口有源网络的噪声系数与源导纳、网络的等效声电导、等效噪声电阻及相关导纳有关。

**2. 最佳源电导和最小噪声系数**

由于噪声系数与源导纳有关，因此，改变源导纳就可以调整噪声系数的大小。这就给我们提供了一个设计低噪声放大器的方法，即通过改变源导纳来获得最小噪声系数。令$\frac{\partial F}{\partial B_s}=0$，可得 $B_{op}=-B_u$。

再令$\frac{\partial F}{\partial G_s}=0$，得：

$$G_{op}=\left(\frac{G_n+R_nG_u}{R_n}\right)^{1/2} \tag{9-2-14}$$

$Y_{op}=G_{op}+jB_{op}$称为最佳源导纳。

当$Y_s=Y_{op}$时，有

$$F=F_{min}=1+2R_n(G_u+G_{op}) \tag{9-2-15}$$

当$Y_s\neq Y_{op}$时，有

$$F=F_{min}+\frac{R_n}{G_s}[(G_s-G_{op})^2+(B_s-B_{op})^2] \tag{9-2-16}$$

$F_{min}$和$Y_{op}$都是放大管的噪声特性参量，可以用实验方法测量确定。

**3. 等噪声系数圆**

将$Y_{op}=Y_o\frac{1-\Gamma_{op}}{1+\Gamma_{op}}$和$Y_s=Y_o\frac{1-\Gamma_S}{1+\Gamma_S}$代入式(9-2-16)可得：

$$F=F_{min}+\frac{4N'}{1-|\Gamma_{op}|^2}\frac{|\Gamma_S-\Gamma_{op}|^2}{1-|\Gamma_S|^2}=F_{min}+N_o'\frac{|\Gamma_S-\Gamma_{op}|^2}{1-|\Gamma_S|^2}$$

式中：

$$N'=R_nG_{op}$$

$$N_o'=\frac{2N'}{1-|\Gamma_{op}|^2}$$

再令$N=\frac{F-F_{min}}{N_o'}$，可得到

$$(1+N)\Gamma_S^2-2\mathrm{Re}\Gamma_{op}\Gamma_S^*+|\Gamma_{op}|^2-N=0$$

配方整理后可得到：

$$\left|\Gamma_S-\frac{\Gamma_{op}}{1+N}\right|=\frac{N}{1+N}\sqrt{1+\frac{1}{N}(1-|\Gamma_{op}|^2)} \tag{9-2-17}$$

这是$\Gamma_S$平面上的一个等噪声圆方程，圆心为$\frac{\Gamma_{op}}{1+N}$，半径为$\frac{N}{1+N}\sqrt{1+\frac{1}{N}(1-|\Gamma_{op}|^2)}$。该圆心位于原点和$\Gamma_{op}$的连线上，$F$越大，圆心越靠近原点，半径也越大。$\Gamma_S$位于圆内，$F<F_1$；$\Gamma_S$位于圆外，$F>F_1$，$\Gamma_S=\Gamma_{op}$，$F=F_{min}$。

设计低噪声放大器时，根据管子的噪声参数$F_{min}$、$F_{op}$、$N'$和规定的最大噪声系数$F_1$，可画出与$F_1$对应的等噪声系数圆(见图 9-2-3)。只要将源导纳$Y_s$变换到使$\Gamma_S$位于该等噪声系数圆内，便可满足放大器的噪声指标要求。

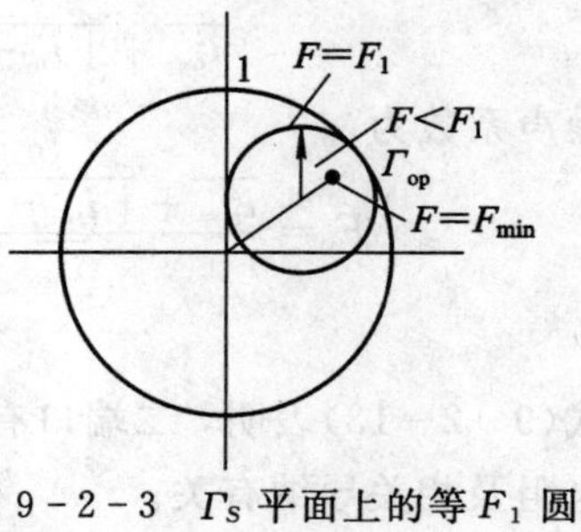


图 9-2-3　$\Gamma_S$平面上的等$F_1$圆

## 思考练习题

1. 什么是稳定放大器？$\Gamma_{in}$和 $\Gamma_{out}$怎样才能使放大器稳定？

2. 什么是绝对稳定？晶体管绝对稳定的条件用 $S$ 参数如何判定？

3. 晶体管的等效噪声参量有哪些？可测的噪声参数又有哪些？

4. 什么是最佳源导纳？放大器的实际源导纳不等于源导纳时噪声系数如何表示？

5. 等噪圆绘制在什么平面上？$F$ 变小，等噪声半径变大还是变小？$\Gamma_S$ 的取值范围(满足 $F$ 要求)如何变化？

# 9.3 小信号晶体管放大器的设计

设计微波晶体管放大器时，首先要根据应用条件和指标要求，选择合适的晶体管并测量其 $S$ 参数和噪声参数。其次根据增益和噪声指标在判断稳定性之后，确定源反射系数 $\Gamma_S$ 和负载反射系数 $\Gamma_l$。该 $\Gamma_S$ 和 $\Gamma_l$ 应保证放大器既能稳定工作，又能满足增益和噪声指标要求。然后设计输入和输出阻抗匹配网络，把标准阻抗变换成已确定的 $\Gamma_S$ 和 $\Gamma_l$。最后用合适的电路结构和直流供电线路构成完整的放大器。主要设计方法有：单向化设计、双共轭匹配设计、低噪声设计、等增益设计和宽频带设计等。下面重点讨论几种常用设计的 $\Gamma_S$ 和 $\Gamma_l$ 的确定方法。

## 9.3.1 设计指标和设计步骤

放大器的主要指标有频率范围、增益、噪声系数等。此外，还包括联接条件、功率、体积、动态范围等。

具体设计步骤如下：

(1) 选晶体管。工作频率小于 4 GHz 时，选择双极晶体管；大于 6 GHz 时，选择场效应管；4～6 GHz 之间时两类管子均可。管子的特征频率至少满足 $f_T > (3\sim5) f_{max}$，$f_T$ 越高越好。$|S_{12}|$大且$|S_{21}|$小的管子增益大，稳定性好。噪声参数 $F_{min}$越小越好。

(2) 在工作频带内和说明书规定的偏置条件下系统地测量 $S$ 参数和有关噪声参量。

(3) 利用 $S$ 参数计算稳定性。在 $\Gamma_S$ 和 $\Gamma_l$ 平面上画出临界圆，确定 $\Gamma_S$ 和 $\Gamma_l$ 的取值范围。

(4) 根据增益确定放大器的级数并分配增益。

(5) 计算每级的 $\Gamma_S$ 和 $\Gamma_l$。

(6) 设计输入、输出、级间匹配网络。

(7) 配置偏置供电线路并制作实现放大器。

(8) 调试、改进、定型。

## 9.3.2 常用的设计方法

### 1. 单向化设计

管子的 $S$ 参数在工作频率范围内满足条件 $S_{12}=0$，这种放大管自然满足绝对稳定条件，不必再计算稳定性。$\Gamma_S$ 和 $\Gamma_l$ 可取由增益和噪声确定的任何值，而且管子具有的单向转换功率增益为

$$G_{TU} = G_0 G_1 G_2 \tag{9-3-1}$$

式中：

$$G_0 = |S_{21}|^2, \quad G_1 = \frac{1-|\Gamma_S|^2}{|1-S_{11}\Gamma_S|^2}, \quad G_2 = \frac{1-|\Gamma_l|^2}{|1-S_{22}\Gamma_l|^2}$$

为了获取最大增益，可选 $\Gamma_S = S_{11}^*$，$\Gamma_l = S_{22}^*$。

单级放大器增益为

$$G_{TU} = |S_{21}|^2 \frac{1}{1-|S_{11}|^2} \frac{1}{1-|S_{22}|^2} \tag{9-3-2}$$

有些管子的 $S_{12} \neq 0$，但 $|S_{12}| \approx 0$，这种管子可近似为单向化设计，令 $u = \dfrac{S_{12}S_{21}S_{11}^*S_{12}^*}{(1-|S_{11}|^2)(1-|S_{22}|^2)}$，称为单向优质因数。取 $\Gamma_S = S_{11}^*$，$\Gamma_l = S_{22}^*$ 时，实际增益 $G_T$ 满足：

$$\frac{1}{|1+u|^2} < \frac{G_T}{G_{TU}} < \frac{1}{|1-u|^2} \tag{9-3-3}$$

例如，$u<0.12$ 时，$G_T$ 与 $G_{TU}$ 的误差小于 1 dB。

满足单向条件 $|S_{12}| \approx 0$ 的晶体管按最小噪声系数要求设计时，取 $\Gamma_S = \Gamma_{op}$，$\Gamma_l = S_{22}^*$，这时有：

$$\begin{cases} F = F_{min} \\ G_T = |S_{21}|^2 \dfrac{1-|\Gamma_S|^2}{|1-S_{11}\Gamma_S|^2} \dfrac{1}{1-|S_{22}|^2} \end{cases} \tag{9-3-4}$$

**2. 绝对稳定条件下的双共轭匹配设计**

如果管子的 $S$ 参数在频带范围内满足绝对稳定条件：

$$\begin{cases} K_S = \dfrac{1-|S_{11}|^2-|S_{22}|^2+|\Delta|^2}{2|S_{12}S_{21}|} > 1 \\ 1-|S_{11}|^2 > |S_{12}S_{21}| \\ 1-|S_{22}|^2 > |S_{12}S_{21}| \end{cases}$$

这时为了满足最大增益要求，应选 $|\Gamma_S| = \Gamma_{in}^*$，$\Gamma_l = \Gamma_{out}^*$，即

$$\begin{cases} \Gamma_S = \Gamma_{in}^* = S_{11}^* + \dfrac{S_{12}^*S_{21}^*\Gamma_l^*}{1-S_{11}^*\Gamma_l^*} \\ \Gamma_l = \Gamma_{out}^* = S_{22}^* + \dfrac{S_{12}^*S_{21}^*\Gamma_S^*}{1-S_{11}^*\Gamma_S^*} \end{cases} \tag{9-3-5}$$

对式(9-3-5)整理后可求得满足双共轭匹配条件的 $\Gamma_S$ 和 $\Gamma_l$ 的解为

$$\Gamma_{Sm} = \frac{B_1}{2C_1} \pm \frac{\sqrt{B_1^2-4|C_1|^2}}{2C_1} = \frac{B_1 \pm \sqrt{B_1^2-4|C_1|^2}}{2|C_1|^2} C_1^* \tag{9-3-6}$$

其中：

$$\begin{cases} B_1 = 1+|S_{11}|^2-|S_{22}|^2-|\Delta|^2 \\ C_1 = S_{11} - S_{22}^*\Delta \end{cases}$$

$$\Gamma_{lm}=\frac{B_2}{2C_2}\pm\frac{\sqrt{B_2^2-4\mid C_2\mid^2}}{2C_2}=\frac{B_2\pm\sqrt{B_2^2-4\mid C_2\mid^2}}{2\mid C_2\mid^2}C_2^* \qquad (9-3-7)$$

其中：

$$\begin{cases}B_2=1-\mid S_{11}\mid^2+\mid S_{22}\mid^2-\mid\Delta\mid^2\\C_2=S_{22}-S_{11}^*\Delta\end{cases}$$

若 $B_1$、$B_2>0$，则式(9-3-6)和式(9-3-7)中取“+”号；若 $B_1$、$B_2<0$，则取“−”号。在双共轭匹配条件下，有

$$G_p=G_T=G_a=G_{max}=\left|\frac{S_{21}}{S_{12}}\right|(K\pm\sqrt{K^2-1}) \qquad (9-3-8)$$

当 $K=1$ 时，有

$$G_{max}=\mathrm{MSG}=\left|\frac{S_{21}}{S_{12}}\right| \qquad (9-3-9)$$

MSG 称为晶体管最大稳定增益。

在绝对稳定条件下进行最小噪声设计时，应选：

$$\begin{cases}\Gamma_S=\Gamma_{op}\\\Gamma_l=\Gamma_{out}^*=S_{22}^*+\dfrac{S_{12}^*S_{21}^*\Gamma_{op}^*}{1-S_{11}\Gamma_{op}^*}\end{cases} \qquad (9-3-10)$$

这时 $G_p<G_{max}$，但 $F=F_{min}$。

**注意：**在进行绝对稳定条件设计时，必须首先计算稳定性，只有当 $S$ 参数满足绝对稳定条件后，才可进行此种设计。

**3. 潜在不稳定条件下的放大器设计**

(1) 计算稳定性后发现 $K_S<1$，这时应在 $\Gamma_S$ 和 $\Gamma_l$ 平面上分别画出稳定性圆并确定两个平面上的稳定区和不稳定区。

(2) 计算 $\Gamma_{Sm}$ 和 $\Gamma_{lm}$，它们一般都处在不稳定区，通过其可以了解管子的最大可能增益。

(3) 取实际增益 $G_p<G_{max}$，在 $\Gamma_S$ 和 $\Gamma_l$ 平面上分别画出等 $G_a$ 圆和等 $G_p$ 圆，并在 $\Gamma_S$ 平面上也画出等噪声系数圆。

(4) 根据增益和噪声要求在等增益圆和等噪声圆内的稳定区确定出合理的 $\Gamma_S$ 和 $\Gamma_l$。

(5) 若无法在稳定区内选出符合增益和噪声指标要求的 $\Gamma_S$ 和 $\Gamma_l$，则应该另选晶体管。

**4. 多级放大器的设计**

(1) 由总增益要求和单级放大器的 $G_{max}$ 或 $\mathrm{MSG}=\left|\dfrac{S_{21}}{S_{12}}\right|$ 确定所需要的放大器级数 $n$。设总增益为 $G$，单级增益为 $G_m$，有

$$\begin{cases}G=G_m^n\\n>\lg\dfrac{G}{G_m}\end{cases} \qquad (9-3-11(a))$$

$$\begin{cases}G(\mathrm{dB})=nG_m(\mathrm{dB})\\n>\dfrac{G(\mathrm{dB})}{G_m(\mathrm{dB})}\end{cases} \qquad (9-3-11(b))$$

式(9-3-11(a))是按增益倍数(功率)确定 $n$，而式(9-3-11(b))是按增益 dB 数确定 $n$，

最后确定的 $n$ 应比公式计算出的 $n$ 多 1～2 级，以留有余地。

(2) 一般多级放大器前 1～2 级应按最小噪声设计，后面各级则按最大增益设计。$\Gamma_S$ 和 $\Gamma_l$ 都计算后，应再验算 $G$ 和 $F$ 指标是否合格，否则应增加级数。

(3) 根据最后确定的 $\Gamma_{Si}$ 和 $\Gamma_{li}$ ($i=1, 2, \cdots$) 设计输入、输出和级间匹配网络。

**5. 宽频带放大器设计**

窄带放大器只要在一个最高频率点或中间和最高两个频率点上确定 $\Gamma_S$ 和 $\Gamma_l$ 就可以在全频带满足指标要求。宽带放大器必须在频带内多个频率点上测量 $S$ 参数，计算稳定性，画许多等增益圆和等噪声圆，通过反复优化调整才能选择出最佳的 $\Gamma_S$ 和 $\Gamma_l$，它们应在通带范围内均能使放大器满足增益和噪声指标要求。

## 9.3.3 等增益圆简介

增益关系式(9-1-19)～式(9-1-22)表明，$\Gamma_S$ 和 $\Gamma_a$、$\Gamma_l$ 和 $G_p$、$G_T$ 中 $\Gamma_S$ 和 $G_1$ 以及 $\Gamma_l$ 和 $G_2$ 之间都是复数分式线性变换关系。复变函数理论已证明，分式线性变换把圆变换成圆。等增益 $G$ 就是 $G$ 平面上的一个圆，变换到 $\Gamma$ 平面上也是一个圆。在圆内取 $\Gamma$ 可保证 $G_T > G$，等增益圆像稳定性圆和等噪声系数圆一样，都是设计晶体管放大器的必不可少的工具。下面给出几种等增益圆的圆心位置和圆半径的计算公式。设 $\Gamma = u + jv$，$R$ 为圆心，$\rho$ 为半径。

(1) 等 $G_p$ 圆：圆方程为

$$(u-u_p)^2 + (v-v_p)^2 = \rho_p^2$$
$$\Gamma_l = u + jv$$

圆心：

$$R_p = u_p + jv_p = \frac{g_p C_2^*}{1 + g_p(|S_{22}|^2 - |\Delta|^2)} = \Gamma_{lp} \tag{9-3-12}$$

半径：

$$\rho_p = \frac{[1 - 2K_S|S_{12}S_{21}|g_p + |S_{12}S_{21}|g_p^2]^{1/2}}{1 + g_p(|S_{22}|^2 - |\Delta|^2)} \tag{9-3-13(a)}$$

式中：

$$\begin{cases} g_p = \dfrac{G_p}{|S_{21}|^2} \\ C_2 = S_{22} - S_{11}^*\Delta \end{cases} \tag{9-3-13(b)}$$

(2) 等 $G_a$ 圆：圆方程为

$$(u-u_a)^2 + (v-v_p)^2 = \rho_a^2$$
$$\Gamma_S = u + jv$$

圆心：

$$R_a = u_a + jv_a = \frac{g_a C_1^*}{1 - g_a(|S_{11}|^2 + |\Delta|^2)} = \Gamma_{Sa} \tag{9-3-14}$$

半径：

$$\rho_a = \frac{[1 - 2K_S|S_{12}S_{21}|g_a + |S_{12}S_{21}|g_a^2]^{1/2}}{1 + g_a(|S_{11}|^2 - |\Delta|^2)} \tag{9-3-15}$$

(3) 等 $G_1$ 圆和等 $G_2$ 圆：令 $G_{1m}=\dfrac{1}{1-|S_{11}|^2}$，$G_{2m}=\dfrac{1}{1-|S_{22}|^2}$，则

等 $G_1$ 圆位于 $\Gamma_S$ 平面上：

$$\Gamma_{S1} = u_1 + \mathrm{j}v_1$$

圆心：

$$R_1 = u_1 + \mathrm{j}v_1 = \frac{g_1 S_{11}^*}{1-|S_{11}|^2(1-g_1)} \tag{9-3-16}$$

半径：

$$\rho_1 = \frac{\sqrt{1-g_1}(1-|S_{11}|^2)}{1-|S_{11}|^2(1-g_1)} \tag{9-3-17}$$

等 $G_2$ 圆位于 $\Gamma_l$ 平面上：

$$\Gamma_l = u_2 + \mathrm{j}v_2$$

圆心：

$$R_2 = u_2 + \mathrm{j}v_2 = \frac{g_2 S_{22}^*}{1-|S_{22}|^2(1-g_2)} \tag{9-3-18}$$

半径：

$$\rho_2 = \frac{\sqrt{1-g_2}(1-|S_{22}|^2)}{1-|S_{22}|^2(1-g_2)} \tag{9-3-19}$$

式中：

$$g_1 = \frac{G_1}{G_{1m}},\ g_2 = \frac{G_2}{G_{2m}} \tag{9-3-20}$$

## 思考练习题

1. 微波小信号放大器的主要指标有哪些？
2. 设计微波放大器时，应如何选择管子？
3. 简述微波放大器的设计步骤。
4. 单向化设计的条件是什么？最大增益和最小噪声设计的 $\Gamma_S$ 和 $\Gamma_l$ 如何选择？增益是多少？
5. 双共轭匹配设计条件是什么？最大增益设计的 $\Gamma_S$ 和 $\Gamma_l$ 如何选择？
6. 如何确定多级放大器的级数 $n$？
7. 等 $G_p$、等 $G_a$ 圆、等 $G_1$ 圆、等 $G_2$ 圆各绘制在什么平面上？

## 9.4 阻抗匹配网络的设计

9.3 节介绍的各种设计方法均已计算出了满足指标要求的 $\Gamma_S$ 和 $\Gamma_l$，而放大器规定的标准输入、输出阻抗均为 50 Ω。把 50 Ω 转换为 $\Gamma_S$ 是输入匹配网络的功能，把 $\Gamma_l$ 转换为 50 Ω 是输出匹配网络的任务，级间匹配网络的作用则是将上一级的 $\Gamma_l$ 转换为下一级的 $\Gamma_S$。设计好匹配网络后，再配以合理的直流供电线路，完整的放大器电路才能构成。

### 9.4.1 阻抗匹配网络的设计方法

**1. 输入阻抗匹配网络**

图 9-4-1 为输入阻抗匹配网络功能及实现方法示意图。图(a)说明该网络的功能是实现 50 Ω 和 $\Gamma_S$ 之间的转换。图(b)表示用串联阻抗匹配实现这种转换，即从 $\Gamma_S$ 向负载方向找到第一个纯电阻点(波节点或波腹点均可)，这段距离为相移段 $l_{\phi1}$，把该纯电阻和 50 Ω 用一段长为$\frac{\lambda}{4}$、特性阻抗为 $Z_{01}=50\sqrt{\rho}$或$\frac{50}{\sqrt{\rho}}$的传输线进行串联阻抗匹配。图(c)是用并联电抗枝节实现阻抗匹配，其实质是寻找一个导纳负载，其实部归一化值应为 1，其反射系数模为$|\Gamma_S|$，缺少的虚部用并联开路枝节电抗补上，再通过一段长度 $d_1$ 变成 $\Gamma_S$。

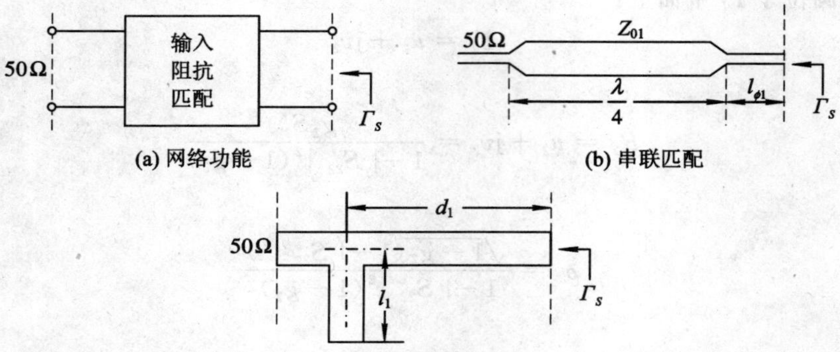


(a) 网络功能　(b) 串联匹配　(c) 并联匹配

图 9-4-1　输入阻抗匹配网络

**2. 输出阻抗匹配网络**

图 9-4-2 表示输出阻抗匹配网络的功能与实现方法。图(a)表示该网络的功能是实现 $\Gamma_l$ 与 50 Ω 之间的相互变换。图(b)表示串联匹配的方法，即把 $\Gamma_l$ 通过相移段向负载方向变为纯电阻，再用 λ/4 阻抗线把该纯电阻与 50 Ω 匹配起来。图(c)表示并联电抗枝节的匹配方法，即给 50 Ω 并联一个电抗枝节后，其总导纳的反射系数模应等于$|\Gamma_S|$，再通过距离 $d_2$ 将其变换为 $\Gamma_S$。

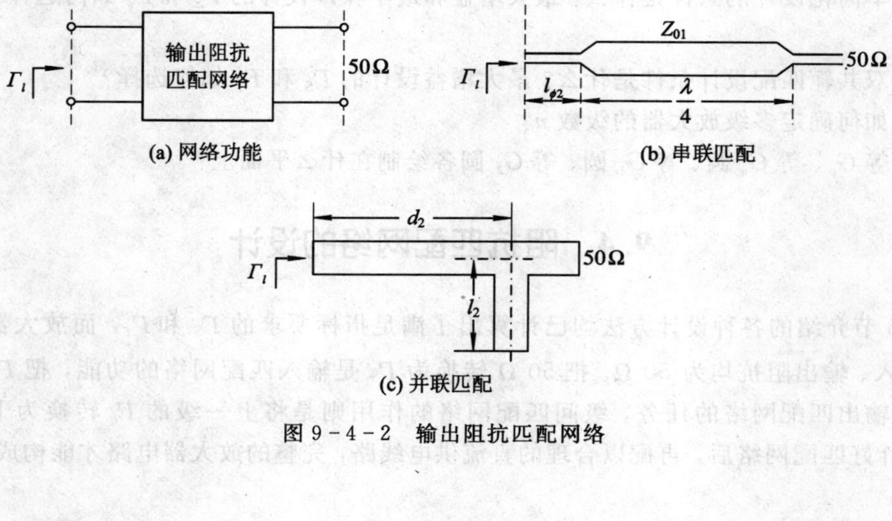


(a) 网络功能　(b) 串联匹配　(c) 并联匹配

图 9-4-2　输出阻抗匹配网络

**3. 级间匹配网络**

图 9-4-3 所示为级间匹配网络的功能及几种实现方法。

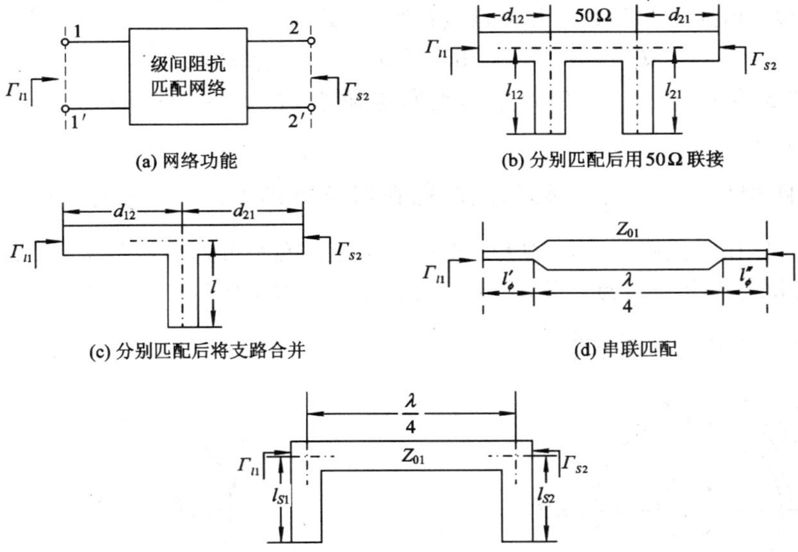


(a) 网络功能　(b) 分别匹配后用 50 Ω 联接　(c) 分别匹配后将支路合并　(d) 串联匹配　(e) 并-串组合匹配

图 9-4-3　级间阻抗网配网络

图 9-4-3(a)表示该网络的功能是把上一级的负载反射系数 $\Gamma_{l1}$ 变换为下一级的源反射系数 $\Gamma_{S2}$。图 9-4-3(b)所示为把 $\Gamma_{l1}$ 和 $\Gamma_{S2}$ 分别与 50 Ω 阻抗匹配后再用 50 Ω 传输线连接起来的方法。图(c)则表示分别匹配后省去联接 50 Ω 阻抗，而把两个并联电纳加起来合成一个并联电纳的方法。图(d)所示为串联阻抗匹配方法，把 $\Gamma_{l1}$ 和 $\Gamma_{S2}$ 都向负载方向通过相移段 $l'_\phi$ 和 $l''_\phi$ 分别转换为纯电阻 $R'_l$ 和 $R'_S$，再用特性阻抗 $Z_{01}=\sqrt{R'_lR'_s}$、长为 $\frac{\lambda}{4}$ 的传输线使两个纯电阻匹配。图(e)是串、并联相结合的匹配方法，先分别用 $l_1$ 和 $l_2$ 并联枝节纯电纳把 $\Gamma_{l1}$ 和 $\Gamma_{S2}$ 的导纳虚部抵消，使它们成为纯电导，再用 $\frac{\lambda}{4}$ 阻抗把它们的电阻联接起来以实现匹配，该 $\frac{\lambda}{4}$ 线的特性阻抗应为 $Z_{01}=\sqrt{R_{l1}R_{S2}}=\frac{1}{\sqrt{G_{l1}G_{S2}}}$。

## 9.4.2　设计举例

下面结合具体例子来说明上面各种阻抗匹配方法的具体计算过程。

**【例 1】**　有一微波晶体管 $S_{11}=0.3\angle 50°$，$S_{21}=1.45\angle -15°$，$S_{22}=0.4\angle -170°$，$S_{12}=0$，要求设计在 3.7～4.2 GHz 范围工作的放大器，使增益最大，设输入、输出阻抗均为 50 Ω（测试条件：$U_{ec}=5$ V，$I_c=50$ mA，$f=4.2$ GHz）。

**解**　这是一个窄带放大器，直接用测出的 $S$ 参数在 4.2 GHz 的一个频率点上设计即可。由于 $S_{12}=0$，因此属单向化设计，不用判断稳定性。按最大增益条件直接取 $\Gamma_S=S_{11}^*=0.3\angle -50°$，$\Gamma_l=S_{22}^*=0.4\angle 170°$。

(1) 输入匹配网络：用单枝节并联开路线，在导纳圆图上进行（见图 9-4-4）。$\Gamma_S=0.3\angle -50°$ 对应于导纳圆图上的 $A$ 点，$A$ 点的等 $\Gamma$ 圆的半径为 0.3，电刻度为 0.072λ，将

$A$ 点沿 $|\Gamma|=0.3$ 的等 $\Gamma$ 圆向负载方向转动到和 $g=1$ 的圆交于 $B$ 点，该点的归一化导纳的实部为 1(50 Ω 输入阻抗)，虚部电纳归一化值为 $-\mathrm{j}b_B$。$-\mathrm{j}b_B$ 对应电刻度为 0.408λ，$B$ 点电刻度为 0.35λ，由此可知开路线并接点位置距 $\Gamma_S$ 处为

$$d_1=(0.5-0.35)+0.072=0.222(\lambda)$$

并联开路线的长度应为从 $y=0$ 的左端点向电源沿 $|\Gamma|=1$ 的圆转到 $-b_B$ 点的长度，$l_1=0.408(\lambda)$。

(2) 输出匹配网络：用 $\frac{\lambda}{4}$ 串联阻抗匹配在阻抗圆图上进行(见图 9-4-5)。先将 $\Gamma_l=0.4\angle170°$ 标在阻抗圆图上，对应于 $A$ 点，电刻度 $d_A=0.014\lambda$，从 $A$ 点沿 $|\Gamma|=0.4$ 的圆向负载转到和实轴交于 $B$ 点，得 $d_B=0$，$z_{\min}=K=0.43$，所以相移段 $l_\phi=0.014\lambda$，$Z_{01}=\sqrt{K}50=32.8$ Ω，串联段长度为 $\frac{\lambda}{4}$。

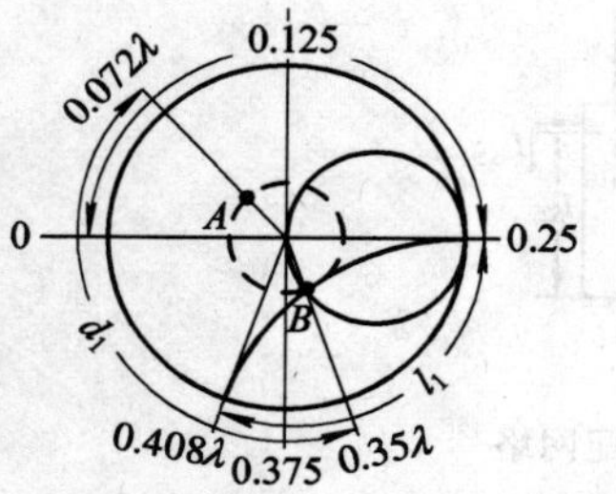

图 9-4-4　输入端并联匹配

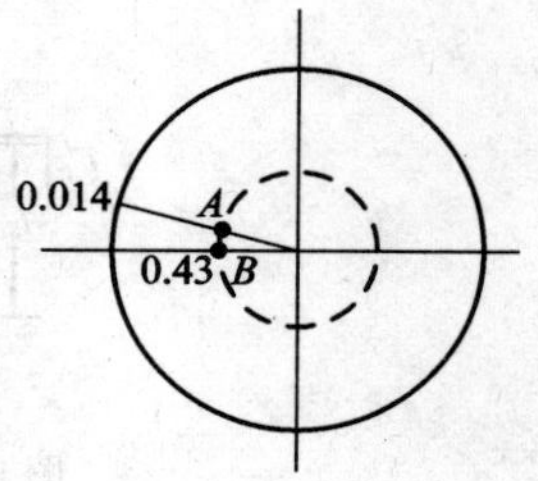

图 9-4-5　串联阻抗匹配

直流供电用 $R_1$ 和 $R_2$ 分压用高阻抗线分别接到 c、b 极，在距联接点 $\frac{\lambda}{4}$ 处用大平板电容将高阻线短路，使其对信号呈无限大阻抗。$C_{\mathrm{in}}$ 和 $C_{\mathrm{out}}$ 是隔直流电容，$C_1$ 和 $C_2$ 为电源滤波电容。一级放大器的完整线路如图 9-4-6 所示。该极放大器的增益为

$$G=|S_{21}|^2\frac{1}{1-|S_{11}|^2}\frac{1}{1-|S_{22}|^2}=|1.45|^2\frac{1}{(1-|0.3|^2)(1-|0.4|^2)}\approx2.75$$

$$G(\mathrm{dB})=10\lg G\approx4.4\ \mathrm{dB}$$

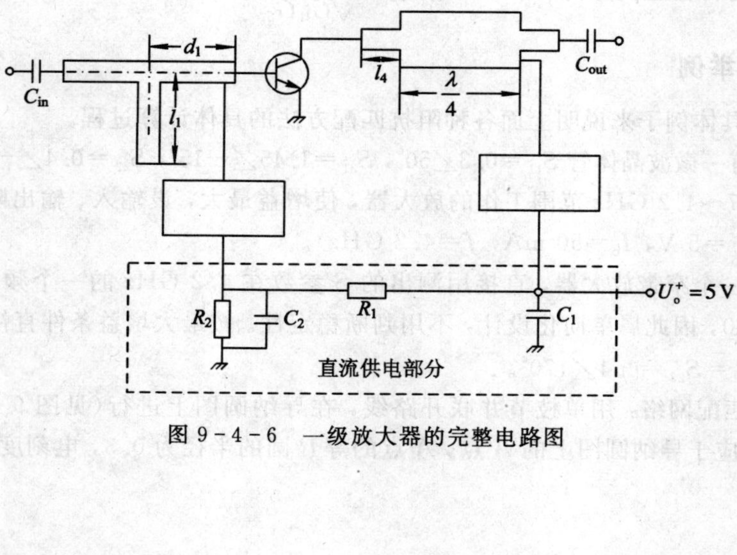

图 9-4-6　一级放大器的完整电路图

【例 2】　晶体管 1 GHz 的 $S$ 参数为 $S_{11}=0.32\angle-120°$，$S_{12}=0.11\angle 38°$，$S_{21}=2.2\angle 70°$，$S_{22}=0.72\angle-10°$，试设计一个中心频率为 1 GHz 的最大增益放大器。

**解**　(1) 计算稳定性：

$$\begin{cases} K_S=\dfrac{1-|S_{11}|^2-|S_{22}|^2+|\Delta|^2}{2|S_{12}S_{21}|}=1.13>1 \\ 1-|S_{11}|^2>|S_{12}S_{21}| \\ 1-|S_{22}|^2>|S_{12}S_{21}| \end{cases}$$

该管满足绝对稳定条件。

(2) 为了获得最大增益，按双共轭匹配设计，即

$$C_1=S_{11}-S_{22}^*\Delta=0.16\angle 172.9°$$

$$B_1=1+|S_{11}|^2-|S_{22}|^2+|\Delta|^2=0.413$$

$$\Gamma_{Sm}=\frac{B_1-\sqrt{B_1^2-4|C_1|}}{2|C_1|^2}C_1^*=0.48\angle-172.9°$$

$$C_2=S_{22}-S_{11}^*\Delta=0.61\angle-16.2°$$

$$B_2=1-|S_{11}|^2+|S_{22}|^2+|\Delta|^2=1.25$$

$$\Gamma_{lm}=\frac{B_2-\sqrt{B_2^2-4|C_2|}}{2|C_2|^2}C_2^*=0.807\angle 16.2°$$

(3) 设计输入、输出匹配网络。输入匹配网络用并联开路枝节实现，在导纳圆图上进行(见图 9-4-7)。$\Gamma_{Sm}=0.48\angle-172.9°$对应导纳圆图上的点 $A$，将 $A$ 沿$|\Gamma|=0.48$ 的等 $\Gamma$ 圆逆时针转到和 $g=1$ 的圆交于点 $B$，该点导纳为 $1+\mathrm{j}b_B$，电刻度为 $d_B$，求出 $d_1=d_A-d_B=0.076\lambda$，能够提供输入电纳为 $\mathrm{j}b_B$ 的并联开路枝节长度应为 $l_1=0.133\lambda$。

输出匹配网络用并联短路枝节实现，在导纳圆图上计算(见图 9-4-8)。$\Gamma_{lm}=0.807\angle 16.2°$对应导纳圆图上的 $A'$ 点，将 $A'$ 点沿$|\Gamma|=0.807$ 的等 $\Gamma$ 圆逆时针转到和 $g=1$ 的圆交于 $B'$ 点。该点归一化导纳为 $y_{B'}=1+\mathrm{j}b_{B'}$，电刻度为 $d_{B'}$，可求得 $d_2\approx d_{B'}-d_{A'}=0.176\lambda$，能够提供输入电纳为 $\mathrm{j}b_{B'}$ 的短路线长度为 $l_2=0.058\lambda$。该放大器的增益为

$$G=\left|\frac{S_{21}}{S_{12}}\right|(K-\sqrt{K^2-1})\approx 12$$

$$G(\mathrm{dB})=10\lg G\approx 10.8\ \mathrm{dB}$$

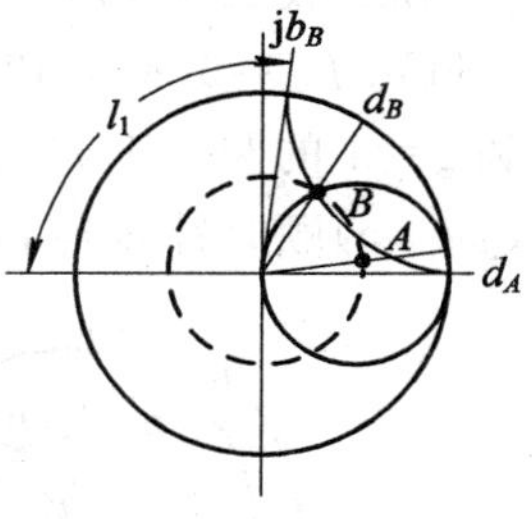

图 9-4-7　输入端并联匹配

该放大器的微波部分电路如图 9-4-9 所示。

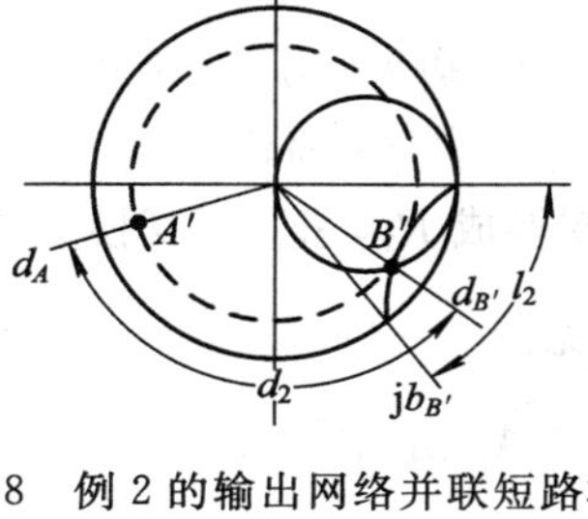

图 9-4-8　例 2 的输出网络并联短路枝节匹配

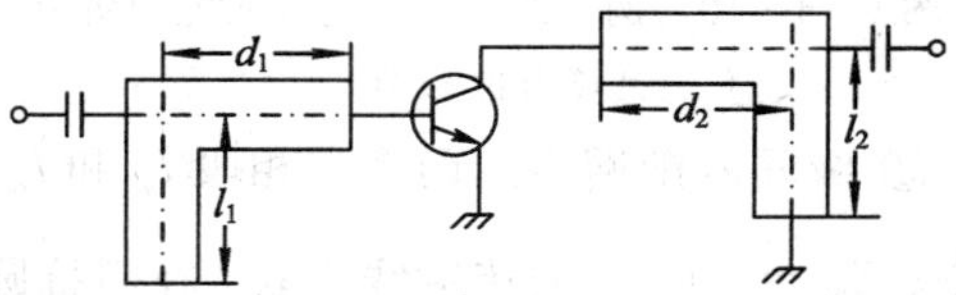

图 9-4-9　例 2 的微波电路

**【例 3】** 在 $f=12$ GHz、50 Ω 系统中测得 FET 的 $S$ 参数和噪声参量为 $S_{11}=0.25\angle-107°$，$S_{22}=0.86\angle-42°$，$S_{21}=1.11\angle129°$，$S_{12}=0.08\angle154°$，$F_{min}=2.04$(3 dB)，$N=0.51$，$\Gamma_{op}=0.42\angle-135°$。用该管设计两级放大器，第一级按最小噪声设计，第二级按最大增益设计。

**解**　(1) 计算放大管的稳定性得：

$$\begin{cases} K_S=\dfrac{1-|S_{11}|^2-|S_{22}|^2+|\Delta|^2}{2|S_{12}S_{21}|}\approx 1.246>1 \\ 1-|S_{11}|^2>|S_{12}S_{21}| \\ 1-|S_{22}|^2>|S_{12}S_{21}| \end{cases}$$

该管满足绝对稳定条件。

(2) 计算 $\Gamma_{S1}$、$\Gamma_{l1}$、$\Gamma_{S2}$、$\Gamma_{l2}$。第一级按最小噪声设计，取 $\Gamma_{S1}=\Gamma_{op}=0.42\angle-135°$，则

$$\Gamma_{l1}=\Gamma_{out}^*=\left(S_{11}+\frac{S_{12}S_{21}\Gamma_{op}}{1-S_{22}\Gamma_{op}}\right)^*=0.73\angle-133.21°$$

第二级按最大增益设计，由于 $S_{12}=0.08\approx0$，因此可按单向化设计取 $\Gamma_{S2}=S_{11}^*=0.25\angle107°$，$\Gamma_l=S_{22}^*=0.86\angle42°$。

(3) 设计阻抗匹配网络。

① 第一级放大器的输入匹配网络用并联开路单枝节，在导纳圆图上进行(见图 9-4-10)。$\Gamma_{S1}=0.42\angle-135°$对应于 $A$ 点，$d_A=0.1875$，从 $A$ 沿 $|\Gamma|=0.42$ 的等 $\Gamma$ 圆逆时针转到和 $g=1$ 的圆交于 $B$，$y_B=1+\mathrm{j}b_B$，$d_B=0.139$，所以

$$d_1=d_A-d_B=0.1875-0.139=0.0485(\lambda)$$

② 第二级放大器输出匹配网络用并联短路枝节实现，在导纳圆图上进行(见图 9-4-11)。$\Gamma_{l2}=0.86\angle42°$在导纳圆图上对应 $C$ 点，从 $C$ 点沿 $|\Gamma|=0.86$ 的等 $\Gamma$ 圆逆时针转到和 $g=1$ 的圆交于 $D$ 点，$d_C=0.442$，$d_B=0.286$，求得 $d_2=d_C-d_B=0.154(\lambda)$，从短路点($y=\infty$)顺时针转到 $\mathrm{j}b_D$ 得 $l_2=0.04\lambda$。

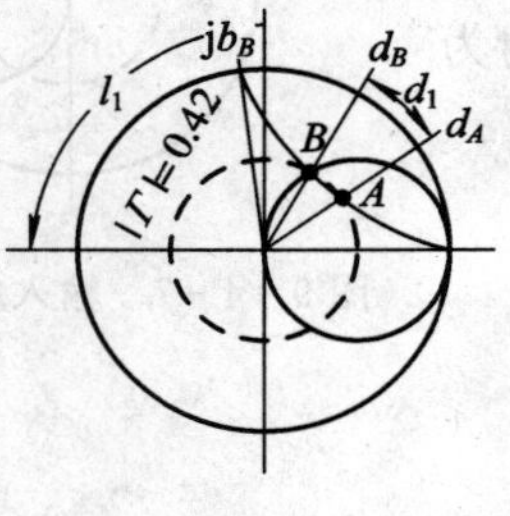

图 9-4-10　例 3 的第一级输入匹配网络用并联开路枝节

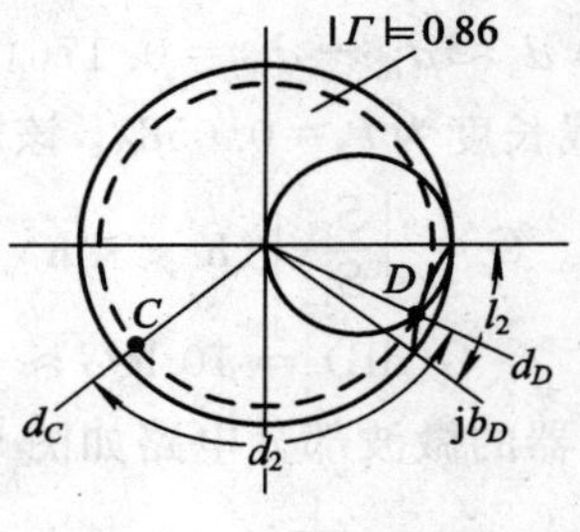

图 9-4-11　例 3 的第二级输出匹配网络用并联短路枝节

③ 级间匹配网络用两个移相段 $l_{\phi1}$ 和 $l_{\phi2}$ 分别把 $\Gamma_{l1}$ 变换成 $R_1$，把 $\Gamma_{S2}$ 变换成 $R_2$，再用长为$\dfrac{\lambda}{4}$、$Z_{01}=\sqrt{R_1R_2}$的传输线串联。在阻抗圆图上进行(见图 9-4-12)。

$\Gamma_{l1}=0.733\angle-133.21°$对应阻抗圆图上的 $A_1$ 点，将 $A_1$ 沿 $|\Gamma|=0.733$ 的等 $\Gamma$ 圆逆时针转到和实轴交于 $B_1$，得

$$l_{\phi1} = 0.435 - 0.25 = 0.185(\lambda)$$

$$r_1 = \rho = 6.49$$

$\Gamma_{S2} = 0.25\angle 107°$ 对应阻抗圆图上的 $A_2$ 点，将 $A_2$ 沿 $|\Gamma| = 0.25$ 的等 $\Gamma$ 圆逆时针转到和实轴交于 $B_2$ 点，得

$$l_{\phi2} = 0.1014(\lambda)$$

$$r_2 = \frac{1}{\rho} = 0.6$$

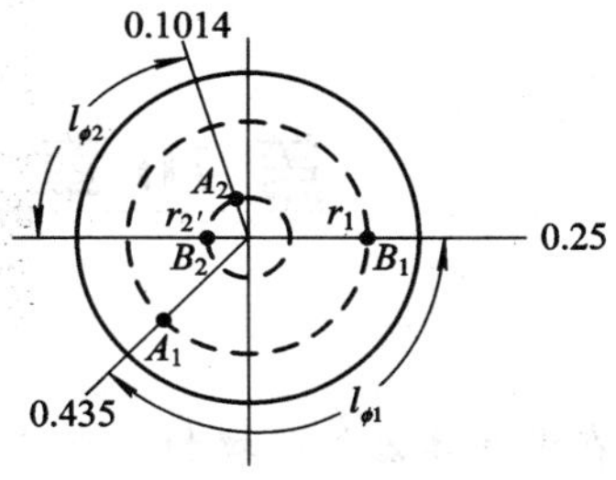


图 9-4-12 级间匹配网络求 $l_{\phi1}$、$l_{\phi2}$ 和 $r_1$、$r_2$ 示意图

串联 $\frac{\lambda}{4}$ 段传输线的特性阻抗

$$Z_{01} = \sqrt{r_1 r_2} Z_0 = \sqrt{6.49 \times 0.6} \times 50 \approx 98.67\ \Omega$$

这两级放大器的增益为

$$\begin{aligned}
G &= G_1 G_2 \\
&= \left(|S_{21}|^2 \frac{1-|\Gamma_{S1}|^2}{|1-S_{11}\Gamma_{S1}|^2} \frac{1-|\Gamma_{l1}|^2}{|1-S_{22}\Gamma_{l1}|^2}\right)\left(|S_{21}|^2 \frac{1}{1-|S_{11}|^2} \frac{1}{1-|S_{22}|^2}\right) \\
&= \left(1.11^2 \frac{1-0.42^2}{|1-0.25\angle -107° \times 0.42\angle -135°|^2} \frac{1-0.733^2}{|1-0.86\angle -42° \times 0.733\angle -133.21°|^2}\right) \\
&\quad \times \left(1.11^2 \frac{1}{1-|0.25|^2} \frac{1}{1-|0.86|^2}\right) \\
&\approx 14
\end{aligned}$$

$$G(\text{dB}) = 10\lg G \approx 11.46(\text{dB})$$

两级放大器微波电路如图 9-4-13 所示。

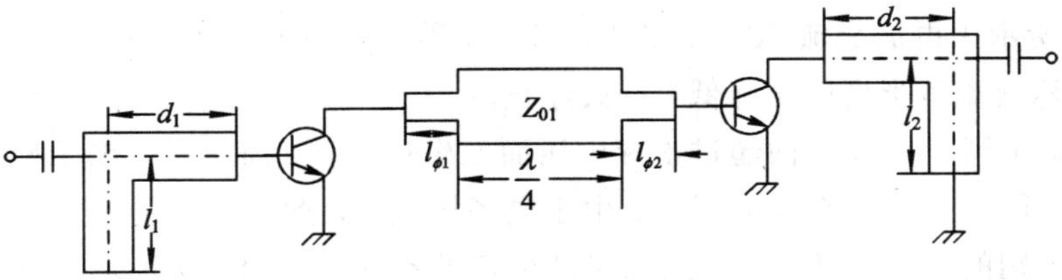


图 9-4-13 两级放大器微波电路示意图

## 思考练习题

1. 输入匹配网络的功能是什么？如何实现？

2. 输出匹配网络的功能是什么？如何实现？

3. 级间匹配网络的功能是什么？如何实现？

4. 用微波双极晶体管设计两级放大器，管子在 2 GHz 时测得参数为 $S_{11} = 0.32\angle 240°$，$S_{12} = 0.01\angle 38°$，$S_{21} = 2.2\angle 70°$，$S_{22} = 0.72\angle -10°$，$F_{min} = 3.25$，$\Gamma_{op} = 0.5\angle -164°$，放大器为窄带放大器，第一级按最小噪声设计，第二级按最大增益设计。

(1) 确定 $\Gamma_{S1}$、$\Gamma_{l1}$、$\Gamma_{S2}$、$\Gamma_{l2}$；

(2) 选择输入、输出、级间匹配网络形式并定性说明实现方法。

# 第 10 章　微波负阻振荡器

在半导体器件两端加上直流电压，配以适当的外电路，就能产生微波振荡，输出微波功率。这类振荡器在工作时器件两端的微波电压和流过器件的电流是反相的，呈负电阻特性，称为负阻器件。负阻振荡器的微波源成本低，可靠性高，供电简单，主要用作本振和小功率发射机。利用功率合成技术可使输出功率达到中等电平。

## 10.1　常用的半导体负阻器件

### 10.1.1　碰撞雪崩渡越时间器件(Impatt 器件)

这种器件简称为雪崩管。1958 年，里德提出利用 $P^+NIN^+$ 和 $N^+PIP^+$ 结构模型可以产生微波频率振荡，后来发展为雪崩管。里德模型可清楚地说明雪崩管产生负阻效应的机理。图 10-1-1 所示为里德结构模型及产生雪崩效应的原理。

图(a)为 $P^+NIN^+$ 模型；图(b)为掺杂浓度分布；图(c)是耗尽层电荷分布；图(d)表示的是加负直流偏压情况下的内部电场分布，$P^+N$ 结交界面处的电场最强，接近击穿打火临界值；图(e)所示为再加交流电压正半周时 $P^+N$ 界面超过打火电压临界值而发生击穿打火；图(f)表示交流负半周电压降低，打火停止。

在交流正半周，$P^+N$ 界面超过击穿电压而发生打火时，高速高能电子碰撞，原来的束缚电子被电离而产生一个空穴电子对，由于电场极强，因此新的电子又立即获得足够的能量以高速碰撞别的原子使其电离，从而又产生新的空穴电子对，这种现象就是雪崩击穿现象。由于雪崩击穿在 $P^+N$ 界面附近瞬间产生大量空穴电子对，因此空穴被负极电子迅速中和，电子在电场加速下从 N 区注入 I 区而形成注入电流。注入电流与电子数和电子速度成正比。在交流电压由正半周转为负半周时刻，电子数达到极大值，注入电流脉冲也达到峰值(见图 10-1-2(b))。此后由于电压下降，打火停止，因此剩余电子在电场加速下仍向 I 区注入，直到完全注入为止。图 10-1-2(b)清楚地表明，注入电流的脉冲基波分量滞后交流电压 90°。此后注入到 I 区的电子团在内部电场的作用下向 $N^+$ 区运动并在外电路产生感应电流脉冲(见图 10-1-2(c))。这群电子到达正极后，感应电流停止直到下一次雪崩打火发生。图 10-1-2(c)表明，调整交流周期与渡越区长度的关系，可使感应电流基波比注入电流基波滞后 90°。这样就使电流和电压相差 180°，正好反相呈负阻特性。实际上只要电流总滞后角 $\theta$ 满足 $\frac{\pi}{2}<\theta<\frac{3\pi}{2}$，其等效阻抗就有负电阻分量，也可输出微波功率。$\theta=180°$ 时，等效纯负电阻的效率最高。

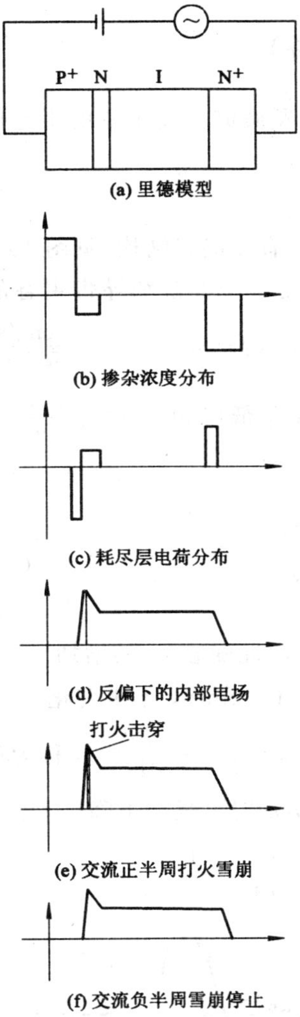


图 10-1-1　里德模压及雪崩产生机理

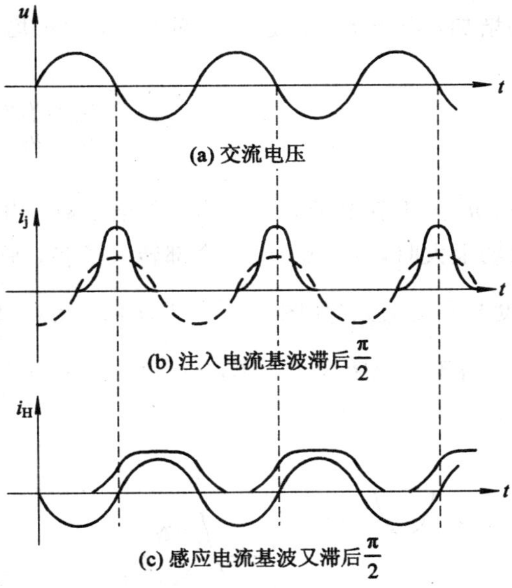


图 10-1-2　交流电压与交流电流反相原理

设 I 区的长度为 $W$，电子饱合漂移速度为 $v_s$，渡越时间 $\tau=\dfrac{W}{v_s}=\dfrac{T}{2}$，$f_d=\dfrac{1}{T}=\dfrac{1}{2\tau}=\dfrac{v_s}{2W}$称为渡越频率。例如，$W=2.5\mu$，$v_s=10^7$ cm/s，$f_d=20$ GHz，雪崩管的最高工作频率可达 300 GHz。

实际的雪崩管为 $P^+NN^+$ 和 $N^+PP^+$ 结构，其负阻机理与里德结构类似，雪崩击穿发生在 $P^+N$ 交界面（或 $N^+P$ 交界面），渡越区为 N（或 P）区。分析基波 $i_H$ 和 $u$ 的关系，可计算出雪崩管的等效导纳为 $Y_D=-|G_D|+jB_D$。$jB_D$ 一般呈容性。

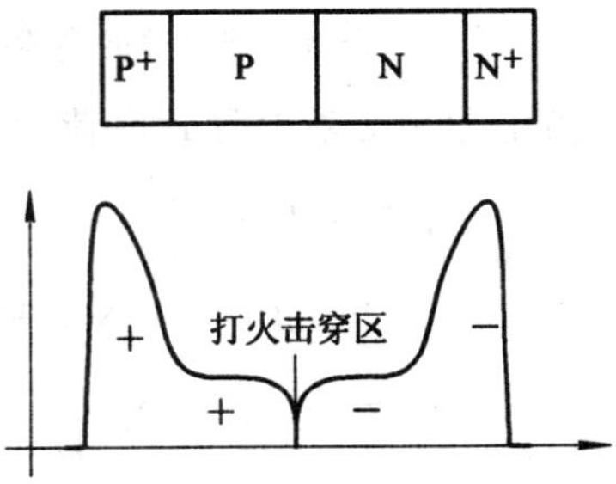


图 10-1-3　双漂移管及掺杂浓度

大功率双漂移雪崩管为 $P^+PNN^+$ 结构，如图 10-1-3 所示。雪崩击穿发生在 PN 交界面附近，空穴和电子从中间同时向相反方向渡越，二者都对负阻电流有贡献。

### 10.1.2　转移电子器件——体效应管(GUNN 器件)

1963 年，GUNN 发现砷化镓具有负阻效应，现在已发展成一类重要的半导体负阻器件——体效应管。

**1. 砷化镓的多能谷结构与负微分迁移率**

在砷化镓、磷化铟等化合物半导体中，其导带电子具有多能谷结构(见图 10-1-4)，而且砷化镓导带的主谷和子谷的能级差约为 0.36 eV，远小于价带和导带主谷的能级差 1.43 eV。在常温下，导带电子集中在主谷的底部，迁移率很高(5000～8000 $\frac{\text{cm/s}}{\text{V/cm}}$)。当电子能量增加到一定程度时就向子谷转移，而子谷的迁移率很低(100～200 $\frac{\text{cm/s}}{\text{V/cm}}$)。随着电场的增加，电子的平均速度反而下降，而平均迁移率为

$$\bar{\mu}=\frac{n_1\mu_1+n_2\mu_2}{n_1+n_2}=\frac{\mu_1+\frac{n_2}{n_1}\mu_2}{1+\frac{n_2}{n_1}} \tag{10-1-1}$$

式中，$n_1$ 为主谷电子数，$n_2$ 为子谷电子数。由于 $\mu_1\gg\mu_2$，因此随着 $n_2$ 的增加 $\bar{\mu}$ 反而下降。当电场很大时，$n_1=0$，电子全部转入子谷，平均速度 $v_s=10^7$ cm/s，不再变化。$v-E$ 曲线(速度与电场关系)如图 10-1-5 所示。在 $v-E$ 曲线的下降段，$\mu_D=\frac{dv}{dE}<0$，称为负微分迁移率。由于电流密度 $\bar{J}=\sigma\bar{E}$，$\sigma=eN\mu_D$。$\mu_D$ 为负，因此 $E$ 增加时 $\bar{J}$ 反而下降，这就是负电导率特性。

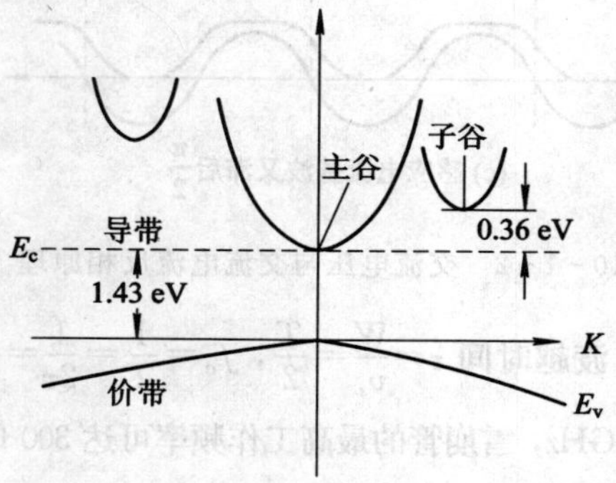


图 10-1-4　砷化镓的多能谷结构

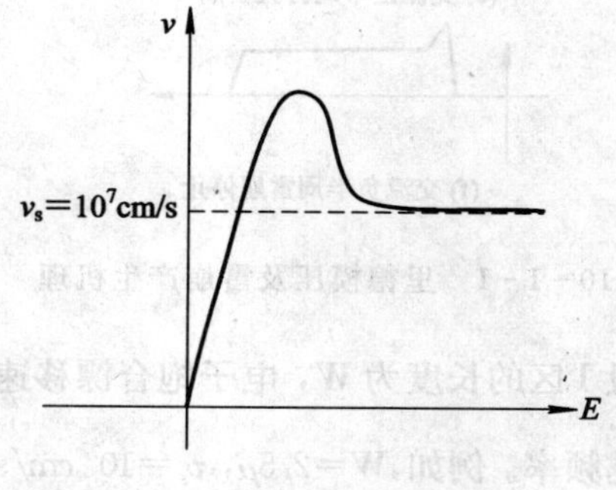


图 10-1-5　砷化镓电子的速度电场特性

负电导率必然会导致电荷积累现象发生，由

$$\nabla\cdot\bar{J}=\frac{\partial\rho}{\partial t}$$

$$\bar{J}=\sigma\bar{E}=-eN\mu_D E=-eN\bar{v}$$

$$\nabla\cdot\bar{J}=-eN\frac{dv}{dx}=-eN\frac{d\bar{v}}{d\bar{E}}\frac{d\bar{E}}{dx}=-eN\mu_D\frac{dE}{dx}=-eN\mu_D\nabla\cdot E$$

$$\nabla\cdot\bar{E}=\frac{\rho}{\varepsilon}$$

所以

$$\begin{cases}\dfrac{\partial\rho}{\partial t}=-eN\mu_{D}\dfrac{\rho}{\varepsilon}\\[2ex]\rho(t)=\rho_{0}e^{-\frac{t}{\tau_{D}}}\end{cases} \tag{10-1-2}$$

又因 $\mu_D<0$，所以

$$\tau_{D}=\frac{\varepsilon}{eN\mu_{D}}<0 \tag{10-1-3}$$

半导体内存在的任何不均匀电荷必将导致其按指数率上升而迅速积累。

**2. 伏安特性与偶极畴产生**

由于电压 $U\propto E$，电流 $I\propto\bar{v}$，因此伏安特性曲线与速度-电场特性曲线类似，如图10-1-6所示。给一段N型砷化镓加上电压，电子将在电场的作用下由阴极向阳极运动。如果在阴极附近人为制造一个不均匀高阻区，使电场集中，则负微分迁移率首先在这里发生，电荷积累使堆积在一起的电子一边向阳极运动一边长大，同时积累的电子层前面由于迁移率高必存在一电子抽空的正电荷区(耗尽层)(见图10-1-7)。这个正负电荷共生层称为偶极畴。偶极畴一边渡越，一边生长，直到畴内外电子速度相等便不再长大。一个偶极畴出现后把电场集中在畴区，便不可能有第二个偶极畴出现。偶极畴渡越到阳极消失后才可能有第二个偶极畴出现。偶极畴产生于负阻区，渡越于饱和区，当渡越过程中电场下降到不能维持畴存在时便会自动猝灭，这时对应的电压称为维持电压 $U_s$(见图10-1-6)。

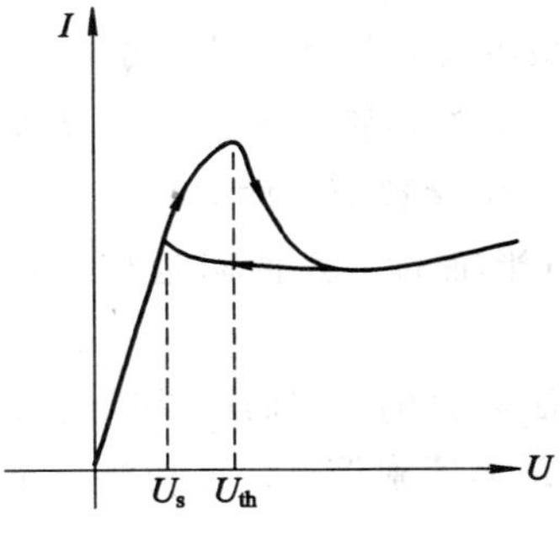


图10-1-6　伏安特性曲线

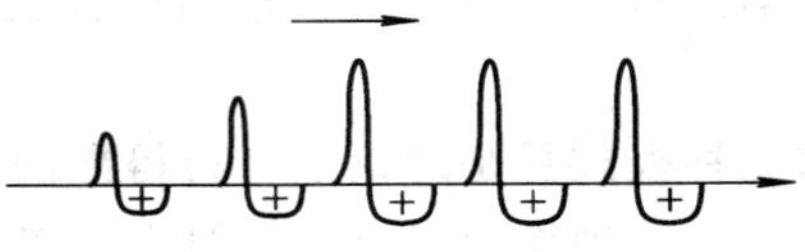


图10-1-7　偶极畴的生长和渡越

**3. 三种渡越模式及负阻特性**

偶极畴的产生、渡越和消失的过程可能有以下三种情况。

1）渡越模

设砷化镓的尺寸为 $L$，渡越时间 $\tau=\dfrac{L}{U_s}$，微波振荡周期为 $T=\dfrac{1}{f}$，偏压为 $U_0$。当 $U_0-U_1>U_{th}$ 且 $\tau=T$ 时，由于 $U_0-U_1$ 恰好位于负阻区，前一个偶极畴渡越到阳极消失时，会立即在阴极产生第二个畴，这种产生—渡越—消失恰好与微波振荡合拍。偶极畴消失时电流有一个跃升，产生时电流又有一个突降，每周期的电流脉冲恰在负电压最大处形成(见图10-1-8(a))。

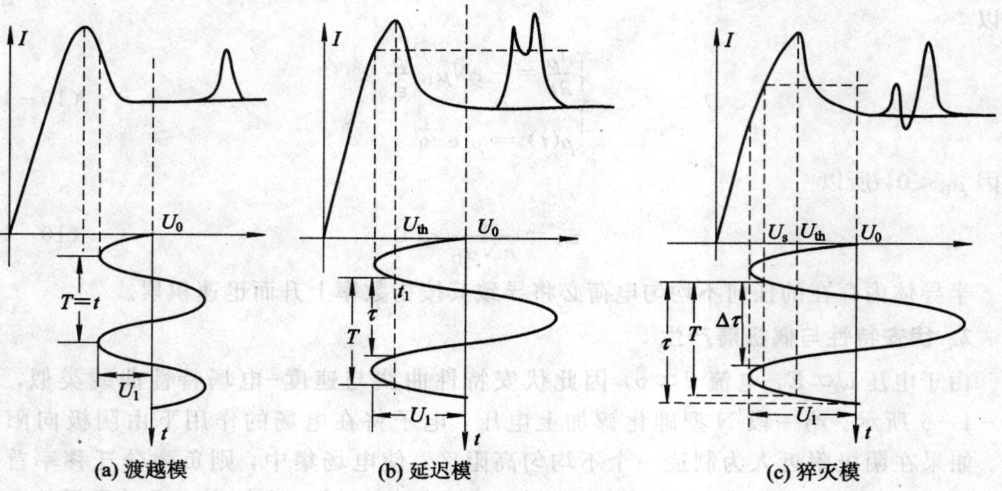


图 10-1-8　三种偶极畴的渡越模式

2）延迟模

当 $U_0-U_1<U_{th}$ 且 $\tau<T$ 时，前一个偶极畴到达阳极消失，交流电压恰在 $U_{th}$ 以下，总电压不在负阻区，新畴无法产生，只有当交流电压摆动到 $U_0-U_1\geqslant U_{th}$ 时才可能产生第二个偶极畴。每周期新畴都要在前一个偶极畴消失后推迟产生，所以称为延迟模。其尖电流脉冲为顶部有一缺口的不对称脉冲，也位于交流电压负半轴的最大处(见图 10-1-8(b))。

3）猝灭模

当 $U_0-U_1<U_s$ 且 $\tau>T$ 时，偶极畴渡越未到达阳极前，总电压已小于 $U_s$，使畴无法维持而半途猝灭。等到交流电压摆动到 $U_0-U_1>U_{th}$ 时，新畴再产生。由于 $T$ 较小，因此偶极畴实际渡越时间 $\Delta\tau<\tau$。每周期产生的偶极畴都在中途猝灭，称为猝灭模。猝灭尖电流脉冲前沿有一个小波动，它的位置也在交流电压负半轴的最大值附近(见图 10-1-8(c))。

这三种模式只是理论上分析得出的，实际上是无法区分的，它们的共同特点就是尖电流脉冲在一个周期内只有一个且存在于电压负半轴的最大值附近，电流基波分量与电压反相，具有负阻特性。

体效应管的最高工作频率可达 100 GHz，其主要优点是频谱单一，纯度高，噪声小，它是混频器本地振荡器的理想器件。

## 思考练习题

1. 定性说明 $P^+NN^+$ 和 $N^+PP^+$ 结构能够产生负阻的机理。
2. 为什么雪崩管发生打火击穿而不会被烧毁？
3. 雪崩管的工作频率和尺寸有什么关系？
4. 为什么多能谷结构会产生负阻效应？
5. 什么是偶极畴？它是怎样产生、渡越并消失的？在外电路有什么反应？
6. 说明偶极畴渡越模、延迟模、猝灭模的产生条件及电流脉冲特点。

## 10.2　负阻振荡器和功率合成技术

把负阻器件与波导、同轴线、微带等传输线谐振器构成的外电路耦合在一起，加上适当的偏压，就构成了微波负阻振荡器。

### 10.2.1　负阻振荡器的分析模型与起振、稳定和平衡条件

负阻振荡器的两种等效电路如图 10-2-1 所示。

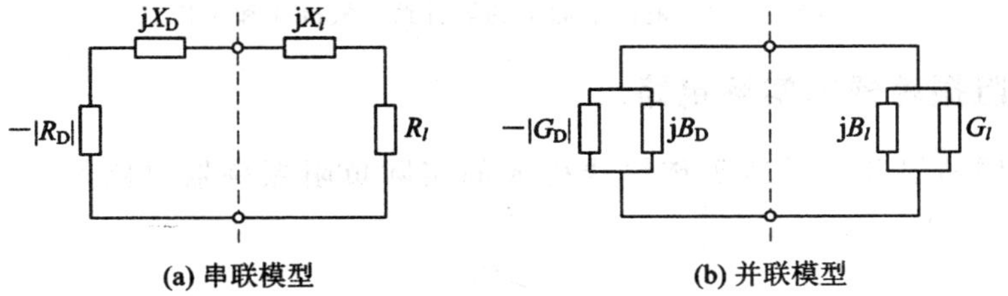


图 10-2-1　负阻振荡器的等效电路

图 10-2-1 所示的等效电路中，$Z_D=-|R_D|+jX_D$ 和 $Y_D=-|G_D|+jB_D$ 代表器件参数，$Z_l=R_l+jX_l$ 和 $Y_l=G_l+jB_l$ 代表电路参数。

(1) 负阻振荡器的起振条件为

$$\begin{cases}|R_D|>R_l\\|G_D|>G_l\end{cases}\tag{10-2-1}$$

(2) 负阻振荡器的平衡条件为

$$\begin{cases}Z_D+Z_l=0\\Y_D+Y_l=0\end{cases}\tag{10-2-2(a)}$$

振幅平衡条件是

$$\begin{cases}|R_D|=R_l\\|G_D|=G_l\end{cases}\tag{10-2-2(b)}$$

相位平衡条件是

$$\begin{cases}|X_D|+X_l=0\\B_D+B_l=0\end{cases}\tag{10-2-2(c)}$$

振幅平衡条件决定振荡器的输出功率，相位平衡条件决定振荡频率。

(3) 负阻振荡器的稳定工作条件。

振荡器受外界微扰后，工作点不变，该工作点为稳定工作点。反之，振荡器受微扰后，振荡频率和输出功率都发生变化，则原来的工作点称为不稳定工作点。经分析，负阻振荡器的稳定条件为

$$I_0\left|\frac{\partial Z_D(I)}{\partial I}\right|_{I=I_0}Z_l(\omega_0)\sin(\theta+\varphi)>0\tag{10-2-3}$$

式中，$I_0$、$\omega_0$ 为工作点的电流和频率，$\theta$ 为器件线正方向与阻抗平面上水平线的夹角，$\varphi$ 为阻抗线正方向与水平线的夹角。器件线和阻抗线都是绘制在阻抗平面上($R$ 为实轴，$x$ 为虚轴)的有向曲线。器件线为 $Z_D(I)$ 曲线，阻抗线为 $Z_l(\omega)$ 曲线。正方向为 $I\uparrow$、$\omega\uparrow$ 方向。显

然，稳定条件式(10－2－3)在阻抗平面上就是(见图 10－2－2)：

$$\theta+\varphi<180^\circ \tag{10-2-4}$$

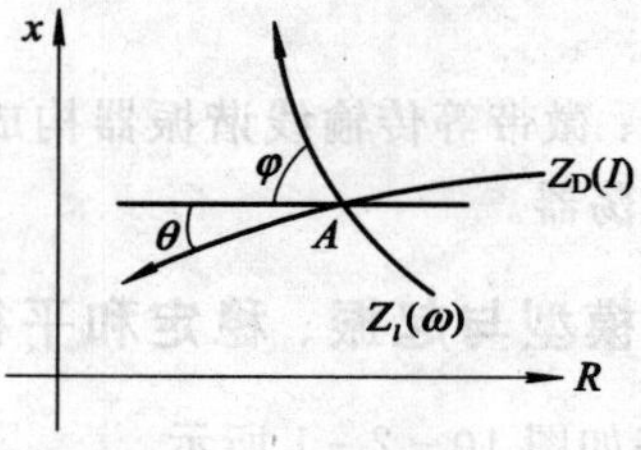

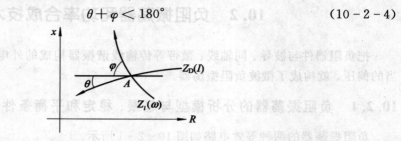

图 10－2－2 阻抗平面上的器件线、阻抗线和工作点

## 10.2.2 负阻振荡器的实际电路

由波导、同轴线和微带线等传输线构成的实际负阻振荡器电路及其等效电路如图 10－2－3 所示。

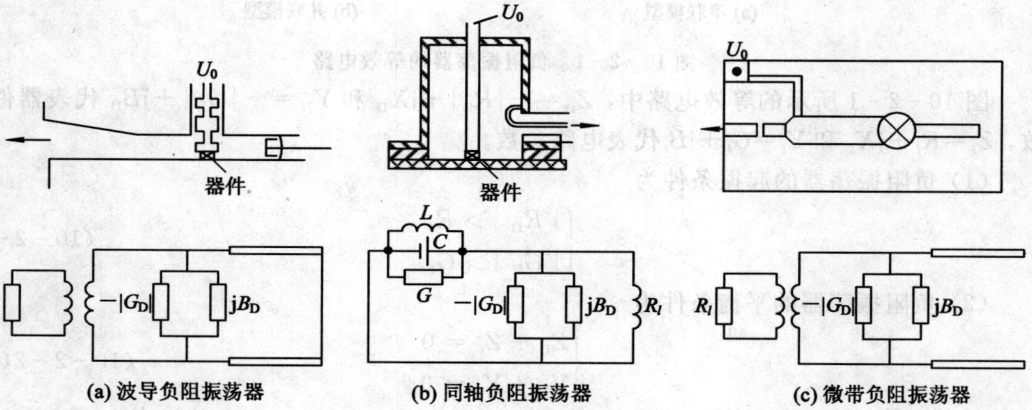


图 10－2－3 三种典型负阻振荡器及其等效电路

器件与负载阻抗匹配的目的是使负载变换成器件要求的最佳阻抗以输出最大功率。

## 10.2.3 负阻振荡器的调谐与频率稳定

### 1. 负阻振荡器的频率改变

负阻振荡器改变振荡频率的方式有以下几种：

(1) 改变偏压(流)可使振荡频率产生小范围变化。

(2) 给外电路并联变容管或在波导电路中放置 YIG(钇硒石榴石)小球可实现一定频率范围的电调谐。

(3) 用短路活塞改变外电路的等效电抗(电纳)可实现频率在较大频率范围变化的机械调谐。

电调谐速度高，但频率变化范围不如机械式调谐宽。

### 2. 负阻振荡器的频率稳定

振荡器的频率稳定度高意味着振荡器的噪声小，输出频率的频谱纯度高，这一点对某些用途的通信、探测设备的可靠工作十分重要。好的微波振荡器对于长期、短期、瞬时的频率稳定度都有极严格的要求。引起振荡器频率不稳定的主要因素有：机械振动与冲击、电源波动、温度变化及电路元器件老化导致参数变化等。相应的稳频措施有减振、恒温、使用稳压(流)偏置电源、使用稳定振荡源注入锁定、锁相环电路、谐振腔稳频等。前三种方法简单，但效果有限，第四、五种方法效果好，但电路复杂且成本高，只有在要求极高的场合才值得使用。谐振腔稳频容易实现且效果较佳，因而被广泛使用。

把一个高 $Q$ 谐振腔(如矩形腔 $TE_{101}$、圆柱腔 $TM_{010}$、$TE_{011}$ 或介质谐振器等)和负阻振荡器以某种方式耦合，成为一个整体有载有源谐振系统，称为腔稳振荡器。腔稳振荡器的电抗斜率和 $Q$ 值的关系为 $\left.\frac{\mathrm{d}x_l}{\mathrm{d}\omega}\right|_{\omega_0}=\frac{2R}{\omega_0}Q_l$，有

$$\frac{\Delta\omega}{\omega_0}=\frac{\Delta X_l}{2RQ_l} \tag{10-2-5}$$

若某种原因使器件参数由 $X_D$ 变为 $X_D+\Delta X_D$，则振荡频率必须发生 $\Delta\omega$ 的变化以调整外电路的 $X_l$ 为 $X_l+\Delta X_l$，从而满足相位平衡条件式(10－2－2(c))。如果系统的 $Q_l$ 值很高，则由式(10－2－5)可知，同样的 $\Delta X_l$ 对应的相对频偏 $\frac{\Delta\omega}{\omega_0}$ 就小。好的腔稳振荡器可使稳频改善度达 100 倍或更高。

谐振腔与负阻振荡器的耦合方式有谐振腔反射式、带阻滤波式、传输通过式、频带反射式等，如图 10－2－4 所示，尤以频带反射式的效果最好，也最为常用。一种介质谐振器稳频的微带负阻振荡器的实际电路如图 10－2－5 所示。

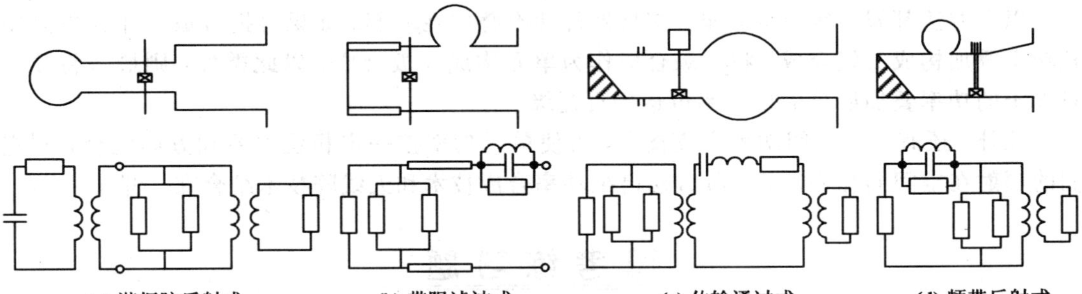

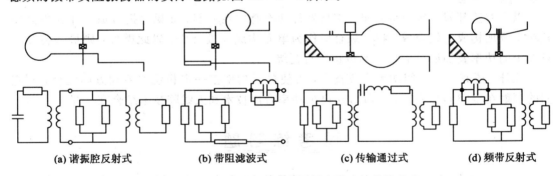

(a) 谐振腔反射式　(b) 带阻滤波式　(c) 传输通过式　(d) 频带反射式

图 10－2－4　几种谐振腔稳频的耦合方式及等效电路

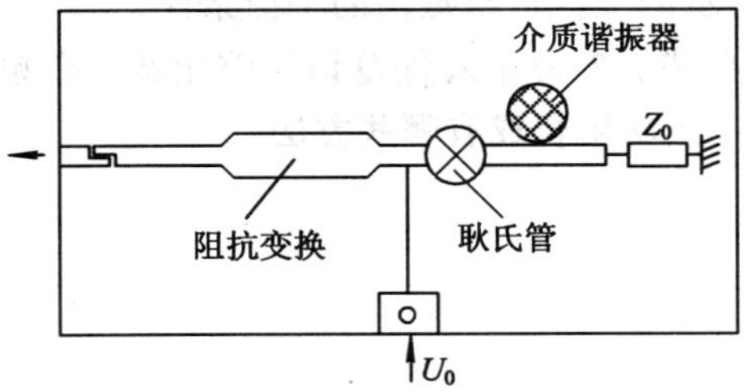


图 10－2－5　一种频带反射式微带腔稳振荡器的实际电路

### 10.2.4　功率合成技术简介

负阻振荡器的输出功率从几毫瓦到几百毫瓦不等。随着频率升高，功率很快下降。为

了提高输出功率电平，人们把注意力集中在功率合成技术上。所谓功率合成技术，就是把若干个负阻器件产生的微波功率叠加在一起合成输出，每个负阻振荡器为一个基本合成单元。功率合成器的主要指标有：工作频率、单元个数、合成效率、输出功率等。功率合成器的实现方法有以下几种。

**1. 谐振腔式功率合成**

这种方法是使多个负阻器件与同一个微波谐振腔耦合，所有管子处在工作模式电场的对称位置，通过公共耦合机构输出合成功率。所用的谐振腔有矩形谐振腔、圆柱谐振腔、准光开式谐振腔等。器件单元从几个到几十个，输出功率从瓦级到数十瓦级，频率波段上限达毫米波波段。这类合成器的突出优点是没有路径损耗，合成效率高达 80%～100%，频率上限达 300 GHz；其缺点是频带窄，调谐困难。频率越高，器件单元数越少，功率电平越低。

**2. 桥式功率合成**

该类合成器以微波电桥式电路作为合成工具把器件功率叠加输出。其主要优点是工作频带宽；但由于存在路径损耗，因此合成效率比谐振腔式低。此外，把不同器件的振荡同相位调节也比较困难。

**3. 芯片合成技术**

这种方法是指把多个负阻器件集成在一个基片上使其振荡功率叠加。其主要优点是体积小，但功率电平不高。

以上方法都属一级合成，即直接把器件功率叠加在一起。如果再把合成器作为单元使其功率叠加构成二级合成，将二级合成作为单元构成三极合成，以此类推，则最多将数千只管子的功率叠加后总输出功率可达到百瓦级。

此外，还有一种空间功率合成技术，可使单元功率按一定相位关系和方向配合，则它们的辐射在空间同相叠加，这种方法已把功率合成技术和天线阵技术结合在一起了。

## 思考练习题

1. 负阻振荡器的起振、平衡、稳定条件是什么？振荡频率和输出功率由什么决定？
2. 写出图 10-2-3 所示的三种负阻振荡的平衡条件。
3. 振荡器稳频都有哪些措施？为什么高 $Q$ 谐振腔能够提高频率稳定度？
4. 什么是功率合成？一级功率合成有哪些方法？

# 第 11 章　PIN 管与微波控制电路

PIN 管可以实现利用较小的直流、低频时变信号对大功率微波信号的灵活、精确控制，转换速度为毫微秒量级。用 PIN 管可以做成用电信号控制的微波开关、电调衰减器、限幅器、调制器及数字移相器等多功能且反应快速、灵活的微波控制电路。

## 11.1　PIN 管的结构与特性

PIN 管芯结构如图 11-1-1 所示。图中，在 $P^+$ 和 $N^+$ 中间夹一较厚的 I 层(几微米到几十微米量级)。在零偏及反偏的情况下，管子不导电。正向偏置时，正负载流子在电场力的作用下，源源不断地分别从 $P^+$ 区和 $N^+$ 区注入到 I 区并在中间复合，呈良导电特性。其正向电阻为

$$R_f = \frac{D}{en(\mu_n + \mu_p)A} = \frac{D^2}{I_0\tau(\mu_n + \mu_p)} \qquad (11-1-1)$$

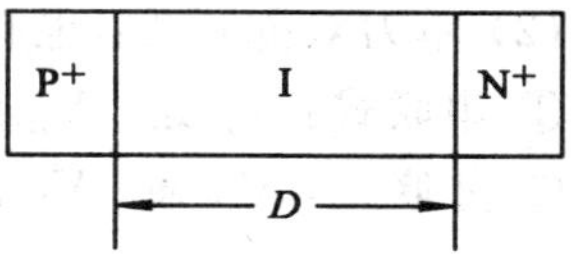

图 11-1-1　PIN 管芯结构

式中，$D$ 为 I 区厚度，$n$ 为掺杂浓度，$A$ 为截面积，$\mu_n$ 和 $\mu_p$ 分别为电子和空穴的迁移率，$\tau$ 为载流子寿命，$I_0$ 为偏流。在一定的结构和掺杂浓度下，正向电阻 $R_f$ 与 $I_0$ 成反比。

当管子两端加交流电压时，频率较低呈整流特性，正向导通，反向截止。在微波频率时，由于电压变化很快，正半周载流子不能在 I 区完全复合，负半周又来不及完全抽回，因此总有一部分载流子存在 I 区。电压越高，I 区的载流子数越多，导电性越好。

若在直流偏置的同时又加微波信号，则即使微波信号很大，在半个周期内对 I 区载流子数的影响也很小，导通特性完全受直流控制。正是由于这一特性，我们可以使用小直流、脉冲信号和其他低频时变信号控制 PIN 管来构成各种微波信号控制电路。

## 11.2　PIN 微波开关

### 1. PIN 的开关特性

当微波频率较低时，寄生参数的影响较小，只要控制电压(流)是正向的，管子就导通，反向或零偏时管子不导通。当微波频率升高时，寄生参数的作用不可忽略，串联电感 $L_s$ 和反向结电容发生串联谐振，其频率 $f_s$ 在 $\frac{1}{\sqrt{L_sC_j}}$ 附近，反向偏置时导通。同时只要使封装电容 $C_p$ 和 $L_s$ 并联谐振，即 $f_p = \frac{1}{\sqrt{L_sC_p}} \approx f_s$，正向也可以截止，此即 PIN 管的反向工作区。也可以人为从外部给 PIN 管串联或并联合适的电抗，把导通和截止调整到所希望的频率范围，构成谐振式开关。总之，在直流或脉冲信号的控制下，PIN 管可以在指定频率范围内

对微波呈通-断的开关特性。

**2. PIN 开关电路**

(1) 单刀单掷开关：等效为一个断开或闭合的闸刀开关，有串联式和并联式两种类型，如图 11-2-1 所示。

① 串联式：导通，$P_2=P_1$；截止，$P_2=0$。

② 并联式：导通，$P_2=0$；截止，$P_2=P_1$。

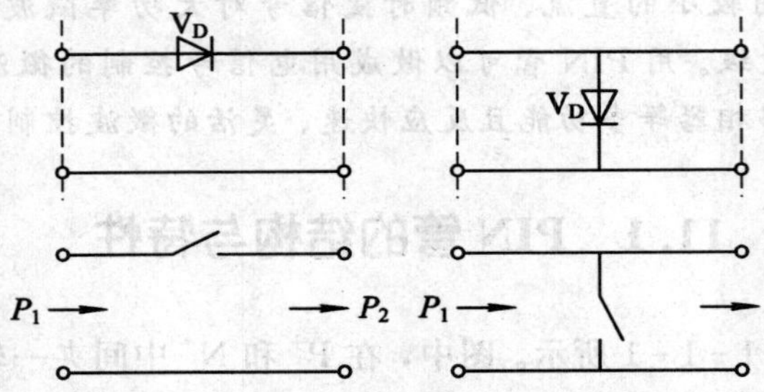


(a) 串联式　　(b) 并联式

图 11-2-1　PIN 开关(单刀单掷)

(2) 单刀双掷开关：也有串、并联两种形式，如图 11-2-2 所示。

① 串联式：$V_{D1}$通、$V_{D2}$断，$P_2=P_1$，$P_3=0$；$V_{D1}$断、$V_{D2}$通，$P_2=0$，$P_3=P_1$。

② 并联式：$V_{D1}$通、$V_{D2}$断，$P_2=0$，$P_3=P_1$；$V_{D1}$断、$V_{D2}$通，$P_2=P_1$，$P_3=0$。

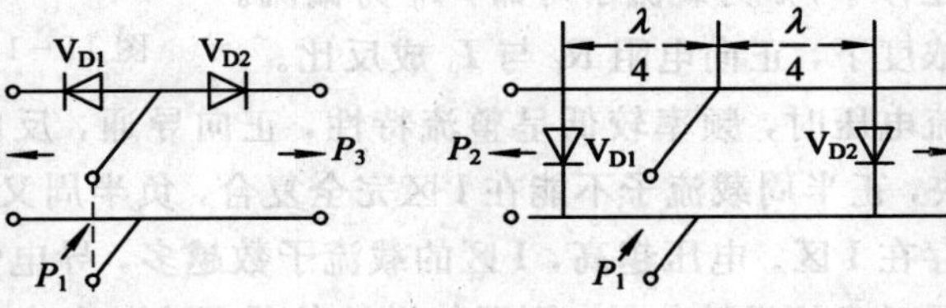


(a) 串联式　　(b) 并联式

图 11-2-2　PIN 双刀双掷开关

管子的通断由偏置电路提供的电流脉冲控制。

(3) 复合式单刀双掷开关：把串联和并联开关组合在一起，多管并用，可以增大功率容量，提高隔离度，如图 11-2-3 所示。

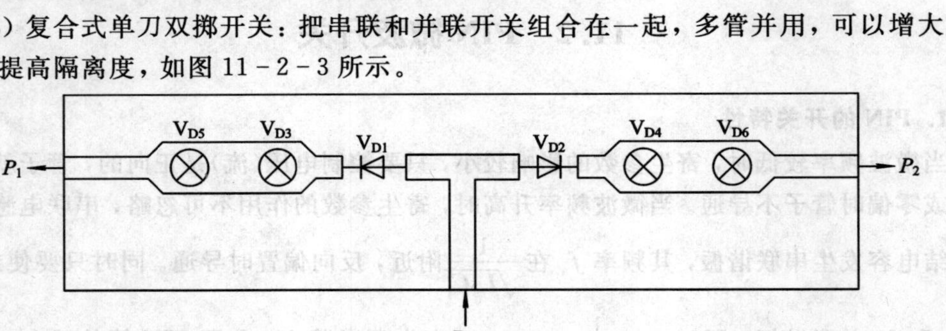


图 11-2-3　组合滤波式微带单刀双掷开关

其开关特性为：

$V_{D1}$ 通，$V_{D3}$、$V_{D5}$ 断，$V_{D2}$ 断，$V_{D4}$、$V_{D5}$ 通，$P_1=P_{in}$，$P_2=0$。

$V_{D1}$ 断，$V_{D3}$、$V_{D5}$ 通，$V_{D2}$ 通，$V_{D4}$、$V_{D5}$ 断，$P_1=0$，$P_2=P_{in}$。

图 11-2-3 中，并联段的传输线加宽，断开支路的对地电容很大，具有低通滤波作用，可加大隔离度。

PIN 管结合传输线的特性还可设计出很多功能复杂的微波开关。其优点是可用偏置控制电流脉冲快速、灵活地控制微波信号通道，转换速度从几微秒到几十毫微秒。

## 11.3　PIN 电调衰减器和限幅器

由式(11-1-1)可知，PIN 管的导通电阻 $R_f$ 与控制电流 $I_0$ 成反比。改变控制电流 $I_0$，可使其对微波信号的电阻在很大范围内变化，从零点几欧姆直到无穷大，恰似一个电控电位器。各种电调衰减器电路都是根据这一特性构成的。

(1) 图 11-3-1 所示为环形器单管电调衰减器。衰减量为

$$L_A = 10\ \lg\frac{P_{in}}{P_{out}} = 20\ \lg\frac{1}{|\Gamma|} = 20\ \lg\left|\frac{R_f - Z_0}{R_f + Z_0}\right|\ (\text{dB}) \qquad (11-3-1)$$

式中，$R_f \propto \frac{1}{I_0}$，通过改变 $I_0$ 可改变 $L_A$。

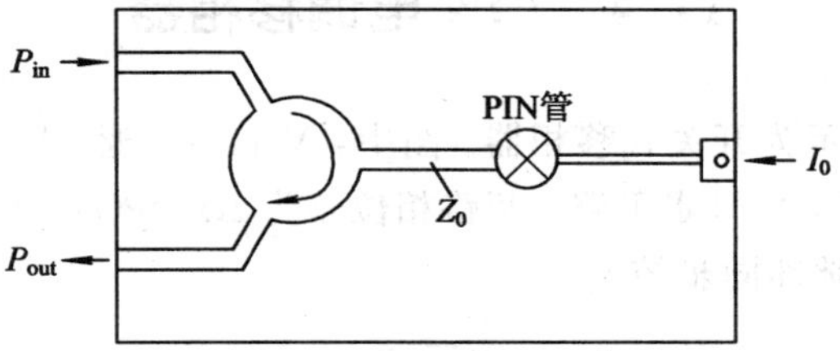


图 11-3-1　环形器单管电调衰减器

(2) 3 dB 分支移相桥式电调衰减器如图 11-3-2 所示。其衰减量为

$$\begin{cases} L_A = 10\ \lg\dfrac{P_{in}}{P_{out}} = 20\ \lg\dfrac{1}{|\Gamma|} = 20\ \lg\dfrac{2+r_f}{r_f}\ (\text{dB}) \\ r_f = \dfrac{R_f}{Z_0} \end{cases} \qquad (11-3-2)$$

两管偏置受同一偏置同步控制，可均匀、大范围调节衰减量。

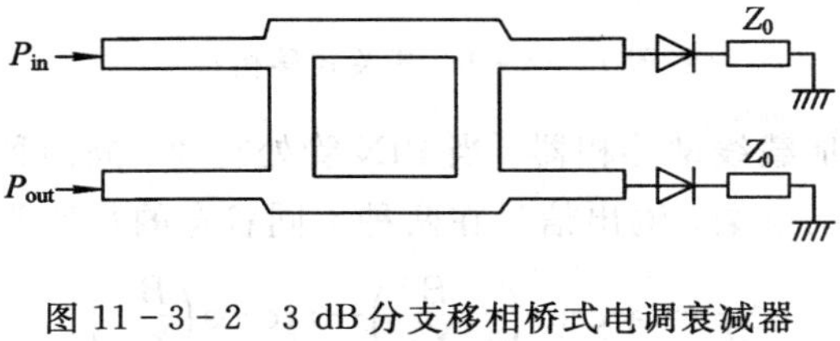


图 11-3-2　3 dB 分支移相桥式电调衰减器

(3) 图 11-3-3 是吸收阵列式电调衰减器。这种衰减器的各管 $R_f$ 取不同的值，如

$$\begin{cases} R_1 = 4R_f \\ R_2 = 3R_f \\ R_3 = 2R_f \\ R_4 = R_5 = \cdots = R_n = R_f \end{cases}$$

靠前的管子取较大的电阻可使各管承受功率均匀分配且反射较小。因为衰减功率全部被管子吸收，所以应使用较多管子以使它们不易被烧毁。

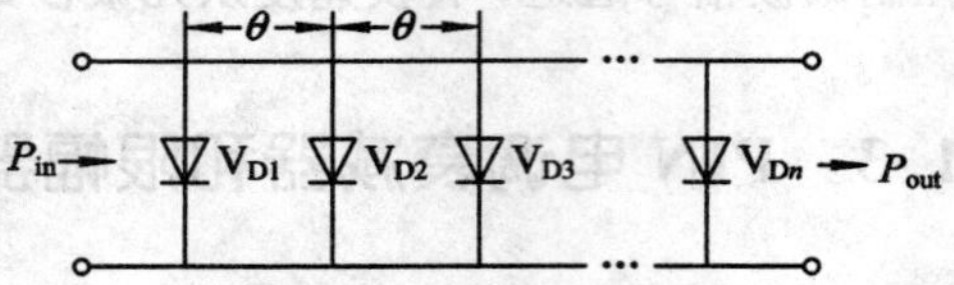


图 11-3-3　吸收阵列式电调衰减器

(4) 如果不用外加 $I_0$ 控制 $R_f$，而是直接利用微波信号强弱调节 $R_f$ 变化，信号强时 $R_f$ 小，信号弱时 $R_f$ 大，这就是微波限幅器。强信号使 $R_f$ 变小，而衰减加大，从而会自动限幅。

(5) 如果控制偏置的是调制信号，则 $R_f$ 随调制信号变化，用合适的电路可使微波信号幅度与调制信号强弱成比例变化就可构成微波调制器。

## 11.4　PIN 电调移相器

(1) 图 11-4-1 所示为开关式移相器。图中，$V_{D1}$、$V_{D2}$ 通，$V_{D3}$、$V_{D4}$ 断，信号走上路；$V_{D1}$、$V_{D2}$ 断，$V_{D3}$、$V_{D4}$ 通，信号走下路。两路相位差为 $\Delta\varphi=\beta(l_2-l_1)$，$V_{D1}$、$V_{D2}$、$V_{D3}$、$V_{D4}$ 均为 PIN 管，其偏置用脉冲同步控制。

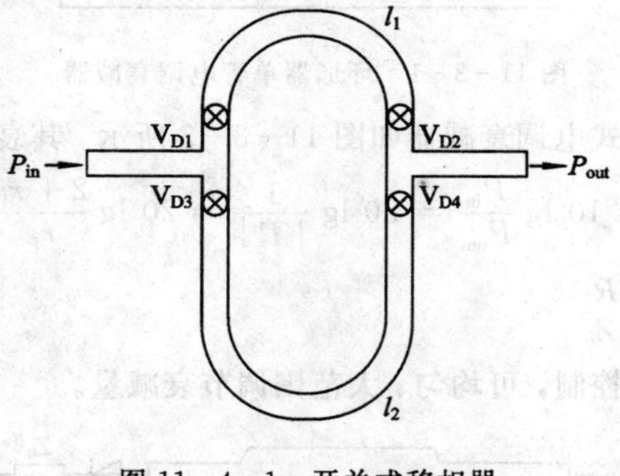


图 11-4-1　开关式移相器

(2) 图 11-4-2 为加载线型移相器。当 PIN 管处在通、断两种不同状态时，并联加载线呈 $B^+$ 和 $B^-$ 两种不同的电纳，输出信号在两种不同状态的相位差为

$$\Delta\varphi = \arccos\left(-\frac{B^+}{Y_{01}}\right) - \arccos\left(\frac{B^-}{Y_{01}}\right) \qquad (11^{*}-4-1)$$

相移量小于 $\frac{\pi}{4}$ 时：

$$\begin{cases} B^+ = Y_{01}\dfrac{\Delta\varphi}{2} \\ B^- = Y_{01}\dfrac{\Delta\varphi}{2} \end{cases} \tag{11-4-2}$$

加载线型移相器串联时，相移量相加。

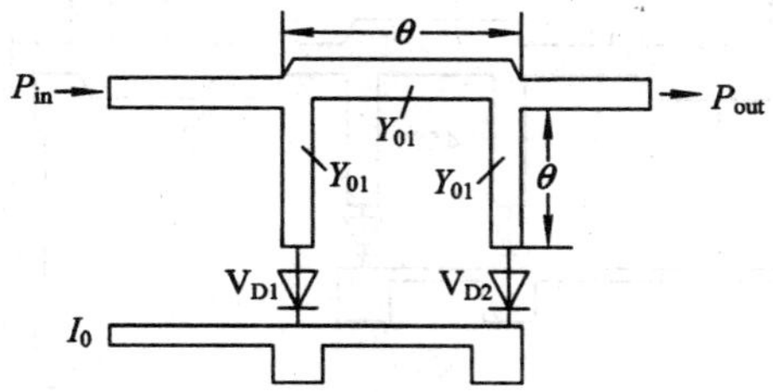


图 11-4-2　加载线型移相器

(3) 图 11-4-3 所示的定向耦合器型移相器也称为 0-π 移相器。3 dB 耦合器在 PIN 管的通、断两种不同状态下反射系数的相位差为

$$\Delta\varphi = 2\arctan\left(\frac{B^+ - B^-}{1 + B^+ B^-}\right) \tag{11-4-3}$$

只要满足 $B^+ \cdot B^- = -1$，就有：

$$\Delta\varphi = 180°$$

而该条件通过阻抗变换很容易实现。

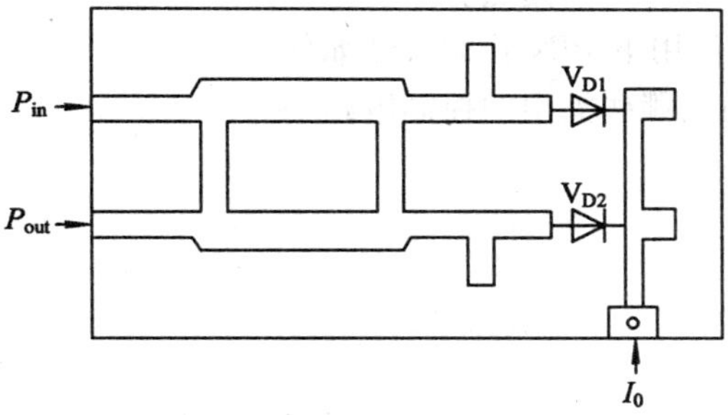


图 11-4-3　定向耦合器型移相器

(4) 图 11-4-4 所示为一种组合式数字移相器。该移相器将不同相移量的移相器组合在一起，可实现电控多位数字移相。图 11-4-4 所示的移相器可实现 0°～360°范围内每间隔为 22.5°的跳变相移量，如表 11-4-1 所示。

该数字移相器的工作状态为："√"—通；"×"—断。

**表 11-4-1　组合移相器工作状态**

| 相移量 | | 22.5° | 45° | 67.5° | 90° | 112.5° | 135° | 157.5° | 180° | 202.5° | … | 360° |
|---|---|---|---|---|---|---|---|---|---|---|---|---|
| 工作状态 | 1 | √ | × | √ | × | √ | × | √ | × | √ | … | √ |
| | 2 | × | √ | √ | × | × | √ | √ | × | × | … | √ |
| | 3 | × | × | × | √ | √ | √ | √ | × | × | … | √ |
| | 4 | × | × | × | × | × | × | × | √ | √ | … | √ |

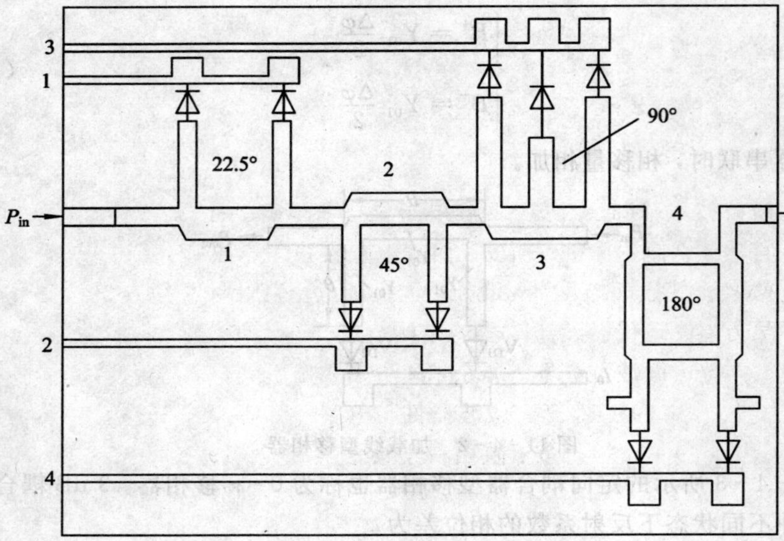


图 11-4-4　组合式数字移相器

## 思考练习题

1. 比较 PIN 管和阶跃管的异同点。
2. 在交直流的共同作用下 PIN 管的特性如何？
3. 利用 PIN 管可构成哪些类型的控制电路？

# 参 考 文 献


[1] 廖承恩. 微波技术基础. 西安：西安电子科技大学出版社，1995.

[2] 梁昌洪，官伯然. 简明微波. 西安：西安电子科技大学出版社，2006.

[3] 李嗣范. 微波元件原理与设计. 北京：人民邮电出版社，1982.

[4] 甘本祓，吴万春. 现代微波滤波器的结构与设计. 北京：人民邮电出版社，1978.

[5] 张秉一，刘重光. 微波混频器. 北京：国防工业出版社，1984.

[6] 王蕴仪，苗敬峰，沈楚玉，等. 微波器件与电路. 南京：江苏科学技术出版社，1981.

[7] 章荣庆. 微波电子线路. 西安：陕西科学技术出版社，1996.

[8] R. E. 柯林. 微波工程基础. 吕继尧，译. 北京：人民邮电出版社，1981.

[9] 梁昌洪. 计算微波. 西安：西北电讯工程学院出版社，1985.

[10] 清华大学《微带电路》编写组. 微带电路. 北京：人民邮电出版社，1976.

[11] 尚洪臣. 微波网络. 北京：北京理工大学出版社，1988.

[12] 《微波工程手册》编译组. 微波工程手册. 出版地不详：出版社不详，1972.